LA
FÍSICA DE LOS
MILAGROS

Si este libro le ha interesado y desea que lo mantengamos in-
formado de nuestras publicaciones, escríbanos indicándonos
cuáles son los temas de su interés (Autoayuda, Espiritualidad,
Qigong, Naturismo, Enigmas, Terapias Energéticas, Psicología
práctica, Tradición...) y gustosamente lo complaceremos.

Puede contactar con nosotros en
comunicación@editorialsirio.com

Título original: THE PHYSICS OF MIRACLES
Traducido del inglés por Antonio Gómez Molero
Diseño de portada: Editorial Sirio, S.A.

© de la edición original
2009 Richard Bartlett

Publicado en español según acuerdo de Macro Gruppo Editoriale SRL, con Atria Books/Beyond
Words, una división de Simon & Schuster, Inc.

© de la presente edición
EDITORIAL SIRIO, S.A.

EDITORIAL SIRIO, S.A.	NIRVANA LIBROS S.A. DE C.V.	ED. SIRIO ARGENTINA
C/ Rosa de los Vientos, 64	Camino a Minas, 501	C/ Paracas 59
Pol. Ind. El Viso	Bodega nº 8,	1275- Capital Federal
29006-Málaga	Col. Lomas de Becerra	Buenos Aires
España	Del.: Alvaro Obregón	(Argentina)
	México D.F., 01280	

www.editorialsirio.com
E-Mail: sirio@editorialsirio.com

I.S.B.N.: 978-84-7808-904-8
Depósito Legal: MA-583-2013

Impreso en los talleres gráficos de Romanya/Valls
Verdaguer 1, 08786-Capellades (Barcelona)

Printed in Spain

3 1907 00323 9844

Dr. RICHARD BARTLETT

autor de *Matrix Energetics*

LA
FÍSICA DE LOS
MILAGROS

CÓMO ACCEDER A TODO EL POTENCIAL DE LA CONCIENCIA

RECONOCIMIENTOS

Este libro no habría podido salir a la luz sin la ayuda de varios colaboradores que han jugado un papel clave. En primer lugar, mi agradecimiento especial a Melissa Joy Jonsson, por sus atentos cuidados y por supervisar todos los aspectos de la transcripción y edición; a Cynthia Bartlett, por tener la idea inicial de ponerse en contacto con Beyond Words y establecer una relación de trabajo y por supervisar con tanto cariño *Matrix Energetics* desde su inicio, y a mi editora, Cynthia Black, por arriesgarse con un autor desconocido y por creer en mí y apoyarme a cada paso del camino. Me gustaría también expresar mi reconocimiento a los incesantes esfuerzos de Daphne Hoge, que entiende el principio de mantener contento «el talento». A Lindsay Brown y Julie Knowles, mis editores principales, a quienes martiricé alegremente con minucias y detalles, les estoy especialmente agradecido. Y también a Lisa Braun Dubbles, mi publicista, que trabaja sin descanso para ayudarme.

Quiero dar las gracias especialmente a mis hijos: Victor, que dibujó parte de las principales ilustraciones de *Matrix Energetics*; Justice, que ha enseñado conmigo en el escenario y que encarna fielmente los principios de este libro, y Nate, que siempre está a mi lado, dándome amor, apoyo y todo lo que podría necesitar. Por último, quiero hacer público mi agradecimiento al personal y a los estudiantes de Matrix Energetics, entre ellos Benn, Alyssa, CeCe, Brandon, Carol, Karen, William y Rebekah.

INTRODUCCIÓN

A todo el mundo le encantaría que le sucediera un milagro alguna vez, pero ¿no te parece que los milagros nunca suceden cuando *de verdad* los necesitas?

Este es un libro que está profundamente conectado a una energía muy real y tangible. Un libro que posee, como los textos mágicos de Harry Potter, un campo enorme de potencial. Arropado amorosamente entre sus páginas se encuentra un modelo energético increíblemente poderoso. También tú, como otros millares de personas, podrás usar esta tecnología de la conciencia, crear una «sanación» para ti, para tu familia y, quizá, para el entorno en el que vives.

Este libro te mostrará que lo que en estos tiempos llamamos «milagros» son en realidad indicios de algo que ya sabíamos que existe pero que no está «probado». Sin embargo, «la ausencia de pruebas no justifica que algo no exista». Cuando centramos nuestra conciencia en lo que es posible en lugar de dejarnos limitar por una concepción de la realidad en la que predomina lo que no lo es, descubrimos que en realidad somos capaces de emplear espontáneamente la energía y los principios cuánticos en nuestra vida cotidiana de una manera divertida (y milagrosa).

Los milagros superan las expectativas de la mayoría de nuestros modelos científicos actuales, pero esto no significa que no exista una ciencia que pueda explicarlos, si realmente nos hacen falta explicaciones. Puede que para algunos las ideas de este libro sean «pseudociencia». Me parece bien: yo prefiero estar en el lado marginal, con los ángeles, los milagros y el resto de los fenómenos maravillosos que la ciencia no puede «explicar» de forma satisfactoria. Ahí es donde reside la magia. ¿Y qué ocurriría si hubiera una manera de lograr que se produjeran más milagros en tu vida? «¿No crees que valdría la pena, chico?», como diría el comandante ingeniero de *Star Trek*, Mr. Scott.

Piensa que toda la materia es energía comprimida o campos de energía: los seres humanos, los animales, el polvo de estrellas, los árboles, las sillas... todas las formas están hechas de energía a un nivel cuántico, y aquí es donde se produce la ciencia de nuestros milagros, por así llamarlos. Rupert Sheldrake, biólogo y autor prolífico, dio a conocer al público general la idea del *campo mórfico* (ver *resonancia mórfica* y *unidad mórfica* en el glosario de Matrix):

Un campo dentro una unidad mórfica y alrededor de ella, que organiza su estructura y patrón de conducta característicos. Los campos mórficos subyacen bajo la forma y el comportamiento de los holones, o unidades mórficas, en todos los niveles de complejidad. El término «campo mórfico» engloba campos morfogenéticos, de comportamiento, sociales, culturales y mentales. Lo que da forma y estabilidad a los campos mórficos es la resonancia mórfica de anteriores unidades mórficas similares, que a su vez estaban influenciadas por campos del mismo tipo. En consecuencia, contienen un tipo de memoria acumulativa y tienden a volverse cada vez más habituales.[1]

APROVECHANDO EL CAMPO MÓRFICO DE MATRIX

Matrix Energetics posee un vasto campo mórfico que te permite, con el mínimo esfuerzo, entrar en el campo unificado de conciencia. Hasta la fecha, miles de personas, algunas venidas de los rincones más lejanos del planeta, han asistido a los seminarios de Matrix Energetics y han leído mi primer libro, *Matrix Energetics: ciencia y arte de la transformación.*[2] Todo el que de un modo u otro ha participado en esta Matrix ha aportado su impulso energético al campo mórfico, o red, de Matrix Energetics.

Esta poderosa dinámica de grupo permite aumentar el impulso y las capacidades deseables de cada uno para ponerlas al servicio del bien colectivo. Conectarte puede beneficiarte. Como este campo ya existe, puedes recrearlo y usarlo donde y cuando quieras. Al ponerte en contacto con el campo mórfico de Matrix Energetics, te adentras en el equivalente a una *tecnología de la conciencia*, poderosa y altamente organizada. Esta tecnología contiene un impresionante *software* y un excelente soporte técnico «de campo».

Tienes en tus manos una unidad mórfica del verdadero campo energético de lo que llamo *Matrix Energetics*. Una poderosa corriente invisible de poder atraviesa las páginas de este libro. No es necesario entender en absoluto el lenguaje científico que emplea para obtener los beneficios de este poder. ¡Su contenido puede cambiar tu vida de una forma sorprendente y maravillosa! La magia y los milagros son iguales en cualquier lenguaje, y pueden hablarle (y de hecho lo harán) directamente a tu corazón. La idea es que absorbas este libro a un nivel profundo en tu conocimiento inconsciente. Con ese objetivo te habla de muchas formas diferentes y usando distintos niveles de comunicación. Ten paciencia contigo mismo si no entiendes un concepto desconocido o si el asunto del que trata parece a veces ir ligeramente más allá de tu comprensión consciente. Mientras estés leyendo este libro trata de dejar a un lado todo lo que *crees* que sabes. También puedes saltarte la parte más científica, si no es de tu agrado. La energía que, deliberadamente, forma parte de esta obra, está a tu disposición, tanto si la entiendes como si no.

Muchas de las narraciones e ideas que encontrarás tienen una naturaleza cómica; a veces me dedico a hacer el tonto, ¡sin el menor sentido del ridículo por mi parte! Puedes tomar los conceptos que comparto contigo y usarlos como te parezca. Lo más importante es disfrutar con esto y ver cómo cambia tu vida.

Un joven me contó una historia increíble en uno de mis seminarios. Era analfabeto; sin embargo, había desarrollado una manera única de leer. Iba a la biblioteca, examinaba un libro que le «parecía interesante» y se lo llevaba a casa. Como no sabía leer de la manera convencional, lo colocaba bajo la almohada de noche y, literalmente, dormía sobre la información. Al día siguiente, cuando despertaba, su mente «sabía» de un modo inexplicable lo que estaba contenido en el libro. Y lo que quizá resultaba más sorprendente era que cuantas más personas hubieran leído el libro, mayor acceso tenía a su conocimiento. De manera que si lo había leído poca gente, recibía un contenido mucho más impreciso en cuanto al alcance y calidad de su información. Creo que si conseguía hacer algo tan extraordinario es por la existencia de los campos mórficos de los que habla Sheldrake.

Esta poderosa dinámica grupal nos permite amplificar el impulso y la capacidad de cada uno y ponerlos al servicio del bien común de todos. Es beneficioso conectarse a ella. Puedes recrear esta red en cualquier lugar, dondequiera que te encuentres. Cuando te conectas al campo mórfico preexistente de Matrix Energetics, te adentras en lo que podríamos llamar una tecnología de la conciencia, poderosa y altamente organizada.

RELATO DE UN MILAGRO CUÁNTICO

Para mí tiene un gran valor la idea del doctor Bartlett de que no debemos creer que estamos haciendo algún tipo de «sanación».

Tengo mucha fe en Dios, y a menudo siento un conflicto entre la fe y mi formación académica, congruente con el modelo tradicional de la medicina occidental, que se caracteriza por su énfasis en la ciencia por encima de la creencia en los valores espirituales. No quiero estar en discordia con Dios; por eso, cuando el doctor Bartlett dice que dejes de pensar que tú eres el sanador, para mí tiene mucho sentido. Lo que de verdad estamos haciendo es permitir que Dios, o la Gracia de Dios, se encargue de todo. Así puedo desempeñar mi trabajo humilde y tranquilamente.

Tengo dos especialidades médicas: medicina nuclear (física cuántica) y pediatría. Hace aproximadamente un año me retiré y ahora estoy estudiando un máster en salud holística. Sin ni siquiera haber asistido nunca a un seminario de Matrix Energetics, he conseguido ayudar a dos enfermos en tres situaciones distintas. Lo único que hice fue mirar un vídeo de YouTube en el que el doctor Bartlett practicaba la técnica de los Dos Puntos a varias personas y, con la ayuda de Dios, mejoraron de una forma que parece milagrosa.

La primera vez que puse en práctica Matrix Energetics fue cuando un miembro de mi comunidad religiosa me llamó diciendo que no podía orinar. Tenía sangre en la orina. Quería que le diera mi opinión como médico y yo le aconsejé que acudiera al hospital más cercano —algo que no podía permitirse—. Al día siguiente me sentí mal por no haber sido más compasivo ni haberle ayudado. De manera que decidí buscarlo y tratar de hacer algo por él. Quería sanarlo, pese a saber que quien de verdad ayuda es Dios.

Finalmente lo encontré y le pedí que viniera al hospital para rezar por él. Cuando llegó, oficié un servicio espiritual para él. Luego le apliqué un sencillo Dos Puntos: uno en la frente y otro en la espalda. En mitad de este proceso de Dos Puntos empezó a orinar. Quizá esto no signifique nada para ti, pero para él fue un milagro. Ese mismo día todos sus exámenes de orina dieron negativo, y al día siguiente estaba fuera del hospital.

El siguiente fue una compañera de clase que estudiaba «sanación energética» conmigo y tenía un problema en los senos nasales. La habían operado de sinusitis pero no había servido para nada. Siempre estaba congestionada durante la clase. En los descansos se suponía que debíamos practicar la técnica del toque cuántico. Pensé que lo que estaba aprendiendo en la clase sería demasiado lento para sus necesidades; por eso decidí probar Matrix Energetics. Creé una imagen holográfica de sus senos nasales, «sentí» dónde estaban los bloqueos y luego, sencillamente, los arreglé. ¡La cavidad quedó limpia en menos de un minuto, «como si tal cosa»! Más tarde mi amiga tuvo otro problema: se dañó un músculo de la pierna, que seguía doliéndole mucho a pesar de haber recibido masajes y acupuntura durante varios meses. Me pidió que le ayudara. Al principio intenté practicarle la modalidad de sanación que había aprendido, pero no parecía tener resultados. Entonces probé con los dos puntos de Matrix Energetics.

Realicé los Dos Puntos básicos sin saber nada más que lo que había visto en YouTube. Sentí como si el músculo retrocediera de golpe. Por experiencia sé que es muy difícil sanar algo así cuando está fuera de su posición anatómica normal. Pero al ver lo que el doctor Bartlett estaba haciendo con los huesos y los músculos usando los dos, puntos pensé: «No logro entenderlo, pero creo que puede resultar útil». Después de que le aplicase los Dos Puntos, mi compañera de clase estuvo corriendo y el dolor no volvió a molestarla.

D. S., PROFESOR DE UNIVERSIDAD,

MÉDICO PEDIATRA Y ESPECIALISTA EN MEDICINA NUCLEAR

A mí me gustan los libros que suponen un desafío. Los libros que me hacen enfrentarme a mis limitaciones personales y (con algo de suerte) trascenderlas. Es probable que nunca te hayas encontrado con una información como la que hallarás en estas páginas. O puede que te sirva para confirmar lo que ya sabes en tu interior pero hasta ahora no has sido capaz de expresar con palabras u obras. En cualquier caso, podría ser una buena idea abrir el libro al azar y leer un poco, y luego «quedarse con la energía» y dejar que se asiente lenta y suavemente. ¡La magia que contiene te ayudará aunque no lo creas posible!

Este libro te permitirá conectarte directamente con ese mundo de los sueños y de los milagros que millares de seres humanos construyeron para ti. Obtendrás todos los beneficios sin ninguno de los inconvenientes. Crear milagros cuánticos en tu vida es más fácil y divertido de lo que puedas llegar a imaginar.

1

¿ES UN PÁJARO? ¿ES UN AVIÓN? ES... ¡SUPERMAN!

Mi vida, que nunca ha sido lo que podría decirse enteramente normal, se volvió disparatada por completo en 1997, cuando vi un holograma tridimensional de Superman mientras trabajaba en mi ajetreada consulta quiropráctica. Sí, lo más probable es que fuera una alucinación, pero esta, en particular, ¡me permitió curarle la visión a una niña instantáneamente!

Si has leído mi primer libro, conocerás ya la historia de cómo surgió Matrix Energetics. En pocas palabras, me enfrentaba al caso de una niña que tenía ambliopía, lo que generalmente se conoce como *ojo vago*, y no sabía qué hacer. La mayoría de los trucos que guardaba en mi maletín médico (el de los cristales y otros igualmente extraños y maravillosos) no me estaban sirviendo de ayuda en esta situación.

Había conducido desde Seattle hasta Livingston, Montana, donde tenía una consulta en la que ejercía como quiropráctico durante los fines de semana. Al haber dormido muy poco y trabajado durante todo el día, el velo entre la fantasía y la realidad o las dimensiones alternativas de posibilidad se me había vuelto más fino que de costumbre. (Puedes leer la historia completa en el capítulo uno de mi primer libro.) Todavía no sé lo que sucedió *en realidad*, pero me basta con la *leyenda* que rodea a estos hechos. La cuestión es que estaba enfrentándome a un trastorno que no sabía cómo aliviar o curar y a mi mente subconsciente no se le ocurrió otra cosa que ofrecerme la imagen de George Reeves vestido de Superman, un arquetipo poderoso y útil de mi niñez.

Uno de los muchos poderes de Superman es el de la visión de rayos X, una herramienta que cualquier médico estaría encantado de poseer. De hecho, vi cuál era el problema de mi pequeña paciente a través de la proyección de la imagen de la visión de rayos X de Superman. Cuando lo extraño y lo maravilloso hacen su aparición en mi vida para ayudarme, no suelo cuestionarlos. En seguida actué basándome en la información que había recibido. Sucedió algo nuevo y sorprendente, y la niña se curó en ese preciso instante.

Solo tengo que decir que para mí entraba dentro de lo razonable proyectar una imagen holográfica de Superman, desde mi subconsciente, para resolver el problema al que me estaba enfrentando. Siempre he querido poseer una visión de rayos X o el don de la clarividencia. ¡Ser Superman es una manera de tener clarividencia sin las responsabilidades que acarrea ser un médico con visión de rayos X! Me explico: imagínate lo que sería ser clarividente todo el tiempo. Quizá hasta tendrías que llevar unas gafas negras especiales como Cíclope, el personaje de *X-Men*. Te las quitarías cuando tuvieras que «ver» algo, te las volverías a poner cuando acabaras y seguirías adelante intentando llevar una existencia relativamente normal.

Allá por los años ochenta, cuando estudiaba quiropráctica, vi una película llamada *El hombre con ojos de rayos X*, protagonizada por Ray Milland. En esta película Ray interpretaba al doctor James Xavier, un cirujano que se inyectó un suero que le permitía ver a través del cuerpo de las personas. Pensarás que para un cirujano este es un poder estupendo. En la película el héroe vio que, basándose en un diagnóstico equivocado y potencialmente mortal, el cirujano jefe iba a realizar una operación que pondría en peligro la vida de una joven. Ray intentó convencer al cirujano para que no lo hiciera, pero al final la operación se llevó a cabo. Tal y como había predicho, la chica murió. Culparon al personaje interpretado por Ray del error del otro cirujano y a partir de ahí empezaron a perseguirlo por asesinato.

Buscando refugio, se unió a una caravana de circo como adivino. Hay una escena particularmente impactante en la que una mujer un tanto superficial quería escuchar todo lo bueno que el futuro le deparaba. Se supone que la adivinación se realiza con fines de entretenimiento, ¿verdad? En lugar de eso, Ray, viendo los tumores malignos que crecían en su cuerpo sin que nadie los hubiera notado, le dijo la verdad tal y como la veía:

—Vas a morir joven, pronto y en medio de dolores horribles.

Mirara a donde mirase, el médico fugitivo solo veía enfermedad y sufrimiento. Finalmente, incapaz de aguantarlo más, se arrancó los ojos. (Bueno, siendo una película de miedo de la Hammer, tenía que terminar así. ¡Ahora quizá entiendas por qué subconscientemente elegí que Superman fuera el intermediario de mi visión extrasensorial! ¿Te das cuenta? Ahora todo tiene sentido: deja que Superman se arranque los ojos, si quiere. ¡Yo no!)

Al día siguiente del «incidente de Superman», como la leyenda lo llama, noté que mi energía había cambiado de una forma extraordinaria. De repente, el acto de tocar ligeramente a un paciente con intención concentrada ocasionaba cambios radicales, en ocasiones alarmantes. Los huesos se recolocaban, los patrones de dolor crónico desaparecían —a menudo tras una breve sesión— y las curvaturas de la escoliosis se realineaban delante de mis propios ojos.

Se corrió rápidamente la voz entre los miembros de la comunidad espiritual a la que en aquel momento pertenecía. ¡Todo el mundo hablaba del doctor Bartlett y sus manos milagrosas, y todo el mundo quería una cita conmigo YA! Ese primer día después del incidente de Superman, hubo tanta gente que quería verme que estuve trabajando hasta pasada la medianoche.

Al final, cuando el último paciente se marchó, caí rendido en la cama para pasar unas cuantas horas de bien merecido descanso. Lamentablemente el día siguiente era lunes, y debía asistir a la Facultad de Quiropráctica. Con el horario de clases tan ajustado que tenía no podía permitirme el lujo de perder un solo día. De manera que unas pocas horas más tarde, a las cuatro y media de la mañana, era el momento de cantar: «¡Hi ho, hi ho, a la escuela a trabajar!».

No se puede quemar una vela por ambos extremos indefinidamente y esperar salir indemne. Y la mía no era ninguna excepción. Al regresar a Seattle, en seguida contraje una tremenda gripe que me dejó incapacitado, quizá debido a mis reservas exhaustas. Pero eso no fue todo: la gripe fue solo la primera parada de mi forzado descanso domiciliario. En el transcurso de una semana, se había convertido en neumonía atípica. Estuve quince días sin poder levantar siquiera la cabeza de la almohada, mucho menos asistir a las clases. Al final de mi forzada convalecencia, mi amiga Debbie me visitó y me dio ese masaje que tanto necesitaba.

Tras recobrarme ligeramente gracias a sus amables cuidados, conseguí avivar mi energía lo suficiente para extender la mano y tocarla. Me miró atónita.

—Richard, ¿qué es esa increíble energía? —me preguntó.

—¿Puedes sentirla? ¡Gracias a Dios! ¡Estaba tan débil que ya ni sabía si todavía estaba ahí!

—Es lo más increíble que he sentido nunca. ¿Qué es? —volvió a preguntarme.

Y le conté la fantástica historia del incidente de Superman, procurando no omitir ningún detalle. Como es lógico, se sorprendió muchísimo.

—Si alguna vez encuentras la manera de enseñar esto, si es que se puede enseñar, quiero ser una de tus alumnas. ¡Tienes que hacerlo! —me insistió.

Yo no tenía la menor idea de lo que surgiría más tarde como resultado de esta conversación. En esos momentos la idea de Matrix Energetics ni se me había pasado por la cabeza, pero le prometí que si podía enseñarse, me encargaría de ello encantado.

Pasó el tiempo y este fenómeno parecía volverse más fuerte. A veces, durante algunos periodos, revelaba nuevos y maravillosos resultados cada semana. Las enfermedades crónicas empezaron a cambiar aunque con frecuencia ni siquiera me había concentrado conscientemente en ellas para tratarlas. Y los pacientes comenzaron a asegurar que sus estados emocionales, patrones de creencias y sus vidas enteras se estaban transformando misteriosamente. Mejor aun, los cambios parecían continuar a través del tiempo. Mi práctica, siempre satisfactoria a un nivel emocional, se transformó en una experiencia profundamente emotiva que vivía día a día.

MILAGRO EN LA MONTAÑA

A los cuatro meses del incidente de Superman, nevaba ligeramente en Bozeman, Montana, mientras llevaba a mi hija a Big Sky, donde vivía en una caravana con varios amigos. Aunque estábamos a mediados de junio y la nieve era algo poco frecuente en esa época del año, no era del todo inesperada. Conduje con precaución subiendo la serpenteante carretera de montaña en mi Pontiac GTO de 1966.

Apenas había visto a mi hija Justice desde que me mudé a Seattle para asistir al programa de naturopatía de la clínica Bastyr. Hay que estar *un poco loco* para volver a la facultad de medicina a los cuarenta y dos años. Después de todo, llevaba trabajando de quiropráctico desde 1987. Durante el primer año ejerciendo apenas ganaba lo suficiente para alimentar a mi familia. Desgraciadamente mi primer matrimonio no sobrevivió a esos primeros años de penurias. Pero en esos momentos, diez años más tarde, tenía unos buenos ingresos constantes. ¿Qué locura me llevó a pensar que podía (o debía) regresar a la facultad y empezar otra vez a esa edad?

Estaba haciendo treinta y una horas de créditos a la semana. Lo que significaba que comía, dormía y vivía en la facultad y para la facultad. Aunque asistía a tiempo completo a la Facultad de Medicina de la Universidad de Seattle, cada dos fines de semana conducía durante trece horas hasta Montana (donde todavía mantenía una licencia vigente) para poder trabajar en mi consulta de quiropráctico y ganar lo suficiente para comer.

La única razón por la que conseguía ver a Justice es que no tenía licencia para ejercer como quiropráctico en el estado de Washington. Para poder pasar algún tiempo conmigo, ella había consentido en hacer de secretaria de mi consulta de Montana, que seguía funcionando bien. Acabábamos de terminar un agotador día de trabajo de diez horas y estaba llevándola a casa.

No hubo ningún incidente durante el viaje y estábamos casi contentos escuchando el poderoso rugido del motor de 389 c.i. de mi Pontiac mientras subíamos con precaución por la helada carretera de montaña. Llegamos sanos y salvos hasta donde vivía mi hija, le di un abrazo y le dije que pasaría a recogerla a la mañana siguiente. Mientras conducía de vuelta a mi habitación de Livingston, ¡no me imaginaba que una vez más mi vida iba a transformarse por completo!

Conducía lentamente para regresar a la carretera principal, azotada por un fuerte viento, cuando de repente vi algo delante, a cierta distancia. Pero ¿de verdad estaba allí? ¿O lo que estaba viendo era solo una alucinación? (Cuando has tenido una experiencia en la que ves a Superman en una clínica, la realidad se convierte en un concepto algo difuso.) Reduje la velocidad y miré con atención. Sí, definitivamente había alguien o algo en medio de la carretera. Paré en el arcén y detuve el motor.

De pronto podía verlo claramente, con los ojos de mi mente: era la visión de un hombre tocado con un turbante de colores vivos de pie delante de mí, saludándome con el brazo derecho alzado. Sin perder un solo momento en formalidades, se dirigió a mí en un tono potente y autoritario, diciendo:

—Te permitiré tener lo que desees si me prometes no volver a alzar la mano para dañar ninguna forma de vida. —Inmediatamente asentí con un movimiento de cabeza, accediendo a sus condiciones. El hombre hizo una ligera reverencia, me miró a los ojos y exclamó—: ¡Entonces, comencemos!

Al siguiente momento escuché un zumbido y sentí como si la parte superior de la cabeza se me hubiera abierto y su contenido fuera saliendo a borbotones de mi cráneo en dirección al cielo. Con el ojo de mi mente veía y sentía algo inmenso descendiendo justo encima de mi cabeza.

¿Has visto la película *Encuentros en la tercera fase*? ¿Recuerdas la escena en la que naves espaciales gigantes, de varios niveles, descienden sobre una plataforma de aterrizaje situada sobre una montaña? Esta es la analogía más cercana que puedo darte sobre lo que experimenté en los siguientes minutos. Quizá te ayude imaginar una peonza gigante y multicolor, y tendrás alguna idea de lo que sentí.

Conforme se abría esta entidad espiritual creada por mi pensamiento, empecé a tener rápidas imágenes y escenas proyectadas como relámpagos en mi conciencia. Un gigantesco «programa de *software* espiritual» comenzó a descargarse en mi cerebro. Aunque el programa continuó solo durante unos cuantos minutos, en seguida me acostumbré a lo que estaba ocurriendo y recuperé el uso normal de las funciones corporales. El Maestro se me apareció otra vez y me dijo que me tocara la parte izquierda de las costillas con la mano derecha. Obedecí. En el momento en que me toqué en aquel lugar, sentí un fuerte crujido y toda mi caja torácica adoptó una nueva posición.

Resulta que nací con una vértebra lumbar extra. Para compensarlo, la caja torácica se me había torcido de tal manera que sobresalía por el lado izquierdo, causándome grandes molestias. Esta distorsión era tan prominente que cuando joven, si dormía sobre el lado izquierdo, podía sentir el latir de mi corazón contra el pecho. No podía dormir sobre ese lado porque las vibraciones del corazón sobre la caja torácica me mantenían despierto.

Sin embargo, tan pronto como me toqué el lado izquierdo como el Maestro me había ordenado, noté cómo la caja torácica se recolocaba, adoptando una posición nueva y mucho más cómoda. La gratitud me embargó y me hizo llorar; apenas podía creer lo que acababa de ocurrirme. ¡En un abrir y cerrar de ojos, me había curado de un trastorno que me había molestado durante toda la vida! El Maestro asintió serenamente una vez más y desapareció.

Cuando recuperé la calma y la facultad de pensar, continué con mi viaje de treinta minutos de vuelta a Livingston. Mientras iba conduciendo, dos ángeles (es la única palabra que puedo usar para referirme a ellos) pronunciaban un discurso incesante en mi interior acerca del nuevo *software* mental y su propósito. Esta conversación prosiguió durante las siguientes cinco horas y fue uno de los incidentes más inspiradores de mi vida entera.

Siempre me he arrepentido de no haber puesto por escrito nada de lo que me enseñaron aquella noche, porque me dieron tanta información sobre las nuevas energías que tenía a mi disposición y sobre cómo usarlas para sanar que me resulta imposible recordarlas todas. Parte de la explicación era bastante técnica y hacía referencia a la geometría sagrada, la activación de los chakras en mis manos y muchas otras cuestiones. Cuando la descarga angélica llegó a su fin, cerca de cinco horas más tarde, un bello ser femenino me dijo:

—Este incidente estaba previsto para tu cumpleaños (en mayo), pero necesitábamos unas cuantas horas ininterrumpidas a solas contigo para completar este proceso. ¡Feliz cumpleaños!

2

DESDE EL PRINCIPIO: CÓMO
SE CREÓ MATRIX

Era un día soleado de verano en Seattle, dos años más tarde. Esa mañana estaba esperando en la clínica Bastyr a que llegara el próximo paciente cuando oí unos golpes en la puerta. La abrí y vi a un hombre rubio de aspecto modesto.

MARK ENTRA EN MI VIDA

—Es usted el doctor Bartlett, ¿verdad? Encantado de conocerle. He oído hablar mucho de usted. Mire, he estudiado diferentes técnicas de sanación y me pregunto si podría aconsejarme qué puedo estudiar a partir de ahora —dijo, alargándome un papel que contenía una larga lista de técnicas.

Al mirar el papel vi que yo también había estudiado todo lo que aparecía en la lista y había llegado a dominar muchas de esas técnicas.

—¿Con quién cree que debería estudiar ahora? —preguntó.

—Teniendo en cuenta que conozco todas estas técnicas, y probablemente podría enseñarte incluso algunas formas más simples de practicarlas, te sugiero que estudies conmigo —le respondí.

—¡Perfecto, eso es lo que haré! —exclamó entusiásticamente. Por aquel entonces yo no sabía que aquello iba a ser el principio de una amistad de por vida.

Durante los cuatro años siguientes le enseñé a Mark Dunn todo lo que había aprendido en doce años de práctica de una medicina poco convencional o, por decirlo de una manera más clara, «extraña». Lo único que no podía aprender, y eso le producía una creciente frustración, era hacer lo que yo hacía con las manos: lo que él llamaba esa «cosa de la energía».

Verás, Mark interpretaba la situación de tal manera que le había dado un significado completamente equivocado a mis actos. Pensaba que yo estaba «haciendo algo» con las manos y que se producía una transferencia de energía. Como no dejaba de hacerme preguntas sobre este proceso, empecé a leer libros sobre física cuántica en un esfuerzo por entender y explicar lo que estaba ocurriendo con esa «cosa de la energía» que, según él, practicaba yo. Fue en los aspectos más esotéricos de la *teoría del campo cuántico* donde encontré las bases de los principios que sustentan lo que hoy día se conoce como Matrix Energetics.

Para disgusto de Mark, mi segundo estudiante aprendió los principios básicos de todo lo que yo sabía en unas cuatro horas. Hoy en día es posible enseñar a cualquiera Matrix Energetics en un solo seminario de un fin de semana.

El primer seminario de Matrix Energetics se celebró en el mes de septiembre de 2003 y asistieron un total de veintisiete personas. Desde entonces la experiencia de Matrix

Energetics se ha convertido en un fenómeno internacional. Ni siquiera tienes que asistir a un seminario para aprenderlo (aunque son muy divertidos). Mucha gente se ha familiarizado con él y ha experimentado resultados milagrosos en sus vidas simplemente leyendo mi primer libro o viéndome hacer una demostración de las «técnicas» en YouTube. (Si no has leído *Matrix Energetics* todavía, podría venirte bien hacerlo.)

Este segundo libro te llevará mucho más lejos en la experiencia de Matrix Energetics, y además refleja con precisión los últimos avances e información sobre el tema. A estas alturas he leído más de cien textos sobre física cuántica para poder entender lo poco que sé en estos momentos. Principalmente me he dado cuenta de lo mucho que no sabía y que quizá nunca llegaré a comprender. Como ya sabía el famoso físico Richard Feynman, si crees que entiendes la física cuántica, es que no has entendido lo que dice la teoría.

Las matemáticas y la física son lenguajes simbólicos inconscientes. Se supone que deben estimular las funciones cerebrales superiores —no las funciones superiores analíticas del cerebro izquierdo, que actúa como un mero subordinado, sino la conciencia del simbolismo y de la interconexión propia del cerebro derecho—. El problema es que hemos convertido a la ciencia en un *sistema cerrado*. Las ecuaciones que creamos para explicar lo inexplorado o desconocido han de tener «sentido» para la manera de pensar y percibir de nuestro cerebro izquierdo. Si no tienen sentido ni encajan en nuestros círculos cerrados de realidad, las iremos recortando hasta que lo hagan. No puedes imaginarte cuántas veces ha ocurrido esto en la historia de la física.

Este libro habla sobre la tecnología y la ciencia de la prohibida *física etérea*. Cuando lees más de ciento cuarenta libros sobre ciencia y física en unos pocos meses, empiezas a notar algunas discrepancias que llaman la atención en el modelo clásico o estándar de la física. Empiezas a sospechar que quizá falten unas pocas piezas aquí y allá.

El problema con el modelo clásico de la física es que el factor x de la conciencia no se tiene en cuenta. Sin el reconocimiento del papel que la conciencia juega en los experimentos que realizamos en el laboratorio de la vida lo que obtenemos son las expectativas inconscientes de los observadores que realizan esos experimentos. El modelo estándar en física es un sistema cerrado. Y en un sistema cerrado, los efectos de la conciencia quedan excluidos, no hay lugar para milagros.

MATRIX ENERGETICS COMO MITOLOGÍA ÚTIL

A través de Matrix Energetics y dentro de las páginas de este libro, voy a compartir contigo lo que podríamos llamar una «mitología» poderosa que te va a resultar muy útil. Ten presente que probablemente cualquier cosa que tomemos como verdad será algún tipo de distorsión: normalmente nos aferramos a nuestras nociones fundamentales y a nuestros ideales favoritos hasta que aparece algo mejor que los sustituye. Por tanto, puedes considerar lo que vas a aprender aquí, o al menos parte de ello, como verdad provisional hasta que llegue algo mejor.

Defiende siempre tu verdad superior para poder expresar tu mayor bien. Mi maestra spiritual, Elizabeth Clare Prophet, solía decirme que le entregaba al mundo su mayor esfuerzo. Hacía énfasis en que si alguna vez veía algo mejor con lo que pudiera identificarse, lo adoptaría en seguida. Sé un sirviente de tu verdad más íntima, y, a cambio, tu vida te reverenciará como su Maestro.

Es probable que cuanto menos sepas sobre física y matemáticas más aceptes las ideas de este libro. Desde una perspectiva puramente científica, si eres físico, verás esto de una manera bastante diferente. Por favor, no dejes que eso sea obstáculo para plantearte la validez de algunas de estas ideas.

Adelante, sírvete una porción extra de sinsentido, si es así como lo ves. Puede que te siente mejor de lo que te imaginas. ¡Al menos no sabe a coles de Bruselas! Hay cosas que, aunque pueden ser saludables, dejan mal gusto en la boca.

Realmente no importa si me crees o no; estas ideas pueden cambiar tu vida.

MATRIX ENERGETICS: LO QUE ES Y LO QUE NO ES

No hay un conjunto fijo de reglas del que se pueda decir: «Esto es Matrix Energetics». De hecho, Matrix Energetics no existe como tal; es una invención mía. Bueno, yo creé el nombre y las herramientas para ponerlo en práctica y entenderlo, pero también hay principios de fondo, y esto no lo creé yo. Muy poca gente admitirá algo así acerca de lo que llaman sus técnicas o métodos. Yo lo inventé, pero no inventé la ciencia de la que hablo en estas páginas.

Mi intención durante esta última mitad de mi vida es servir y sanar al enfermo. Siempre he deseado dar consuelo allí donde fuera necesario. Ahora puedo ser útil a mucha más gente de la que podría alcanzar con una consulta privada. A través de los libros y seminarios de Matrix Energetics, he podido influir positivamente en las vidas de miles de individuos de todo el planeta. Espero que para ti este libro llegue a ser un escalón a nuevos niveles de posibilidades y de dominio.

3

HAZ PREGUNTAS ABIERTAS PARA DESARROLLAR LA CONFIANZA EN LO DESCONOCIDO

Cultivando el hábito de hacer preguntas poderosas, capaces de transformar la mente, entrenas al hemisferio derecho de tu cerebro a responder a las señales de tu subconsciente.

No es que haga preguntas porque sepa algo. No lo sé. Hago preguntas porque siento curiosidad por cualquier cosa en la que se fijan las lentes de mi atención: «¿Qué utilidad tiene lo que estoy notando en el momento?».

Para entrar en «el momento», haz una pregunta, retrocede y observa cualquier respuesta interna o sensorial. Cuando digo «observa», estoy usando un lenguaje visual. Sin embargo, cualquier cosa que notes desde los dominios de tus cinco sentidos tras hacerte esa pregunta es potencialmente útil y, posiblemente, podría transformar tu vida. Por ahora solo te pido que te hagas la pregunta, que suspendas cualquier pensamiento preconcebido sobre ella y que te fijes en aquello que sea diferente de lo que estabas notando antes. Sé que esto suena un tanto críptico ahora mismo, pero conforme sigas avanzando tendrá más sentido.

La persistencia y la confianza son las claves. Cree en ti. Tienes derecho a que te guíen, te amen y te ayuden desde la esfera espiritual. Cualquier pregunta que haces manda a tu mente a buscar una respuesta. En ciertos niveles de actividad, tu cerebro funciona igual que una máquina. Cualquier dato que le proporciones será recibido en el lenguaje del dominio en el que has hecho tu pregunta. Si esperas tener visiones o sueños provenientes de más allá del velo de tu razonamiento consciente, llegará el momento en que los obtendrás. Cuando hagas preguntas, ten confianza en que todo lo que aparezca te será útil. Céntrate en tus objetivos con cuestiones abiertas mejor formuladas.

Si te haces preguntas del tipo «¿por qué no puedo hacer esto?», lo que lograrás será cultivar y perfeccionar el arte de obtener una información completamente *inútil*. Confía en ti al hacer las preguntas. Incluso las imágenes sin aparentemente el menor sentido significan que estás consiguiendo algo útil: las imágenes sin sentido indican que estás construyendo un puente entre tú y tu mente subconsciente. Tu mente consciente le pone un filtro a todo lo que percibes e intenta extraerle un sentido. Por tanto es bastante probable que las imágenes que surgen espontáneamente y parecen no tener sentido, te estén dando mucha más información de la que suele disponer la mente consciente.

Esto es lo que en los años noventa se les enseñó a los participantes en experimentos de visión remota para las operaciones militares. Debían dibujar cualquier imagen que recibieran y prestarle atención. Cuanto más original fuera, más importancia podía llegar a tener. De hecho la metodología que enseñamos en Matrix Energetics tiene influencias de las imágenes específicas de los sueños (análisis jungiano) y del protocolo clásico de visión remota que se enseñaba en el Instituto de Investigación de Stanford y en el ejército de Estados Unidos.

Si empiezas a confiar en que te mereces obtener cualquier conocimiento que necesites, podrás tenerlo. Nadie te detendrá. Nadie te hará bajar la mano cuando la extiendas para saber y ser más. Intenta poner en palabras tus peticiones, preocupaciones y deseos en un lenguaje divertido; verás como el universo responde con más rapidez a tus necesidades.

Más adelante cubriré mucho más detalladamente la ciencia de hacer preguntas transformadoras de la vida. Por ahora créeme cuando te digo que dentro de la pregunta se encuentra la respuesta.

> *Pide, y te será dado; busca, y encontrarás;*
> *llama, y se te abrirán las puertas.*
> *Porque todo el que pide recibe,*
> *y todo el que busca encuentra,*
> *y a todo el que llame se le abrirán las puertas.*

MATEO 7, 7-8

Podrás tener exactamente lo que quieras en cuanto dejes de intentar controlar lo que aparece en tu vida. Asume la Gracia y el Amor que eres y confía en que las cosas son tal y como deben ser. Cuando aceptes donde estás, podrás desprenderte de ese estado de dualidad, cargado emocionalmente, que desea siempre algo mejor. Cuando de verdad te desprendas, el próximo paso en la evolución de tu conciencia estará esperándote.

¿POR QUÉ NO PUEDO DESPRENDERME DE MIS PROBLEMAS?

Hay gente que lleva a cabo curaciones increíbles y mucho más impresionantes que las que yo hago. Pueden ser amas de casa, vendedores de aspiradoras o electricistas. La formación médica es una ventaja y al mismo tiempo un inconveniente. A los facultativos se les enseña a pensar en la salud y el bienestar de una manera reglamentada. Mi primera reacción ante el método médico es preguntar: «¿Qué es lo que falla en un sistema que te obliga a comunicarle al paciente antes que nada cuál podría ser el peor resultado posible?».

No sé cómo contestar a esta pregunta. En lugar de ello, ¿por qué, para variar, no nos centramos en lo que podría ir bien? Quizá algunas cosas podrían mejorar cuando dejáramos de centrarnos exclusivamente en el problema.

Tú también puedes aprovecharte de este modelo de conciencia que es Matrix Energetics. Juntos podemos crear algo nuevo y emocionante. Todo lector de este libro puede, y lo hará, formar parte de una red en la que se amplían las elecciones y surgen nuevas capacidades. ¿Cuántos de vosotros sois médicos? Alzad la mano. Ahora bajadla. Hace tiempo que ya no estáis en la escuela. Dejad de tomar apuntes en los márgenes de este libro. No va a haber ningún examen más adelante sobre este tema.

Eso no significa que este tema no os vaya a examinar a vosotros. Bruce Lee hablaba de «el camino del puño (abierto) interceptor». Un enfoque mucho más productivo con este libro sería emplear «el camino de la mente (abierta) interceptora». Mi maestro, el doctor M. T. Morter, director de la Facultad de Quiropráctica en la que estudié, nos decía: «Estudiadlo todo y no creáis nada». No importa si crees en algo o no, en tanto y en cuanto uses tu conocimiento y tus experiencias para ser más tú mismo. *Confía en cualquier cosa que aparezca en tu conciencia aunque no tenga ningún sentido ni parezca servir para nada.*

La información simbólica se genera en el hemisferio derecho y representa una capacidad de potencial codificada de cerca de cuarenta mil millones de bits de información. Contrasta esto con la miserable cantidad de siete (dos arriba, dos abajo) bits de información por segundo que se le calcula al hemisferio izquierdo. Algunos investigadores menos tacaños ponen esa cifra un poco más alta, en cuarenta bits por segundo.

Ya me gustaría conocer al estudiante sobrehumano que llegó a contar esos cuarenta mil millones por segundo. Por supuesto, no es posible hacerlo, sino que llegó a esa cifra basándose en determinados cálculos. Pero este impresionante número y toda esa información hacen que suene creíble, ¿verdad? Lo que intento decirte es que quizá deberías prestarles atención a esas cifras, en apariencia sin sentido, porque potencialmente podrían representar mucha más información codificada.

Nunca sabes algo realmente hasta que empiezan a ocurrir cosas a tu alrededor, dentro de ti y a través de ti: hasta que lo experimentas. Solo entonces comienzas a saber que sabes. Es la diferencia entre el principio gnóstico de «saber» y «creer» en contraste con «ojalá supiera (antes sabía... quizá). SABER NO TIENE NADA QUE VER CON PENSAR; ES UNA CUALIDAD QUE SE ENCUENTRA EN EL CORAZÓN Y A TRAVÉS DE ÉL.

Ahora creo que cuando somos capaces de detener nuestro pensamiento consciente, aunque sea de una manera muy breve, el territorio del corazón toma las riendas. Opino que la sabiduría del corazón tiene un acceso instantáneo a los cuarenta mil millones de bits de información por segundo del hemisferio derecho. Por tanto, basándonos en esta teoría, *cuanto menos te esfuerces por pensar, más eficaces serán tus resultados.*

PREDICANDO (PELIGROSAMENTE) CON EL EJEMPLO

Hace un tiempo me caí de un escenario en Vancouver y me rompí la pierna. Estaba bailando la canción *Touch Me*, de The Doors, y caí en un estado chamánico con Jim Morrison (¡sospecho que estaba drogado cuando grabó esa canción!). Se me olvidó que estaba en un escenario y que tenía un cuerpo. Y no tardaron en recordármelo. El escenario tenía solo un metro y medio de altura, pero en esos momentos me caí desde mucho más alto.

Caí sobre mi pierna extendida y la oí crujir de una manera en que una pierna no debería crujir. Sentí el fuerte dolor de un pinchazo atravesándome, y mi espíritu salió catapultado de mi cuerpo. Fue terrible. Además de dolerme muchísimo, en cierto modo fue una vergüenza que me sucediera delante de trescientas personas. Pero por otro lado creo que, si vas a hacer el tonto, al menos deberías hacerlo por todo lo alto. Y eso es lo que yo hice.

Tuve que rendirme ante la evidencia de que la lesión no me permitiría volver a ponerme en pie durante bastante tiempo. La primera persona a la que visité en mi mente fue la que puede esperarse en unas circunstancias como estas: «¡Quiero estar con mi mamá!» (Esto, como es lógico, depende de lo bien que te lleves con mamá, pero eso es lo que yo hice: acudir a ella.) Luego apareció uno de esos anuncios de la pulsera de identificación que salen en televisión a altas horas de la madrugada: «¡Auxilio! ¡Me he caído y no puedo levantarme!». ¿Dónde diablos está ese viejo cirujano general? ¡Nunca hay ninguno a mano cuando lo necesitas! Y el siguiente pensamiento fue: «¡Un hospital!». Estos fueron los tres pensamientos que se pasaron por mi cabeza, y son puntos de referencia razonables cuando acabas de sufrir un accidente.

En realidad no supe que me había fracturado la pierna hasta diez días más tarde. ¿Cómo lo supe? El dolor de los huesos empezó a despertarme en la madrugada. Si eres médico (y yo lo soy), sabes que hay una prueba para ver si algo se ha roto. Tienes que tomar un diapasón, golpearlo, pegarlo al hueso y, si está roto, ¡duele a rabiar! Si te da miedo hacer esta prueba porque ya sabes cómo te va a doler, eso significa que no tienes que hacerlo; hay cosas que simplemente se saben.

Este vergonzoso incidente al final resultó ser útil. Me permitió demostrarles a los participantes del seminario los principios y prácticas que enseño. ¿Qué mejor ejemplo que volverme un caballo tullido delante de sus ojos? La verdad es que ya casi estaba esperando que alguien me pegara un tiro.

Me quedé allí tumbado y finalmente hice justo lo que tú aprenderás a hacer en las páginas de este libro: «examiné otras realidades» hasta que encontré una en la que la pierna no me dolía tanto. Y luego entré en una realidad en la que podía seguir en el escenario y continuar enseñando. Me costó una gran cantidad de esfuerzo y energía, y esa noche tuve que salir cojeando de la sala apoyándome en mi hija. Al día siguiente volví al escenario, y realizamos una sanación grupal. Todo el mundo estaba preocupado por mí y querían ayudarme como fuera. De manera que esto es lo que hicimos: saqué mi guitarra acústica al escenario y cantamos la canción de John Lennon *Give Peace a Chance (dale una oportunidad a la paz)*, pero cambiamos las palabras. En lugar de eso, cantamos: «All we are saying is give knees a chance» *(solo estamos diciendo dales una oportunidad a las rodillas)*. Todo el mundo participó. Lo hicimos divertido y flexible, de manera que no entramos de lleno en esa realidad en la que la pierna estaba rota. Después de eso mi rodilla empezó a mejorar cada vez más.

CÓMO DEJÉ DE SER «TOMÁS EL INCRÉDULO»

Recuerdo estar sentado entre el público, escuchando al doctor Bartlett mientras contaba cómo se cayó del escenario en un seminario anterior, cómo sanó su fractura y continuó impartiendo el seminario (sin que a las dos semanas de aquello quedaran más secuelas del accidente que una leve cojera) y diciendo para mis adentros: «Sí, claro. ¿CUÁNTO DINERO he gastado en esto?».

Hasta entonces toda mi experiencia sobre «sanación» se reducía a un curso de chi kung de cuatro semanas que dieron mi veterinario y su esposa, y ahora a este seminario, para asistir al cual había cruzado medio país, impartido por un hombre que ve a Superman.

Digamos que no tenía demasiada fe, y sin embargo, a pesar de las evidencias «lógicas» en contra, sabía instintivamente que debía de haber algo de verdad en este asunto de Matrix. Y debido a ese instinto, con dudas o sin ellas, no solo participé en los niveles uno y dos, sino también, unas pocas semanas más tarde en Miami, en el nivel tres.

Para cuando llegué al nivel tres, mi cerebro estaba hecho espagueti. No obstante, practiqué con amigos, familiares, mascotas, mi veterinario (en realidad con cualquiera que no se riera de mí... abiertamente, al menos). Pero por más que practicaba, no tenía nada sólido que pudiera ofrecer como una prueba de que, efectivamente, Matrix Energetics funcionaba. Unas semanas más tarde, conseguí esta prueba en la forma de un extraño accidente con una perrita chihuahua de dos kilos y medio llamada Bitty Bo Bitty.

Aquella tarde había empezado como podía empezar cualquier tarde normal. Estaba cuidando de Bitty, la perrita de mi padre, y decidí que sería una buena idea llevarla conmigo en el coche junto a mis dos perros mientras me dirigía a su casa de campo para alimentar a los animales que vivían fuera de la casa.

Aparqué, bajé las ventanillas y les dije a Bitty y a mis dos perros que se quedaran en el coche, que volvería en seguida, algo que ya había hecho mil veces antes.

Miré a **Bitty**, *que se había subido en el asiento del conductor meneando su rabito y me dedicaba una mirada cariñosa mientras salía del vehículo. Me di la vuelta, cerré la puerta tras de mí y me invadió una sensación de pánico al oír el chillido más estremecedor que he oído en toda mi vida. Giré la cabeza y vi la pata trasera derecha de* **Bitty**, *no más gruesa que un lápiz, ¡atrapada por la puerta! Estaba torcida en un ángulo antinatural hacia atrás y hacia arriba, formando una V, partida en dos y sangrando.*

Abrí de un tirón y tomé al pobre animal en mis brazos antes de meterme en el coche. Telefoneé al veterinario y balbucí algo acerca de la pata partida al tiempo que salía a toda velocidad hacia la carretera. Mi veterinario (que también era mi instructor de chi kung y fue quien primero me habló de Matrix Energetics) me dijo: «Trabaja en ella mientras conduces».

Manteniendo una mano sobre la pata de **Bitty** *y la otra en el volante, empecé a trabajar en la perrita. Inmediatamente dejó de chillar de dolor. Miré el reloj y conté hacia atrás en el tiempo: 4:38 de la tarde, 4:30, 4:15, 4:00... Pedí que me mandaran a alguien que pudiera ayudarme: ¿Dios? ¿Los ángeles? ¿Jesús? Me imaginé múltiples clones míos trabajando en la perra. Traté de conectarme con el conocimiento del universo haciendo preguntas como: «¿Qué haría el doctor Bartlett? ¿Qué haría Jesús?».*

Puse en práctica lo que había aprendido en los seminarios de Matrix Energetics: ventanas, módulos y frecuencias. Visualicé una bola de energía curativa justo en el punto en el que su pata estaba partida en dos. Le apliqué Dos Puntos en las patas traseras usando la visualización, ya que no podía soltar la mano que tenía en el volante. Con la cantidad de sangre de su herida que podía sentir empapándome la ropa y la media hora que tardé en regresar a la ciudad, no tenía más opción que trabajar en ella y esperar un milagro. Mi ataque de nervios tendría que esperar. La visualicé corriendo en el jardín esa mañana y me dije: «¿Y si Bitty pudiera correr tan rápido ahora como lo hacía esta mañana?». Mentalmente repasé una lista con todo lo que se me ocurría hacer para sanarla, aliviar su dolor, transfundirle sangre, curar las venas, los huesos, los ligamentos, los tendones, las células...

En resumen, hice todo lo que pensé que podría hacer. Llegué al veterinario en un tiempo récord. Todavía no estoy seguro de si el tiempo se ralentizó o si simplemente conduje como un poseso. Llevaba puestas dos camisetas y unos vaqueros, y toda esa ropa estaba empapada en sangre cuando entré en la consulta. ¿Cuánta sangre puede tener una perra de dos kilos y medio? ¿Le quedaría algo?

Le entregué la perrita al veterinario, intentando por todos los medios no mirarle la pata. Lo único que sabía es que de alguna manera había logrado sobrevivir al viaje. Lo que desconocía era si estaba a punto de morir desangrada o si le iban a amputar la pata y cambiarle el nombre por el de «Trípode». Mantuve los ojos fijos en la cara del veterinario por miedo a lo que podría ver si miraba la pata de Bitty. Ahora que ya no estaba conduciendo y concentrándome en Matrix, el pánico y la culpa hicieron su aparición. Me sentía destrozado por haberle causado ese daño. Después de todo, se suponía que estaba aprendiendo a sanar, no a mutilar o a matar una perra pequeña e indefensa que confiaba en mí ciegamente y me quería con todas sus fuerzas.

—La perra está bien.

El veterinario me sonrió. Grité:

—¡No, no está bien! Le he partido la pata en dos con la puerta del coche!

Él respondió:

—*Está bien. ¡Has hecho un buen trabajo! Vamos a tener que apuntarte en el escuadrón de rescate. La has salvado.*

Yo seguía sin entenderlo, incluso después de ver a Bitty *corriendo por la habitación como si nada hubiera pasado, con solo una pequeña mancha de sangre seca en la pata trasera que el veterinario había cubierto con vendaje líquido.*

*¿*Vendaje líquido*? ¡Me estás tomando el pelo! Y entonces fue cuando lo entendí: el doctor Bartlett había curado realmente su pierna rota, lo mismo que se arregló la pata de la pequeña* Bitty, *dejando solo una marca de sangre seca apenas perceptible.*

De manera que aquí estaba mi prueba, corriendo a cuatro patas como si el accidente jamás hubiera ocurrido. En cuanto a mí, estaba empapado de sangre y con la boca abierta. ¿Quién ha dicho que el universo nunca te advierte: «Te lo dije»?

VH

El milagro de mi pierna rota fue que cada vez que daba un paso y veía las estrellas, tenía que *elegir dar el próximo paso en una realidad en la que no doliera.* ¿Lo has entendido? O sea que, el primer paso... ¡AAAYYY! ¡Ese fue un mal paso! ¡No quiero volver a darlo! «Mamá, ¿puedo irme ya a mi cuarto?», me decía a mí mismo conforme me dirigía al escenario al día siguiente. El siguiente paso tenía que ser mejor. ¿Cómo haces que sea mejor? No intentando que sea mejor. Si tratas de que sea mejor, estarás recordando y ratificando lo malo que es. ¿Te va a servir de algo? ¡No te va a servir de nada!

Potencialmente existe un infinito número de posibilidades de lo que puedes manifestar en un instante dentro de la red mórfica. Vamos a imaginarnos que en una serie de dimensiones paralelas puedes elegir entre diferentes piernas. Uno de esos pares de piernas contiene la realidad en la que

43

puedes caminar sin dolor. Una manera de conseguir las piernas más útiles para la tarea es hacerte la pregunta: «¿Dónde están?». Tienes que confiar en que cuando preguntes, la respuesta aparecerá.

«Mira» o, de alguna manera, «siente» las muchas posibilidades que se te presentan. Y entonces percibe el «espacio virtual» que contiene la mejor solución para ti. Con un pequeño cambio de tu *intención concentrada*, puedes elegir el mejor resultado posible y con el menor esfuerzo apreciable. Intención concentrada significa simplemente poner algo en tu portapapeles mental y luego olvidarte o desapegarte de ello. Si sigues aferrándote al pensamiento de lo que quieres, no lo habrás dejado ir para que el universo se encargue. Y así, ¿cómo va a cumplirse? Si pides algo y no sucede nada, puede que tengas que trabajar la confianza. ¡Por supuesto, para hacer algo como lo que te estoy sugiriendo hace falta un poco de práctica!

¿Cómo sabía si de verdad había conseguido algo con toda esta actitud de las dimensiones paralelas? Porque mi rodilla rotaba, hacía un chasquido, y mi paso se ajustaba. El siguiente paso que daba era más fácil y fluido. Luego daba otro mal paso. Una vez que tienes un punto de referencia para crear un desequilibrio llamado «pierna rota», has de seguir probándolo. El universo te dice: «¿De verdad estás seguro?». En el siguiente seminario, apenas dos semanas más tarde, me subí al escenario y tenía la pierna perfectamente.

CUANDO ABRES LA PUERTA, PUEDE ENTRAR LA GRACIA

Si una persona te pide que le ayudes con un problema, ¿qué haces? En mi primer libro, *Matrix Energetics*, escribí una sección titulada «El problema del enfoque problemático», en la que sugería el valor de abrir tu mente y tu proceso mental a algo que quizá ni siquiera te habías planteado hasta ahora. Te abres a soluciones cuando confías y dejas de interferir contigo mismo. Al elegir confiar primero y actuar luego desde esa confianza, abres de par en par la puerta al campo del potencial universal. Solo hace falta que PRESTES ATENCIÓN, TE DES CUENTA DE LO QUE ESTÁS NOTANDO Y ACEPTES TODO LO QUE APAREZCA. Al hacerlo permitirás que el principio de la Gracia entre en la ecuación. Esto puede cambiar las probabilidades, incluso en casos de afecciones debilitadoras.

REVISANDO EL ENFOQUE PROBLEMÁTICO

Sanar y enfermar son dos partes de la misma ecuación, de un círculo cerrado. De un sistema cerrado solo puedes extraer lo que introduces. Creo que esta es una de las razones por las que solo ves o escuchas hablar de milagros muy de vez en cuando. Si piensas que en este libro vas a aprender una técnica de sanación, lo siento. No se trata de eso. Deja a un lado tus ideas de que sanación y enfermedad forman parte de una polaridad y una no puede existir sin la otra. En un *sistema abierto* esto no es cierto. En un sistema abierto, o en lo que se suele llamar un sistema libre de energía, puedes conseguir más energía de la que das.

Un milagro es un ejemplo de sistema abierto. Esto se puede aplicar a todo lo que enseño en Matrix Energetics. Cuando creas y empiezas a adoptar un modelo de conciencia que te permite trascender las limitaciones de tu realidad física, puedes conectarte con la física de los milagros.

Un tumor o una afección, una enfermedad o cualquier trastorno, tienen el potencial de sanar al instante. La transformación es un proceso milagroso que puede trascender lo que crees que son las leyes de la física. Esta es la idea central: los milagros ocurren fuera de tu patrón normal de referencia de la realidad. Se producen todo el tiempo, pero muchas veces no nos damos cuenta porque *por lo general nos centramos en lo que sigue igual: en lo que nos resulta habitual y conocemos y creemos a nivel consciente.* ¡Si tan solo empezáramos a fijarnos en lo que es distinto o nuevo, habría muchos más milagros en nuestras vidas!

4

LECCIONES FUNDAMENTALES SOBRE LA DUALIDAD

Eres conciencia. Eso es lo que eres. Has elegido manifestar los patrones de información que aparecen en tu
realidad personal en la forma de condiciones, estructuras,
familia o finanzas. En algún nivel has optado por todo lo que
hay en tu vida. En realidad, algunas veces elegimos simplemente por no elegir. Con mucha frecuencia nuestra elección
consiste en establecer la polaridad con lo que no queremos.
Si no deseamos desarrollar un estado de enfermedad, ¿qué
hacemos? Cuidamos nuestra alimentación para estar sanos.
En este concepto hay una trampa escondida. Si te alimen-
tas adecuadamente para estar sano, ¿qué estás haciendo en
realidad? A un cierto nivel estás comiendo para evitar la enfermedad. Si ingieres alimentos sanos para prevenir la enfermedad, estás manteniendo una relación inconsciente con lo
que temes. Si intentas evitar que te suba el colesterol, estás
luchando con el colesterol. Si tomas aspirinas para evitar un

ataque cardiaco o un derrame cerebral, estás manteniendo una relación inconsciente y conflictiva con ellos. En cierto modo *es como si bailaras abrazado* a lo que no quieres. En una configuración de este tipo cuando tu miedo empieza a hacer piruetas, puede arrastrar consigo a tu salud. ¿Cuándo pasamos de «una manzana al día mantiene lejos al médico» a «una aspirina al día mantiene lejos al médico»? ¡No te tomes tan en serio las estadísticas si no quieres terminar convertido en una de ellas!

Otra cosa es comer de una manera que te beneficie porque te sientes bien cuando lo haces. Y esto puede coexistir con los principios de comer adecuadamente para tu salud. Lo que para ti significa estar sano viene determinado por tus necesidades personales, tu energía y tus creencias. Por eso la dieta varía según los individuos. Una persona puede comer solo panceta y perder peso, tener un corazón sano y mantener bajos sus niveles de insulina. Para ella esa dieta puede representar una buena bioquímica. Otra puede alimentarse solo de ensaladas y no necesitar ningún otro tipo de comida. ¡Un ser de otro planeta podría «consumir» únicamente rayos de sol y estar lleno de luz y energía! Sea lo que sea lo que decidas comer, debería ser coherente con lo que para ti significa estar sano a un nivel personal y cultural.

POR QUÉ COMER BIEN PUEDE SER NEGATIVO A VECES

La salud y la enfermedad entendidas como estructuras y normas obligatorias no son una buena idea. Como ya he sugerido, cuando «comes adecuadamente para estar sano», puedes estar inconscientemente manteniendo una relación, una polaridad, con la enfermedad. La panceta puede ser estupenda para tus arterias. «De acuerdo, doctor, ¡si usted lo dice!». No, solo ¡si lo dices tú! Puedes declarar: «Te quiero, panceta», y entonces te sentaría bien comerla. Estoy hablando medio en broma, medio en serio. Como médico, sospecho que gran parte de la investigación nutricional de que disponemos es, como mucho, cuestionable. La mayor parte de la llamada investigación sanitaria en realidad está patrocinada y financiada por los grandes consorcios empresariales, entre ellos los gigantes farmacéuticos.

En ocasiones, cuando la investigación obtiene unos resultados distintos a los que esas compañías desean, pueden llegar a ocultarlos. Si un estudio contradice los fundamentos de una empresa, se iniciarán rápidamente nuevas investigaciones para cambiar el resultado en favor del producto que va a ser lanzado al mercado. Como decía, Walter Donovan, el malo de la película *Indiana Jones y la última cruzada*: «¿No le dije que no creyera a nadie, doctor Jones?».[1] El problema es que si hay un número lo bastante elevado de personas que creen en una determinada conclusión, esta se convierte en una realidad para las ideas que entran en esa caja de creencias. Por eso digo que en toda caja hay una sorpresa. ¿Qué caja de creencias has construido alrededor de ti mismo o has permitido que otros construyan para ti?

No hagas algo solo porque los expertos te digan que lo hagas. Hazlo porque en ese momento sientes que es lo que tienes que hacer y le sienta bien a tu cuerpo. Hazlo si está en consonancia con tus necesidades o creencias de ese momento. ¿Te das cuenta de la flexibilidad que esto implica? O quizá, cuando te arrodillas a rezar por las noches, podrías dedicarle una pequeña oración a Placebo, el dios médico de la curación espontánea: «Y ahora, permite que duerma. ¡Te ruego, Placebo (¿un dios griego?), que mantengas sano mi corazón!».

EVITAR UN PROBLEMA REFUERZA TU RELACIÓN CON ÉL

Si intentas evitar un problema o fingir que no existe, corres el riesgo de caer en el autoengaño. Eso no funciona. Puedes reconocerlo tal y como es, con toda la agitación emocional que te provoca. Esta carga que existe cuando te aferras al problema lo mantiene ligado a la existencia física. Cuando muestras respeto por la energía del problema, en realidad lo que estás haciendo es aligerar parte de su carga psíquica. Entonces puedes *apartarlo suavemente*, quizá dejarlo justo junto a la entrada que da acceso a tu atención consciente. Esto hace que puedas mantenerte neutral ante una dificultad o enfermedad.

PASANDO DE PUNTILLAS JUNTO AL HOLOGRAMA MÉDICO

Un día una señora vino a mi consulta y exclamó:

—Tú vas a sanarme ¡Eres mi última esperanza!

¡Obviamente se había equivocado de sitio! ¿De dónde sacó la idea de que yo era Dios? Dijo que lo había intentado todo y que yo era su última oportunidad, el milagro que esperaba.

Cuando «noté» lo que estaba sintiendo en ella, vi agujas y pastillas flotando a su alrededor en su campo de energía.

—Olvídate de los milagros como último recurso desesperado —le dije. Me imaginé una especie de embudo sobre el chakra de su coronilla en el que echaba sus píldoras, mientras decía: «Vuelve a tu médico y confía en que la medicación que te recetó va a ayudarte. Toma tus medicamentos, porque es obvio que te identificas con la filosofía y el enfoque de la medicina occidental tradicional. Busca tus milagros dondequiera que se te presenten. Cree que cualquier cosa que aparezca en tu realidad puede ser útil y ajustarse perfectamente a tus necesidades».

Esta mujer había estado viendo médicos tradicionales durante muchos años. En su ser se identificaba con esos métodos y estaba en armonía con ellos a un nivel interno de conciencia. Tenía que reconocer esto para apreciar lo que le había ayudado hasta entonces. Existe un enorme campo mórfico de limitación llamado «enfermedad»; si accedes a este campo, podrás, sin lugar a dudas, crearte un sinfín de problemas. Si esa es la realidad en la que te desenvuelves, los resultados pueden seguir creando la enfermedad.

NO ESTOY A FAVOR NI EN CONTRA DE LOS MEDICAMENTOS

No soy muy aficionado a los medicamentos ni a la teoría de la fórmula (pastilla) mágica que lo cura todo o al «bombardeo» de medicinas para tratar una enfermedad. Tampoco estoy en contra. Porque si estás en contra de algo, significa que tienes que estar a favor de lo contrario. Si estás a favor de una cosa, compartes la misma polaridad que aquello a lo que te opones. No estoy bromeando. Matrix Energetics no tiene nada que ver con estar a favor o en contra de algo. Si puedes situarte en el medio, estas distinciones dejan de existir. Todo, en último término, se reduce a patrones de luz e información.

No estoy sugiriendo que niegues el cáncer o cualquier otra enfermedad que te diagnostiquen. Sométete a la radioterapia, a la quimio o a cualquier tratamiento que constituya la mejor terapia en el paradigma médico predominante. Esos campos mórficos de posibilidad pueden sanar si tus creencias, a un nivel profundo, son congruentes con ese modelo. No finjas creer en un modelo que no sea el tuyo. Mientras juegues con las reglas de la materialidad (o del pecado, la enfermedad y la muerte, si lo prefieres), estarás determinando la manera exacta en que esa realidad se te presenta y respondiendo en consecuencia.

Lo que te determina es tu percepción de lo que crees posible. Si tienes que tomar un medicamento o someterte a una operación quirúrgica, simplemente hazlo. No te sientas como si hubieras suspendido en el examen de elevación de tu conciencia. La idea de que debes estar libre de toda adversidad sigue atándote a la noción, al poder y al campo mórfico de aquello a lo que te opones.

Lo que eliges creer es potencialmente ilimitado. Elige acceder a lo que te parezca relevante en el momento. Acepta el lugar donde estás como un buen punto de partida, y luego incorpora otras posibilidades. No te molestes en luchar contra aquello que está establecido. Incorpora cualquier posibilidad que te permita «ser» o «no ser» al mismo tiempo. Lo que ya está presente, si no lo queremos, puede convertirse en algo distinto. Con frecuencia el cambio se produce cuando dejamos de intentar cambiar las cosas.

EL ENFOQUE PROBLEMÁTICO Y TRANSGREDIR LAS NORMAS

Mi meta al escribir este libro es conseguir que entiendas que todas las situaciones de la existencia son únicamente patrones de luz e información. Si quieres cambiar algo de tu vida, modifica la frecuencia, la densidad o la cualidad de los patrones de luz que forman esa realidad. Deja a un lado las dudas y hazlo con una sensación de certeza. No intentes adivinar cuál será el resultado final. Cuando empieces a hacer esto, podrás acceder a una de las claves maestras alquímicas para la transformación.

Cada vez que tengas un problema, no busques siempre la solución más obvia. Rompe tus propias reglas siempre que sea posible. Cuando rompes una regla en tu interior, lo primero de lo que te das cuenta es de que nunca existió tal regla. Las reglas marcan el borde y las fronteras de tus prejuicios.

No hay razón para atenerse a ellas. A veces es útil ser ingenioso y fingir que se tienen reglas diferentes. Si tus reglas no te sirven, toma prestadas las de otro. Incluso puedes inventarte una regla nueva en el momento. Haz lo que te haga sonreír. Se trata de tu realidad y de tu vida.

Establece un conjunto de reglas que haga que cuando apartes tu atención de algo, el cambio se produzca. Cuando no necesitas hacer nada, el cambio ocurre instantáneamente. Por supuesto, esto lo harás de tal manera que seguirás ligado inconscientemente a lo que estabas prestando atención e intentando cambiar. Estás comenzando tu aprendizaje del mágico «arte de no hacer». No prestes mucha atención. En lugar de ello, usa la *atención difusa*, que deja espacio para que el poder de lo indeterminado se imponga a cualquier rigidez en la cualidad y la forma de tus manifestaciones.

UN MODELO DE INVESTIGACIÓN BASADO EN LOS PROBLEMAS

A veces hacer hincapié en un problema y analizarlo puede reforzar su poder. Si ves problemas dondequiera que mires, ¡mira en otra parte! Aprende a ver con una nueva mirada en lugar de dedicarte a realizar una serie interminable de estudios doble-ciego. El científico espacial Wernher von Braun dijo en una ocasión: «La investigación básica es lo que hago cuando no sé lo que estoy haciendo».[2]

Puedes investigar nuevas formas de ver y de ser. En el momento en que te rindes y eres lo suficientemente humilde para reconocer que no sabes nada, es cuando de verdad puedes aprender algo nuevo. Al adoptar una perspectiva diferente, lo que realmente estás haciendo es aprender a ver las cosas de otra forma.

Detrás de cada problema hay un programa, y cada programa crea un campo mórfico original que a su vez lo mantiene. El campo mórfico es creado por las creencias y las expectativas de la persona y por su opinión de cómo «deben ser» las cosas.

No esperes hasta llegar a las puertas de la agonía para estar dispuesto a intentar algo diferente o a ver las cosas de una manera nueva. Con frecuencia la gente que sobrevive al cáncer suele decir que fue el regalo más grande que recibieron en sus vidas. Aseguran que la experiencia de sufrir una enfermedad grave les hizo replantearse lo que pensaban que era más importante en sus vidas. ¿Por qué esperar hasta entonces? Hazte las cosas más fáciles, si puedes, y empieza a replantearte tu vida ahora mismo. Si ya padeces una enfermedad grave, quizá podrías aprender a tomártelo todo de forma más leve. No hay por qué hacer las lecciones de la vida más duras de lo que ya son.

PROBLEMA Y SOLUCIÓN SUPERPUESTOS

El poder de observar desde un punto distinto de referencia no significa que debas negar la existencia de la enfermedad, el sufrimiento o la tristeza. En los estados cuánticos potenciales, dos electrones pueden ocupar realmente el mismo espacio en el mismo tiempo. Este principio se llama en física superposición. Puedes estar absorto profundamente en tu propio drama (y trascenderlo por completo). En este estado abierto, la onda formada por tus aflicciones y su contrario (el conjunto de soluciones), o patrón de conjugación de fase, pueden anularse mutuamente, preparando así el camino para un nuevo resultado. Mientras estás intentando hacer algo, o incluso evitar algo, no estás negándolo; *eres ese algo.*

ES HORA DE CAMBIAR LOS PATRONES LIMITADOS DE EXPRESIÓN

Absorbe lo que te sea útil en el momento y utilízalo. Cuando seas capaz de levitar o atravesar las paredes o de agitar la mano y curar los tumores de los enfermos, atrévete a hacerlo. He escuchado muchas historias sorprendentes de gente que ha incorporado los principios y prácticas de Matrix Energetics en sus vidas. Yo mismo he sido testigo de la desaparición o disolución de tumores y de otros «milagros médicos».

¿*Siempre* sucede esto? Ojalá fuera así. Si pudiera curar el cáncer o cualquier otra enfermedad con una certeza razonablemente fiable, lo haría todo el tiempo, porque soy muy consciente del tremendo sufrimiento que hay en este mundo. Pero yo no puedo sanar nada por mí mismo. *Lo creas o no, en ese estado de impotencia que todos sentimos en ocasiones radica la clave de uno de los principios más importantes para crear milagros cuánticos.*

APRENDIENDO EL ARTE DE «NO HACER»

Es mejor que no caigas en el estado de necesitar hacer algo, porque entonces es cuando más se suele pensar que no puede uno hacer nada. Acércate al estado de conciencia de no hacer nada, conviértelo en tu amigo fiel. Plantéate dedicar algún tiempo y energía a preparar con antelación este estado, porque a menudo los acontecimientos no ocurren justo en el mejor momento y todo sucede cuando no se está haciendo nada conscientemente.

Cuanto menos hagas, con más poder podrás contar. Cuando estás intentando hacer algo o hacer que algo suceda, estás «haciendo» con tu limitada conciencia de lo que puede hacerse. Cuando te metes de lleno en la marea de las circunstancias, dejas de resistir sus beneficios cuánticos potenciales.

Ahora cualquier cosa es posible y muchos milagros se vuelven más factibles.

RÍNDETE PARA TRIUNFAR

Para tener éxito, lo primero que tienes que hacer es dejar a un lado la idea de que eres tú «el que hace» las cosas. En lugar de estar constantemente haciendo desde un mero nivel humano o consciente, conviértete en la «puerta abierta». No te olvides de dejar tu «Luz» encendida para que puedas «hospedar ángeles sin saberlo».[*] Cuando te rindes, puedes salir de la rutina de tu conciencia habitual. Esto te permite acceder a lo que normalmente no tienes, no eres o no haces. La capacidad de rendirte y de dejar de interferir contigo mismo puede convertirse en tu «tribunal de *primera* instancia».

ASUME EL CAMBIO QUE NO PUEDES VER Y QUE NUNCA HABRÍAS PENSADO EN BUSCAR

Si estás viendo una realidad en la que nada cambia, quizá es porque miras a través de unas lentes graduadas llamadas «nada cambia». Si estableces algo que te gustaría que sucediera, como por ejemplo un desenlace que visualizas en tu mente, y luego nada se transforma, te encuentras en un apartado de la realidad llamado «todo sigue igual cuando lo miro». Para cambiar este tipo de experiencia, modifica tu marco de referencia habitual. Prueba un nuevo enfoque. Quizá puedas intentar tomar alguna distancia del problema y luego verlo como si estuvieras mirándolo a través del teleobjetivo de una cámara. *La comprensión no se basa en patrones derivados de una capacidad que existiera en el pasado, ni tampoco depende de ellos.*

---

[*]. N. del T.: «No os olvidéis de la hospitalidad, porque por ella algunos, sin saberlo, hospedaron ángeles» (Heb. 13, 2).

5

TÉCNICAS FRENTE A NO HACER NADA

Al examinar todas las técnicas que he estudiado, veo que me enseñaron a tratar de obtener unos resultados y a aferrarme luego a ellos con todas mis fuerzas, a comportarme en todo momento como el Maestro/Guía, a que hay que hacer las cosas de una manera determinada y siguiendo siempre los mismos pasos, a que si no está escrito en un papel, no es verdad. Me parece escuchar al mago de Oz diciéndole al Espantapájaros que tiene todo el conocimiento pero aun así le hace falta seguir unos pasos.

Tienes que dejar que las cosas sucedan. Cuanto más te dejes llevar, más hechos tendrán lugar. Si no puedes desapegarte de un resultado concreto, conseguirás algo de forma puntual, pero eso será todo lo que ocurra. Sí, es verdad que puedes lograr un resultado extraordinario en un momento determinado. Y puede que las enfermedades o los problemas que estés tratando con tus planes y tus técnicas desaparezcan para siempre, o que vuelvan a reproducirse. Lo que hagas no tiene importancia. Lo que hagas o digas es tan solo una manera de decir o hacer algo para convencerte a ti mismo de que algo va a suceder.

No es lo mismo asumir algo para que forme parte de ti que practicar una técnica. Cuando intentas hacer algo, te ves limitado por esa parte de la realidad que consiste en «lo que estás intentando hacer». Es verdad que esa parte de lo que intentas hacer puede ser muy grande; en mi cinturón de herramientas de Batman tengo, como mínimo, unas cuarenta técnicas y herramientas. Pero recuerda que *tus herramientas son solo tan reales como lo eres tú en ese momento.*

TODAS LAS TÉCNICAS UTILIZAN UNA REFERENCIA DE REALIDAD ESPECIAL O CAMPO MÓRFICO

Cualquier técnica o método se basa en un marco de percepción a partir del cual se constituyen sus reglas. Este marco crea una teoría particular y limitada de la relatividad que podríamos llamar «así es como son las cosas». Es decir, a alguien le ocurrió algo único y quizá incluso aparentemente milagroso como consecuencia de haber «hecho» algo en particular. Tratando de volver a capturar esa magia, estableció un ritual o una técnica. El paso siguiente es que se implanta un conjunto de reglas que luego se enseña a un grupo de estudiantes.

Cuando la suficiente cantidad de gente ha practicado esta técnica el número suficiente de veces, se crea un campo mórfico único, o red de conciencia. Ahora todos los que utilizan esta técnica o método particulares contribuyen a acentuar el aura o *campo mórfico* de ese sistema, técnica o creencia específicos. Este es un ejemplo de un modelo *construido artificialmente*, es decir, una *realidad virtual*. Volveré a tratar este tema más adelante.

Matrix Energetics enseña un principio que he llamado «la paradoja cuántica». Para explicarlo de una forma sencilla, el principio dice: «cuanto menos haces, más tienes». Muchos piensan equivocadamente que para ser sanador has de tener conocimientos o hacer determinadas cosas. Si nos dejamos atrapar por la idea de que realmente estamos haciendo algo, terminaremos tomándonos tan en serio a nosotros mismos que nos quedaremos estancados. En todo momento se están produciendo literalmente miles de millones de conexiones complejas en el cuerpo humano. Es absurdo suponer que nosotros, por medio de nuestro pensamiento o intención conscientes, podríamos realmente hacer algo para influir en esta increíble obra maestra de ingeniería creativa. Es triste que sigamos limitando nuestras relaciones con los demás al terreno de lo meramente humano. No somos los que hacemos las cosas, somos la puerta a lo Divino.

CUANTO MENOS HACES, MÁS ACCESO TIENES A TODO

Aquí tienes un testimonio milagroso de un maestro certificado de Matrix Energetics relacionado con el arte de no hacer nada:

Padecí durante cerca de siete años una enfermedad de la piel incurable, insufrible y previamente sin diagnóstico conocido. Asistí al seminario de Matrix Energetics hace alrededor de tres años con la esperanza de que el doctor Bartlett fuera capaz de «sanarme». Había visto ya a más de treinta médicos en todo el mundo y probado innumerables tratamientos, todo esto sin éxito ni alivio de los síntomas. De hecho, como trabajaba en el campo farmacéutico, conocía a los mejores expertos en dermatología, enfermedades infecciosas, psiquiatría, etc. Sin embargo, ninguno pudo ayudarme. No lograba encontrar una cura para lo que me afligía. Fue entonces cuando asistí a la demostración de Matrix Energetics, ya que había oído hablar de ese médico extravagante que hacía cosas tan raras, y pensé que quizá, solo quizá, sería capaz de curarme.

Fui a ver al doctor Bartlett a su conferencia gratuita y cuando me sacó al escenario a «hacer una demostración», la espalda se me curvó espontáneamente hacia atrás (lo que se conoce en Matrix Energetics como «frecuencia 18»). Cuando salí de esa postura autoinducida, sentí un terrible dolor de cabeza. El doctor Bartlett me preguntó:

—¿Es un dolor de cabeza o algo diferente?

Este cambio de perspectiva resonó profundamente en mi interior, y me inscribí en el seminario que iba a realizarse al cabo de unas semanas.

Fui al seminario algo esperanzado en encontrar una cura pero escéptico en un 90% de que algo pudiera cambiar. Durante toda la semana había querido hablar con el doctor Bartlett acerca de mi «enfermedad» para que pudiera «curarme». Pero una vocecita en mi interior me repetía constantemente: «No le pidas ayuda al doctor. El poder de sanar está en ti. No hay nada que sanar». Escuché a esa pequeña voz y no hice nada. Esa decisión cambió mi vida.

En el transcurso del seminario de fin de semana, asimilé la posibilidad de sufrir, potencialmente, la enfermedad durante el resto de mi vida. Me despreocupé. Me abrí a la posibilidad de que quizá después de todo no tuviera ninguna enfermedad y se tratara solo de una experiencia que en algún momento había elegido padecer y que podía haberme resultado útil. Puede que fuera la experiencia que me hacía falta para elevarme a un estado nuevo de conciencia, uno al que puedo acceder en cualquier momento. Entendí, gracias a las enseñanzas del doctor Bartlett, que podía elegir percibir de una manera o de otra lo que estaba viviendo.

Decidí dejar a un lado las percepciones limitadoras que había tenido hasta entonces, y al hacerlo los síntomas dejaron de afligirme. En un mes la enfermedad desapareció por completo, tras años y años de «batallar» contra ella sin tener éxito.

Lo curioso es que los síntomas, como los había definido anteriormente, solo reaparecían en mi vida cuando eran útiles. Quiero decir que aparecían en momentos en los que mi integridad estaba en juego, como cuando no me sentía cómodo en mi propia piel, con mi propio poder y con lo que estaba surgiendo en mi vida. Ser capaz de ver esto era descubrir que tenía un sistema de retroalimentación para mi propia sanación y bienestar. Empecé a ver que, literalmente a través de mi piel, mi subconsciente me había dotado de un poderoso don que me permitió estar más a gusto con quien de verdad soy. Hace ya varios años que no he vuelto a tener síntomas.

Lo que quiero decir con esta historia es que la gente puede pensar que está leyendo este libro por una razón determinada (por ejemplo, para solucionar un problema o una enfermedad). Pero no es necesario que sea un problema o una enfermedad. Puede ser simplemente algo que está apareciendo en la realidad que percibes. Teniendo en cuenta esto, puedes cambiar tu perspectiva acerca de por qué puede estar apareciendo ese algo, asumirlo y permitir que las cosas sigan su curso. Y entonces es cuando se produce el cambio.

MJ, MAESTRO CERTIFICADO DE MATRIX ENERGETICS

Si piensas, tendrás que ser tú el que se encargue de hacer el trabajo. Eso no es ni la mitad de divertido o eficaz que limitarte a dejarte llevar y a confiar. Despréndete de la necesidad de pensar o de controlar conscientemente el proceso. Cuanto menos hagas, más conseguirás. *Deja que te guíe lo Invisible por el Reino de lo Desconocido* para que al desprenderte puedas experimentar una transformación de todos los aspectos de tu realidad.

EL LUMINATOR

Hace años estaba navegando por internet y vi algo acerca de un aparato llamado «Luminator», que despertó mi interés. Se trata de una tecnología que te permite ver realmente las distorsiones del campo de energía y encontrar el «remedio» para corregir el desequilibrio. Todo lo que hay que hacer es tomar una foto de la distorsión con una Polaroid Instamatic (film de 600) usando el Luminator.

Curiosamente la cámara digital no funciona para este tipo de fotos porque tiene un sistema automático de corrección digitalizada. Aquí entra en acción el mismo principio, que hace que cuando sientes que algo «raro» está ocurriendo, tu mente lo niegue y se autocorrija, haciéndote percibir un estado en el que no está sucediendo nada. Te devuelve a tu centro de atención consciente, que dice: «Soy un cuerpo». Pero no eres un cuerpo. Eres un cuerpo de información.

Hace dieciocho años un ingeniero y científico llamado Patrick Richards creó la fotografía biominal e inventó la máquina Luminator, que consiste en una torreta de plástico con seis anillos de vidrio llenos de agua en la parte superior y un gran ventilador en el fondo. Eso es todo. Estaba intentando crear un aparato para tratar el «síndrome del edificio enfermo», ese trastorno vago y no especificado que desarrollan los empleados de oficina en edificios con sistemas de circulación de aire fundamentalmente cerrados y que no reciben ventilación. Su idea era mejorar la calidad del aire reciclado eliminando las capas térmicas en la estancia y permitiendo una distribución eficiente del calor.

El Luminator se diseñó para equilibrar la temperatura del aire desde el suelo hasta el techo y entre las paredes con objeto de distribuir eficientemente la energía. Richards descubrió que después de instalarlo en una oficina los empleados empezaron a decir que su salud había mejorado a nivel general; hablaban de una reducción de los dolores en la zona lumbar, de la fatiga ocular, del estrés y de las migrañas. En investigaciones posteriores Richards vio que además de equilibrar la temperatura de la habitación, el Luminator alteraba el campo magnético y transformaba la luz incoherente (que se expande en todas direcciones) de la estancia en luz coherente o polarizada. Al eliminar las capas térmicas, se ioniza el lugar y los fotones aumentan su coherencia.

Cuando tienes un entorno externo de coherencia elevada e introduces en él un elemento con una coherencia menor, puedes tomar una foto y la película reflejará esta incongruencia en forma de distorsión. Richards descubrió que al fotografiar individuos dentro de este campo los fotones eran claros y definidos (coherentes), o borrosos o fragmentados (incoherentes). Tras años de estudio, llegó a la conclusión de que las fotografías revelaban la cantidad y la cualidad de la luz celular que emitían los sujetos. Alguien con una fuerte vitalidad y ausencia de estrés interno, por ejemplo, emitía más fotones, creando por tanto una imagen más coherente que un individuo con menos vitalidad y mayor estrés interno.

Cuando adquirí el Luminator fue cuando de verdad empecé a aplicar lo que enseñaba y a redefinir el objetivo de Matrix Energetics. Usando ese aparato podía conseguir retroalimentación instantánea y «en el momento» sobre los efectos de lo que hacía o no hacía en una determinada situación clínica. Una de las revelaciones más significativas fue que cuanto menos intervenía y menos me concentraba en conseguir un resultado específico, más benéficos y potentes eran los cambios que se producían en la coherencia de la persona, como podía verse en los cambios de las fotografías. Al conocer esta información, empecé a relajarme y a vivir realmente lo que había estado enseñando en Matrix Energetics. Comencé a encarnar el arte de no hacer nada.

A continuación muestro algunas fotografías de pacientes tomadas con el Luminator que muestran claramente la incongruencia entre las energías coherentes e incoherentes. Para tomar las fotos, seguí siempre un mismo procedimiento: dibujaba una marca en forma de X en el suelo de mi consulta en la pared frente a la que se situaría el paciente. Luego me separaba unos cinco metros y medio y marcaba otra X en el suelo. Ahí es donde colocaba mi taburete, siempre exactamente en el mismo lugar. Entonces tomaba la foto.

EJEMPLO 1: ANTES (LÍNEA DE BASE)

Esta mujer se sentía agotada y le dolía todo el cuerpo. Es masajista y antes de venir a verme había acudido a otros siete profesionales. Observa que hasta el fondo de la imagen se ve distorsionado aunque no moví  la cámara. (No uso trípode porque ya es bastante complicado tener que cambiar la película y unas cuantas cosas más cada vez.) El escenario está distorsionado porque el campo a su alrededor distorsiona lo que parece ser la estancia en sí.

Lo primero que hicimos después de tomar las primeras fotos —la fotografía de línea de base— fue realizar un remedio impreso. Un remedio impreso es algo que tenemos que agradecer a la invención alemana. Los alemanes decidieron que la homeopatía se veía afectada por todas las frecuencias electromagnéticas, como los teléfonos móviles, las líneas de teléfono y la tecnología moderna. La homeopatía es solo una sintonía electromagnética, y en realidad en las moléculas no permanece nada físico. Los alemanes entendieron que cuanto más diluida estaba la fórmula (cuanto menos haces), más poderoso era el resultado.

Lo que hicieron al comprender que en el remedio homeopático no quedaba nada físico, fue usar láser y holografía para imprimir los remedios en *software*. No estoy hablando de imprimir por medio de la radiónica, sino de imprimir realmente la información. Una vez impresa, colocaban el remedio en una tira magnética, y el paciente la llevaba encima.

De manera que con esta paciente, encontré un «remedio del chakra de la coronilla» y se lo apliqué en ese punto. Cuando vi la siguiente fotografía del Luminator, estaba claro que el remedio había funcionado bastante bien, de manera que añadimos una frecuencia de sanación universal (que enseñamos en los seminarios) al chakra de la coronilla y conseguimos la siguiente fotografía.

EJEMPLO 1: DESPUÉS DE UNA SESIÓN DE MATRIX DE FRECUENCIA 3 EN EL CHAKRA DE LA CORONILLA

El cambio no deja lugar a dudas. ¿Puedes percibir la energía que irradia? Se sentía maravillosamente. Todos sus síntomas habían desaparecido. En menos de un minuto.

Aquí hay algunos ejemplos adicionales de fotos realizadas con el Luminator que muestran

las energías coherentes e incoherentes y el valor de hacer lo menos posible.

EJEMPLO 2: ANTES (LÍNEA DE BASE)

Paciente femenina: obvia distorsión de fase en la fotografía realizada con el Luminator.

EJEMPLO 2: DESPUÉS DE LA SESIÓN DE MATRIX

Algunas distorsiones siguen presentes pero ha mejorado mucho.

EJEMPLO 3: ANTES (LÍNEA DE BASE)

Marido de la paciente: obvias distorsiones en la película.

EJEMPLO 3: DESPUÉS DE LA SESIÓN DE MATRIX

Esta es la siguiente fotografía con Luminator tras el tratamiento de la esposa. Es importante advertir que el marido no recibió ningún tipo de tratamiento. Estas fotos demuestran los efectos reales del enredo cuántico y el fenómeno de la conexión energética.

EJEMPLO 4: ANTES (LÍNEA DE BASE)
Joven paciente que sufría un dolor de cabeza cuando se estaba tomando la foto.

EJEMPLO 4: DESPUÉS DE LA SESIÓN DE MATRIX
Después de la sesión de Matrix (cinco minutos más tarde).

EJEMPLO 5: ANTES (LINEA DE BASE)
Paciente femenina que se queja de sentirse indispuesta en ese determinado día.

EJEMPLO 5: DESPUÉS DE LA SESIÓN DE MATRIX
Paciente declarando: «¡Vuelvo a ser yo misma!».

MENOS ES MÁS

Tomando fotos antes y después con el Luminator, aprendí que menos es más. Cada vez que intentaba arreglar la distorsión que veía en las fotografías, mi foto de «después» contenía invariablemente más distorsión. Resulta paradójico que cuando hacía lo menos posible y dejaba a un lado la necesidad de que se produjera un determinado resultado, las distorsiones en las fotos posteriores solían ser más leves y los síntomas de la persona mejoraban en gran manera o desaparecían. Esto revolucionó por completo la manera en que practico Matrix Energetics. Recuerda, *la sensación de lucha es lo que crea la lucha.* Déjate llevar y confía en que «está hecho», y por lo general así será.

6

LA PARADOJA CUÁNTICA

Cuando empecé a trabajar en este libro, pensé en titularlo *La paradoja cuántica*. Cuanto más material sobre ciencia alternativa leía, más sospechosas me parecían algunas de las premisas científicas básicas sobre la física cuántica y su prima hermana, la teoría general de la relatividad. Comienzo a presentir que ninguna de estas dos teorías es correcta. Te diré por qué: basándome en datos de la ciencia física objetiva provenientes de distintas fuentes, tengo la impresión de que hemos manipulado los datos físicos para que concuerden con nuestras apreciadas teorías. Hay algunos estudios científicos muy perturbadores que sugieren que la teoría cuántica y la vida real difieren por un factor de diez elevado a cuarenta. ¡Esto es un malentendido tremendo!

La paradoja cuántica, como expliqué anteriormente, es que *cuanto menos haces, más tienes*. Esto es lo contrario a la manera en que vive la mayoría de la gente. A casi todos nos han enseñado que si queremos salir adelante, tenemos que esforzarnos más y durante más tiempo. Trabajé veinte años de médico, a menudo seis días a la semana. Por eso sé de lo que hablo, y puedo afirmar sin lugar a dudas que cuanto más trabajas, menos tienes.

Trabajar de forma más inteligente, en lugar de trabajar más, tampoco es mucho mejor. En realidad lo importante no es lo inteligente que seas; de lo que se trata es de lo creativo e innovador que seas con tu tiempo y tu energía. De manera que si pusiera esto en una ecuación, resultaría algo así como: energía multiplicada por creatividad, dividido por tiempo, igual a resultado innovador: *(e x c):t = I*. Esto significa que cuando encuentras maneras de usar más energía en menos tiempo, el bien merecido resultado son los dividendos innovadores.

Si A es el éxito en la vida, entonces A es igual a X más Y más Z.
El trabajo es X; Y es el juego, y Z es mantener la boca cerrada.
Albert Einstein

MIS REGLAS: NO HAY REGLAS, SOLO SUGERENCIAS

Las cosas no pueden cambiar si te hallas en un estado de «no cambio». Si mantienes y observas solo lo que está mal, tu atención concentrada puede reforzar el problema o enfermedad. Esto me lleva a mi conjunto de reglas, que en realidad no son reglas, sino más bien sugestiones.

Lo primero que haces es descender. ¿Qué significa esto? Estamos acostumbrados a estar en nuestras cabezas; ahí es donde pasamos la mayor parte del tiempo. Pensamos que nuestros pensamientos controlan nuestra realidad, o al menos nuestras percepciones. Sin embargo, los pensamientos no tienen absolutamente nada que ver con la realidad.

Nuestros pensamientos nos mantienen atados a un prisma y a una prisión de lo que creemos que es verdad. Nuestro marco de referencia perceptiva moldea y da forma a lo que aparece en nuestras vidas en cada momento. Cuando dejamos de hacernos preguntas y cuando la mente permanece en silencio, dejamos de estar en ella, y podemos descender a nuestro corazón y a una realidad más amplia.

Imagínate una piedra lanzada a un estanque. Las ondas se van extendiendo en círculos cada vez mayores. Ahora imagina una piedrecita que te cae por la garganta hasta llegar al pecho. Puedes sentir las ondas extendiéndose desde el pecho, igual que las ondas de un estanque, y dentro de tu campo de energía. Desde este punto de referencia de una realidad más amplia, se pueden percibir muchas más posibilidades y realidades.

GENERARLO TODO A PARTIR DE NADA

Uno de los más grandes secretos de la llamada alquimia espiritual es la capacidad de establecer una intención, y luego olvidarse de ella y no hacer nada.

> *La intención podría definirse como el acto creativo de usar la totalidad de tu experiencia consciente con objeto de dar lugar a un conjunto de nuevas experiencias, realidades o resultados en tu experiencia actual. Para lograrlo, debes centrar tu imaginación en crear una sensación nueva que provocará un flujo de energía sutil, que, a su vez, ejercerá una influencia directa o indirecta sobre el resultado y circunstancias deseados, y podrá manifestarlos. Para crear, es fundamental concentrarse y sentir.* [1]

Sin embargo, el elemento clave es, como se ha indicado, el siguiente: una vez que establecemos la intención, despreocuparse y no hacer nada. Al hacerlo creamos un vacío que puede llenarse con lo que deseamos. Dicen que «la naturaleza detesta el vacío». Una de las maneras de llenar este vacío consiste en buscar ejemplos de gente que ya ha dominado lo que nosotros deseamos conseguir o entender. Estos individuos se encuentran siempre presentes en diversos aspectos de nuestras vidas como espejos conceptuales en los que podemos mirarnos. Puedes preguntarte: «¿Quién encarna el principio o elemento que quiero entender?».

CÓMO CAMBIAR TU MARCO DE REFERENCIA

Cuando estoy realizando Matrix Energetics con alguien, cambio el enfoque de mi perspectiva. A base de entrenamiento he logrado que el foco de mi atención cambie y se reajuste suave e inconscientemente. Estoy siempre explorando mi entorno externo e interno, buscando claves sutiles. Al mantenerme centrado en explorar lo que sucede alrededor, puedo notar cualquier detalle que llame mi atención en el momento. Imagina que tus ojos están recibiendo información constantemente, como un ordenador. Mientras lo haces no intentes analizar ni juzgar la información que se te presenta.

Estoy dejando que ese estado fronterizo entre lo real y lo imaginario se vuelva ligeramente borroso, que no esté definido con tanta rigidez. En este estado borroso existe movimiento, posibilidad y forma inconsciente. En el acto de observar conscientemente lo «borroso», mi mente consciente/ hemisferio izquierdo lo vuelve más lento para poder percibir lo que estoy observando.

Una regla que he adoptado a la hora de trabajar es que no me hace falta ver de forma consciente algo para interactuar con ello y poder cambiarlo. La actividad de la observación consciente descompone en innumerables diapositivas lo que realmente es una película.

La mente consciente solo puede estar atenta a un marco de observación cada vez. En el enfoque problemático este proceso neurológico representa el «estado de hacer»; un ejemplo típico es: «Algo va mal, tengo que *hacer* algo». Esto es lo que establece la diferencia entre el acto de observar y el proceso de interactuar.

La palabra «proceso» implica que existen unas reglas, unas directrices y unos comportamientos maquinales ligados a lo que estás haciendo. Una vez que nos comprometemos con un proceso, este se convierte en un conjunto de trayectorias de acción mínima. La *trayectoria de acción mínima* es una reacción neurológica al aprendizaje y posterior incorporación de un comportamiento en el ámbito inconsciente de la respuesta habitual.

Algunos ejemplos de trayectorias de acción mínima son reacciones como aprender a frenar el coche cuando algo se aproxima a ti de frente o devolver un saque al jugar al tenis. Estas respuestas, cuando se convierten en un reflejo inconsciente, nos permiten enfrentarnos instantáneamente y con eficacia a las amenazas o emergencias de nuestro entorno. Una vez que dejamos estas acciones en manos de un programa, nuestro comportamiento en circunstancias similares se vuelve inmediato y automático. Esto es positivo, porque nos permite reaccionar inconscientemente y con fluidez, como una máquina bien ajustada, cuando sea necesario.

Por ejemplo, si alguna vez has aprendido algún tipo de artes marciales, lo que haces es practicar un golpe o una patada varios miles de veces hasta que tu mente inconsciente toma el relevo y se encarga de dirigir la reacción. ¡Es muy importante no tener que recordar cómo parar un golpe en una pelea callejera o dar una patada! Por supuesto, una trayectoria de acción mínima mucho más eficaz es notar los primeros signos de alarma a tu alrededor para no llegar a ponerte en peligro.

Las trayectorias de acción mínima son útiles en muchas actividades, pero no en Matrix Energetics. Cada vez que miro a algo conscientemente e intento nombrarlo y cambiarlo, estoy aplicando el mismo viejo y anticuado modelo de la física newtoniana con su énfasis en forzar la realidad física para que se amolde a las nociones y expectativas de un modelo personal o social. Es decir, la manera en que notamos y elegimos definir nuestra realidad a menudo crea una gran cantidad de trayectorias de acción mínima en nuestro cerebro.

CONSTRUYENDO EL MARCO PARA UNA NUEVA REFERENCIA

Cuando aplicamos un *marco de referencia* distinto, la información que se filtra a la conciencia también difiere. Nuestro marco de referencia, o visión de la realidad, lo fabricamos nosotros. Una analogía sería tomar unas lentes y cambiarlas o hacerlas girar, como en la película *Tesoro nacional*. En ella, Ben Franklin había inventado unos anteojos con distintas lentes de colores intercambiables. Cada par de lentes permitía a quien las usaba descifrar una información diferente, que no se podía ver a simple vista. Las lentes verdes, por ejemplo, siempre revelaban un tipo específico de datos o patrones, y las rojas mostraban a los sentidos información adicional que previamente había sido suprimida por la mente consciente.

Las lentes o perspectivas que elijas definirán en gran medida lo que puedes ver, e incluso lo que es probable que veas. Si quieres ver más allá, o de una forma diferente, aplica el mismo principio a tu mente consciente mientras esta filtra y le da prioridad a la información «útil». Puedes decidir aplicar una nueva regla por la que a partir de ahora notarás, digamos, solo un uno por ciento de lo que hasta ahora habías ignorado por considerarlo irrelevante. Puedes elegir ser más consciente de lo que antes había permanecido en gran parte a un nivel inconsciente. Puedes ajustar el reóstato de tu mente para dejar entrar más luz e información.

Cada modelo de la realidad se basa en una perspectiva que surge de una mera suposición. Existe una clara diferencia entre las reglas de cómo funciona mi realidad y las reglas de cómo funciona la tuya. ¿Que cómo lo sé? Yo soy yo, y tú eres tú, y a menos que nuestras experiencias coincidan en un seminario o en las páginas de este libro, estamos separados. Eso no quiere decir que uno de los dos marcos de realidad sea mejor que el otro. Es concebible, e incluso probable, que en circunstancias claves mi enfoque sea una referencia más útil en un determinado conjunto de circunstancias que el tuyo y viceversa.

Si tu trabajo es construir casas, por ejemplo, tu experiencia práctica probablemente será mucho más apropiada que la mía como base de referencia en ese campo. Si los dos intentáramos construir una vivienda, ¡lo lógico sería que la tuya no fuera un desastre! La mía, en cambio, estaría llena de ángulos imperfectos y, posiblemente, de muchas goteras. Para levantar la estructura de la casa, formar una frase única o incluso colocar los cimientos que sustentarán los componentes estructurales de una nueva realidad hacen falta destrezas diferentes. En cada uno de estos ejemplos, las creencias y la referencia contextual del observador tienen relevancia en el momento de crear su marco sensorial de referencia. No es solo la belleza lo que está en los ojos del observador, sino también todo lo demás.

LAS PUERTAS DE LA PERCEPCIÓN: CRUZA AL OTRO LADO

Creo en una larga, prolongada, confusión de los sentidos
para llegar a lo desconocido.

JIM MORRISON

Solo tú puedes ratificar el significado y calidad de tus experiencias e imprimirles tu sello de autenticidad. Como somos distintos, hay una diferencia entre mi percepción de la manera en que funcionan las cosas y la tuya. A través de puntos de acuerdo mutuos podemos elegir construir un modelo de relatividad especial que comprenda o una lo que tú y yo elegimos creer o inventar.

Podemos elegir establecer una relación de confianza con alguien y crear una realidad compartida mutuamente en la que ambos decidamos las reglas, y luego formular qué clase de percepciones provocarán esas reglas. Por supuesto, tenemos libertad para crear formas originales de determinar el significado de nuestras experiencias en la parcela específica de realidad que hemos creado. Matrix Energetics es un ejemplo de estructura de esa parcela especial de realidad porque he sido yo quien la ha formulado. Juntos la reforzamos al elegir compartir una serie de creencias y experiencias. En cierto modo es como si fuéramos Geppetto dando vida a un Pinocho cuántico.

Con el suficiente número de individuos manteniendo la conciencia de nuestra realidad especial, como ocurre con Matrix Energetics, esta funciona de manera constante y fiable. Cuando este campo de conciencia alcanza una masa crítica, se crea una resonancia única de campo mórfico. *Una vez alcanzado este umbral, el sistema de pensamiento o de creencias se genera y se mantiene por sí mismo: «¡Está vivo!»*. Pon tanto amor en tus sueños que termines encarnándolos. ¡Yo lo he hecho!

Para poder llegar a transformar una enfermedad, patrón o comportamiento mantenidos durante mucho tiempo, es importante *aprender a centrar la atención en la información o el estado que te hacen sentir algo*. Cuando hablo de sentir, no me estoy refiriendo a tus sentimientos sino a ser consciente de que algo te provoca una reacción, y eso empieza simplemente por *notar lo que percibes*.

EJERCICIO DEL PORTAL DE LA PERCEPCIÓN

Déjame usar la siguiente metáfora como ejemplo. Imagínate que tienes un comportamiento que te gustaría cambiar. Ahora imagina que delante de ti hay diez puertas en fila. Al abrir cada una de ellas aparece un patrón específico o alguna clase de información, que puede ser o no relevante para tus necesidades. La manera de decidir qué puerta atravesarás se basa en la información que obtienes (en lo que percibes), pero no en tus sentimientos.

Cuando abres la primera puerta, no sientes ni notas nada, de manera que la cierras. La segunda transmite una sensación cálida desde el interior y hay una luz brillante pero suave encendida. Claramente aquí hay una posibilidad, piensas, y dejas una marca sobre ella por si, más adelante, quieres explorarla. Cuando intentas girar el pomo de la tercera puerta, no se abre. Sin darle importancia, pasas a la siguiente. Esta es de un color verde claro. El marco es suave y labrado; te notas más relajado que hace un momento. Solo con tocar esta puerta te invade una sensación de calidez acogedora. Comprendes que está hecha para ti, y te decides. Sin ningún tipo de dudas, sabes que puedes atravesar esa puerta y encontrar la respuesta o la ayuda que necesitas.

De alguna manera la puerta verde resuena inconscientemente con la esfera de tu naturaleza interna. A eso, no a un estado emocional, me refiero al decir que te hacer «sentir». Si tuvieras que analizar o calibrar las razones de tu elección, ¿qué claves tendrías en cuenta? Empecemos con tus reacciones fisiológicas. «Hmmm... Me siento más tranquilo, como si mi nivel de ansiedad hubiera descendido. Mis pulsaciones también son más suaves y constantes, parece que estoy respirando más lenta y profundamente. Me siento muy relajado, y sin embargo, aunque no consigo entender por qué, estoy más alerta y despierto».

Todos estos cambios fisiológicos surgen al pensar en atravesar la puerta verde. Las claves fisiológicas que obtienes en el momento te están ayudando definitivamente a realizar una buena elección.

Aprendemos a hacer generalizaciones sobre la naturaleza de las puertas basándonos en nuestras sensaciones. Cada vez que vemos una nueva, establecemos una base inconsciente de datos sobre lo que descubrimos en ella. Con el paso del tiempo, tras haber visto muchas puertas y haberlas atravesado, establecemos una *trayectoria de acción mínima* para ellas. Así, basándonos en nuestras anteriores experiencias, somos capaces de averiguar cómo podemos pasar por cualquier puerta, incluso aunque nos tropecemos con la escotilla de un submarino o con la madriguera de un hobbit. ¡Si esto no fuera así, tendríamos que redescubrir el principio de las puertas cada vez que nos encontráramos con una! En Matrix Energetics, cuando *notas lo que percibes* y respondes a las claves obtenidas sin ponerlas en duda ni pensar en ello, haces una buena elección.

La otra manera de manejar la nueva información es abrir los ojos y la mente y aceptar cualquier cosa que veas, sientas y experimentes en el momento, es decir, confiar en que cualquier cosa con la que te encuentres te será útil de alguna manera. Para crear una nueva realidad o traer milagros a nuestras vidas, podemos empezar por aprender a ver lo que nos rodea con una nueva mirada.

Creamos los aspectos de nuestra realidad, la cual hemos llegado a aceptar como parte importante de nuestras creencias, expectativas y experiencias. Somos nosotros quienes, en gran medida, fabricamos los patrones energéticos que hemos dado en llamar «nuestro mundo».

7

LA CIENCIA DE LO INVENTADO

En la investigación científica cada nuevo enfoque sobre la realidad se traduce en nuevas fórmulas matemáticas. Al examinar los enfoques y experimentar con ellos, los genios de la física y las matemáticas encuentran elementos que no encajan en su modelo. No hay problema, simplemente deciden generar más ecuaciones y teorías. Cuando los resultados de los experimentos son incongruentes con los datos, enmiendan estos datos o crean nuevas ecuaciones para que coincidan con los resultados.

Por ejemplo, si tomas una porción de materia y la aceleras a la velocidad de la luz, según la ecuación se vuelve infinitamente pesada en la medida en que aumenta su velocidad. No sabemos si esto ocurre realmente, pero la ecuación $E = mc^2$ sugiere que debería ser así. Por eso, si los resultados de la ecuación no quedan compensados a ambos lados del signo de igualdad, o si los resultados en la vida real no tienen sentido, los científicos simplemente se quedan con una parte y eliminan la otra para que todo salga bien. No me estoy inventando esto. Los matemáticos tienen incluso un nombre para este proceso: *renormalización*. El físico cuántico Richard Feynman lo llamó «abracadabra chiflado».[1]

EL UNIVERSO PUEDE REORGANIZARSE SOLO PARA SER CONGRUENTE CON NUESTRAS IDEAS

Si creas una realidad que dice «esto más esto más esto igual a cero milagros en mi vida», trabajarás a partir de ella. Trabajar con esa ecuación no es más real que trabajar con $E = mc^2$, que por cierto, ni siquiera fue la ecuación que Einstein propuso originalmente. Como Einstein era disléxico, entendía algunas cosas al revés.[2] De hecho, era tan disléxico que tartamudeaba de tal manera que de niño desarrolló el hábito de decir las frases primero en su cabeza y luego en voz alta. Sin embargo, en ocasiones no recordaba si las había dicho por dentro o no y repetía la misma frase dos veces en voz alta. Debido a esta peculiaridad, la gente solía tomarlo por torpe o estúpido.

La idea que muchos tienen de él se asemeja a la imagen arquetípica de Dios. Einstein tenía el pelo blanco y esa aura de superioridad a su alrededor, incluso con los pantalones desabrochados. Simplemente no le prestaba mucha atención a este mundo. Era un poco como John von Neumann, otro famoso matemático que afirmó que los árboles salieron detrás de su coche para golpearlo cuando iba conduciendo (le gustaba beber).[3] Todo esto es verdad. Puedes investigarlo por tu cuenta si quieres. Pero ya lo he investigado yo por ti. Puedes creerme un poco. O incluso del todo.

Si estableces una regla o una manera de observar algo y luego estableces las reglas sobre cómo observarlo, siempre te moverás dentro de tu conjunto de reglas. Por eso cuando Einstein afirmó que nada podía viajar más rápido que la velocidad de la luz lo que quería decir era que nada que viajara más rápido que la velocidad de la luz podía ser observado, ya que la herramienta con la que hacemos la observación es la misma luz. Por tanto la luz no puede viajar más rápido que sí misma. Esto no significa que el pensamiento o los *campos de torsión* con los que trabajaban los físicos soviéticos en los años ochenta no puedan viajar a mayor velocidad que la luz. El problema es que una vez que analizas algo y lo desglosas tienes que observarlo según tus reglas de la realidad.

Hay dos procesos que nuestros cerebros usan para percibir, transformar o clasificar información: *procesamiento en serie* y *procesamiento paralelo*. El primero consiste en enlazar una cosa a otra y luego a otra sucesivamente. Algo así como las ecuaciones diferenciales en trigonometría (y no es que yo sepa nada de esto, porque suspendí álgebra). La única razón por la que me hice médico quiropráctico es porque no había que asistir a clases de física, que requerían unas matemáticas complejas. El procesamiento paralelo implica al menos dos procesos que ocurren simultáneamente, y en el cuerpo, es la integración neurológica subyacente en los procesos mentales complejos.

> *No te preocupes por tus dificultades con las matemáticas;*
> *puedo asegurarte que las mías son mucho mayores.*
> ALBERT EINSTEIN

Incluso el gran Einstein tenía problemas de vez en cuando con las matemáticas. Formulaba algunas ecuaciones que no tenían ningún sentido. Pero conseguía la respuesta correcta. O tenía la ecuación correcta y la respuesta equivocada.

Recuerda que era disléxico. De manera que lo que hacía era conectar las mejores partes. Era un personaje tan importante, incluso con esa melena de loco, una figura tan grande que la gente tenía tendencia a creerle.

Uno de los postulados de la relatividad especial es que en el universo que observamos nada puede viajar más rápido que la velocidad de la luz.[4] Bien, ¿sabes por qué no puedes sobrepasar la velocidad de la luz? ¡Porque la luz es la herramienta con la que la estás midiendo! Esa es la razón. La luz es parte del espectro electromagnético. Si la luz es la herramienta que estás usando para llevar a cabo tus mediciones, todas esas mediciones de velocidad se realizan en función a ese factor. Por eso es por lo que Einstein dijo que, desde un punto relativo de medida, nada viaja más rápido que la velocidad de la luz. Nunca sugirió que no pudieras viajar más rápido que la velocidad de la luz. Se trata simplemente de que no puedes *medirlo*.

LA RELATIVIDAD ESPECIAL DE LA CONCIENCIA

Cuando describes algo artificialmente con el suficiente contenido y convicción, creas una burbuja de deformación o un «caso especial de relatividad» en el que esto existe. La ciencia es «real», hasta que deja de serlo. El modelo de tu realidad sigue siendo verdadero hasta que tus experiencias lo contradicen de una manera excesiva. Cuando te encuentras con experiencias que contradicen a tu modelo, ocultas la información en tu subconsciente o formas un nuevo modelo que engloba a la experiencia contradictoria.

Cada individuo tiene su propia burbuja de deformación de relatividad de conciencia, y esto es lo que nos permite relacionarnos los unos con los otros. Tú tienes la tuya y yo la mía, y, a partir de ahí, si llegamos a un acuerdo, podemos crear algo único. Para entrar en contacto con la burbuja de realidad de alguien, lo que puedes hacer es dejar que se cree una burbuja única de realidad que abarque tu experiencia y la de la otra persona, formando así una nueva relatividad especial en la que se apliquen (o no) ambas reglas.

En otras palabras, lo que es útil puede permanecer y lo que no lo es, desaparecer, tanto en ti como en la otra persona. Esto nos permite lograr lo que llamamos *conexión energética*, que hace posible que sucedan hechos muy especiales. Cuando estamos conectados de esta manera, creamos un campo unificado especial de conciencia. En realidad lo que hemos hecho es crear una relatividad especial que nos comunica con el campo unificado de conciencia a través del corazón. A nivel subatómico, la realidad física en sí misma queda reducida a un campo de probabilidades que puede manipularse mediante el mero hecho de la observación. Basta un cambio minúsculo en el impulso y la trayectoria de las partículas subatómicas para que estas se expandan, causando efectos físicos mucho más notables en el universo fenomenológico.[5]

LAS PARTÍCULAS FÍSICAS Y LA DOCTRINA DE LA SEPARACIÓN

Los elementos fundamentales de nuestro mundo concreto pertenecen al territorio de la física de las partículas. ¿Se te ha ocurrido pensar por qué los científicos siguen dividiendo el átomo en partículas cada vez más pequeñas? El número de partículas nuevas que se ha creado y descubierto con este proceso de deconstrucción científica es extraordinario. Descomponemos las cosas, examinamos las piezas dispersas y les asignamos un nombre y una función. ¿Has tomado alguna vez un juguete, un pequeño camión rojo de bomberos por ejemplo, y lo has destrozado con un gran martillo?

Si golpeas cualquier objeto con mucha fuerza, sus trozos se desperdigarán por todas partes. Si el camión de bomberos fuera de plástico, quedaría destrozado y dividido en pequeños fragmentos. Imagínate que a todos esos trocitos les asignas un nombre: eso es un *prusson*; esto, un *lickamajick*; esto, un *Klingon*, etc. Y luego intentas volver a colocar esas piezas después de destrozarlas. Es bastante difícil hacerlo, en caso de que sea posible. ¡Tu papá y tu mamá probablemente le llamarían a tu experimento un desastre!

En mi opinión, todo es mucho más sencillo. Creo que todo es espíritu, solo eso, y se convierte en cualquier cosa que lo llames. Por eso, sí, es posible que las *partículas virtuales* no existieran hasta que existieron. Pero una vez que pensamos en ellas ya es demasiado tarde para volver atrás. Una escena de *Los cazafantasmas* aclara este punto. Cuando estaban intentando no pensar absolutamente en nada, lo que apareció fue el gran Hombre de Caramelo, que el personaje representado por el actor Dan Akroyd defendía diciendo: «He intentado pensar en la cosa más inofensiva del mundo. Algo que me encantaba en mi niñez. Algo que nunca podría hacernos daño. ¡El Hombre de Caramelo!».[6] Bueno, tus creencias también son así, solo que quizá menos pegajosas.

¿Qué nos hace pensar que despedazar algo y luego analizar sus partes nos dirá cómo funciona realmente? Recuerdo cuando diseccioné una estrella de mar en el laboratorio de biología del instituto. No me preocupé en leer las instrucciones. Tan solo la corté con el cuchillo, pero no aprendí nada de esta experiencia. Por suerte no llegué a diseccionar el pez de colores que había en mi casa. Tuve un encuentro mucho más emotivo con una estrella de mar en SeaWorld cuando sostuve una suavemente sobre las palmas ahuecadas de mis manos. Podía sentir y apreciar la belleza única de esta forma de vida que anidaba entre mis manos. En la clásica película de Steven Spielberg, *E. T.*, aplaudí con los demás espectadores del cine a Elliot cuando salvó a las ranas de la clase de biología de una inminente disección. Esto dio lugar al teorema «físico» de Spielberg: «¡Salva al sapo, besa a la chica!».

El error que tiene lugar dentro de un marco estrictamente mecánico se produce al ver y clasificar. Es como si creyéramos que por descomponer un organismo o una idea en las partes que los componen, ya hemos entendido en qué consiste. Hay una enorme diferencia entre sentir el olor del formaldehído mientras nos inclinamos sobre la bandeja de disección para observar a un anfibio sin vida y atrapar y sujetar una rana viva. ¿Has encerrado alguna vez a unas cuantas ranas en un cercado y las has animado mientras «competían» por llegar las primeras a la línea de meta? De niño yo hacía esto con tortugas en mi patio trasero. No es tan emocionante como ver a las ranas saltando hacia la meta, pero entiendes lo que quiero decirte: la manera de aprender de verdad sobre lo que forma la vida es observar a ejemplares vivos.

En Matrix Energetics, enseñamos a la gente a transformar sapos en príncipes. Es la diferencia entre aceptar el modelo de alguien y experimentar de verdad por ti mismo y comprender que no es en absoluto como te lo habían contado. Es la diferencia entre la teoría anquilosada y la Vida.

Los científicos se ocupan de la clasificación de sustantivos inertes. «Clasifícalos y olvídate de ellos», parecen decir. *La vida es un proceso.* El eminente físico Werner Heisenberg dijo: «Los átomos no son cosas».[7] El divulgador de ciencia física Nick Herbert extrapoló la frase original de Heisenberg cuando afirmó: «Los individuos no son cosas, de la misma manera que los átomos no son cosas».[8] El cuerpo de una persona está compuesto estructuralmente por átomos, los elementos esenciales de toda la naturaleza. A su vez, el átomo está formado por electrones y núcleo, que consiste en protones y neutrones. Pero entiende esto: en realidad un electrón no existe hasta que se observa: solo adopta la forma de una órbita estable y fija cuando lo miramos.

Cuando no se observa, *el electrón existe en la forma de una nube de probabilidad*. Esta nube está compuesta de todas las órbitas probables que podrían darse antes de que el acto de la medición lo fije en una órbita estable alrededor del núcleo. Como los seres humanos, a nivel atómico, estamos compuestos de átomos, *puede decirse que consistimos en una serie de estados compuestos de un infinito conjunto de posibilidades oscilantes*. La habilidad de desprendernos de nuestras actitudes establecidas (nuestro marco de referencia) puede elevar nuestra plataforma perceptual desde la que juzgamos lo que es posible y lo que no está permitido. Un poco de flexibilidad de pensamiento puede hacer mucho para aliviar o, al menos, mitigar, gran parte del sufrimiento de la condición humana.

Es importante divertirse, porque cuando te diviertes, empiezas a crear partículas virtuales llamadas «cosas divertidas» que son muy útiles. Y entonces, en la práctica y literalmente, *comienzas a pasarlo bien*. ¿Por qué? Porque cuando fabricas esas partículas virtuales llamadas cosas divertidas, en realidad alteras el giro orbital de los electrones que crean los patrones de tu neuroquímica cerebral y tu sistema nervioso. Al tener mejores neurotransmisores, te es más fácil experimentar estados alterados de diversión y alegría.

¿Sabes lo que el físico teórico John Archibald Wheeler (el maestro de Feynman) decía del universo? Lo llamaba «*software* significativo», localizado «quién sabe dónde».[9] Ahora bien, ¿cuántos de vosotros pensáis que estaba a la vez confundido y no confundido? Comprendió que el orden inherente que veía en el universo sobrepasaba cualquier probabilidad de que hubiera surgido por casualidad. Al parecer, hace unos cuantos años, Wheeler tuvo graves problemas de salud y pasó por una experiencia cercana a la muerte. Salió de su cuerpo y «sintió» el universo. Cuando regresó, dijo que había algo que tenía que contar porque podía morir. El mensaje que extrajo de esa experiencia fue: «Si hay algo en la física de lo que me siento más responsable que de ninguna otra cosa es esta comprensión de que todo encaja a la perfección».[10] Creo que, probablemente, comprendió que el modelo matemático no llega al corazón de la materia, que es la conciencia de las partes como un Todo.

> *Las leyes de las matemáticas, en la medida en que*
> *reflejan la realidad, no son ciertas; y en la medida*
> *en que son ciertas, no reflejan la realidad.*
> ALBERT EINSTEIN

8

MANDO Y CONTROL

M ientras la *física newtoniana* enfatiza la fuerza, la *física cuántica* pone el acento en la delicadeza. Existe una gran diferencia entre mando y control. El control implica que estás al tanto de lo que está ocurriendo, que cuentas con todos los factores y que puedes actuar contra algo para hacer que algo suceda. Esto es el cerebro izquierdo analítico diciendo: «Yo puedo hacer esto». No, no puede. Perdona, pero no puede.

El mando brota del corazón. Mandar en la vida es tu derecho de nacimiento. Cuando observas tu vida de esta manera, sin juicios, el *colapso de la función de onda* se produce por medios que no se basan en la probabilidad de lo que ocurre normalmente. En lugar de eso se organizan alrededor del pensamiento: «¿Qué podría suceder en el próximo instante?». ¿Te parece útil? Esto también es física. Realmente lo es.

Mando no implica control. Cuando tienes el mando no intentas hacer que algo suceda. ¿Has leído el pasaje de la Biblia de Isaías que dice: «[...] mandadme [...] acerca de la obra de mis manos»? El concepto de mando tiene que ver con entrar en un espacio del corazón en el que eres uno con el campo de la totalidad de posibilidades. Desde ese espacio bendito y sagrado, cuando dices: «Déjalo estar», ESTÁ HECHO. Las palabras se vuelven copas virtuales de luz, patrones de información. La manera en que están entretejidos esos patrones crea literalmente un mágico *nudo de posibilidad* que se abre a *capacidades dimensionales* de tu conciencia para experimentar otros estados, otros hechos y otros lugares. Este concepto se irá volviendo cada vez más obvio conforme avancemos juntos por este libro.

> Así dijo el SEÑOR, el Dios de Israel y Su Creador:
> Pedidme cosas futuras para mis hijos y mandadme
> en relación con la obra de mis manos.
> **ISAÍAS 45, 11**

DESCIENDE, ESTABLECE LA INTENCIÓN Y DÉJALO ESTAR

Quiero hacer énfasis en algo muy importante. Si vinieras a un seminario, observarías hechos que francamente parecen propios de una especie de versión cuántica de la religión evangélica. Verías como parece que estoy haciendo una serie de cosas aun cuando, en realidad, yo no estaría haciendo nada. Esto es importante porque *el acto de hacer crea una resistencia hacia todo lo demás que podría ocurrir en el futuro inmediato.* Para hacer algo, tengo que prepararme para trabajar. Si voy a cavar un agujero con una pala, ¿qué tengo que hacer? Primero debo tener una pala. Luego, decidir dónde cavar. A continuación, examinar la tierra y ver lo dura que está. Y por último, calcular cuánta fuerza voy a tener que emplear para hacer el agujero. ¿Es razonable? Está todo calculado conscientemente.

Es muy diferente cuando simplemente *desciendes* a la experiencia. Entonces no hay nada que hacer, nada que ser. *No hay nada que cambiar*. Es ese estado de notar meramente lo que percibes sin emitir ningún tipo de juicios, un estado de libre fluir tan diferente de la «salud holística», de la enfermedad, de los cuidados médicos, de las técnicas, de las condiciones del tratamiento, del análisis condicional de las condiciones o incluso del análisis transaccional de las condiciones (*trance* actual, para todos los psiquiatras que estén leyendo esto y que ya me habrán hecho un diagnóstico).

No existe diferencia alguna entre *estados de materia* y *estados de hecho*. Es cuestión del contenido informativo del campo o giro de los electrones que hace que algo reaccione o responda de una forma determinada. El acto de observar algo instantáneamente lo cambia a un nivel cuántico. Estás hecho de patrones de luz guardados en modelos informativos; eso es lo que eres. Aprender Matrix Energetics no solo es fácil, sino que representa conceptos y capacidades que son fundamentales para tu realidad. Son tus intentos de hacer algo, tu necesidad de observar algo y tu deseo de ser poderoso lo que te impide experimentar eso mismo. Desciende, establece la intención y déjalo estar.

❁ ❁ ❁

DESCENDER implica entrar en un estado alterado de posibilidad en el que se aplican otras reglas, o ninguna.

ESTABLECER LA INTENCIÓN es un concepto que a menudo se malinterpreta. Creemos que a lo que nos referimos al decir establecer la intención es a decidir lo que queremos, y luego esforzarnos para conseguirlo haciendo afirmaciones o visualizaciones. ¿Te suena esto? ¿No te suena, además, a hacer mucho esfuerzo? ¿Y por qué tendrías que esforzarte tanto? Porque crees que no te lo mereces. Porque no te das cuenta de que ya lo tienes. Ya tienes una relación con aquello que quieres. No entiendes que es indivisible y no puede separarse. Tu deseo es tener aquello que incrementa el estado de no tenerlo. ¿Crees que esto tiene sentido? Juega con la intención como jugarías a cualquier otro juego; la intención es solo otra simulación de realidad virtual.

DEJARLO ESTAR es realmente un concepto muy claro: tienes que desprenderte de la necesidad de que algo ocurra. Cuanto más te desprendes de lo que deseas, más probable es que ocurra.

❂ ❂ ❂

Bruce Lee enseñaba tres principios o reglas a sus estudiantes: La primera, *absorbe lo que es útil,* significa notar lo que percibes en el momento. La segunda, *descarta la «confusión clásica»,* se refiere a lo que te dije acerca de machacar todas esas partículas y luego intentar reconstruir el universo y encontrarle sentido. Desecha la confusión habitual, las reglas de tu realidad y tu fórmula para explicar cómo son las cosas. Por último, les pedía que emplearan la tercera regla, *adoptar el no camino como camino.* Esto significa que en el momento, debes aplicar las reglas que aparecen, pero no limitar de ninguna manera tu expresión únicamente a esas reglas. Ten en cuenta también otros patrones o posibilidades. Puedes llegar a ser alguien que cambia de forma, una especie de camaleón chamánico, aprender a transformar tu realidad inspirando en un espacio de esa realidad y espirando en otro. No es tan difícil como suena; y si no suena difícil, es porque no lo es.

EXPANDE TU CONCIENCIA CUÁNTICA

Una de las ideas útiles de la física cuántica es que la realidad es participativa. Es decir, la vamos creando nosotros. La manera en que elegimos las percepciones o los parámetros de nuestra realidad define lo que podemos experimentar en el momento. Ahora bien, aquí es donde surge el problema. Si las cosas han de tener sentido, te corresponde una serie bastante reducida y limitada de resultados posibles. ¿Qué sucedería si las cosas pudieran, a un mismo tiempo, tener sentido y no tenerlo? Cuando empiezas a ampliar los parámetros de lo que es posible, dejas espacio para permitir que puedan cumplirse no solo las expectativas normales, sino también algo más.

FÍSICA CUÁNTICA Y NÚMEROS COMPLEJOS

En física, con objeto de describir el colapso de la función de onda, los científicos usan lo que hemos llamado *números conjugados complejos*. Este conjugado complejo, al multiplicarse por sí mismo, da siempre lugar a un número real como producto de la operación. Por ejemplo, tomemos el conjugado complejo $(3+i)(4-i) = 12$. Entendemos que el número imaginario, i, representa el estado de la totalidad de las posibilidades que existen más allá de la esfera del tiempo y el espacio antes de que se realice un acto de observación. En el acto de observar y desde un estado en el que existen en potencia la totalidad de los resultados, se produce una acción específica. Este resultado, en la esfera de nuestra conciencia, representa lo que percibimos o lo que parece ser el resultado final.

DEJA UN ESPACIO EN TU ECUACIÓN DE VIDA PARA LA GRACIA

Quienes hayáis leído mi primer libro conoceréis la historia que voy a contar a continuación. Añado algunas intuiciones de naturaleza cuántica que he tenido acerca de este extraño incidente.

❋ ❋ ❋

Eran poco más de las cuatro de la mañana de un día helado de enero en Bozeman, Montana. El viento soplaba con fuerza y una sábana de nieve resplandeciente caía sin cesar. No era el día ideal para un viaje de seis horas a la bella y rústica Missoula. Pero los contactos que tenía allí me habían conseguido muchos pacientes para ese fin de semana. Parecía muy probable que ganara más dinero durante ese fin de semana que durante toda la semana anterior, y realmente necesitábamos esos ingresos. En mi carrera previa de músico profesional nunca falté a una sola gira, y no iba a empezar a hacerlo ahora. Había que seguir adelante. Con movimientos cansados, me puse los vaqueros y el jersey y fui al armario para sacar mi pesado abrigo y mis botas de nieve. Cuando estaba saliendo mi esposa me gritó:

—¡Ten cuidado con el hielo negro!

Nunca había visto hielo negro en mi vida y no creía que existiera. Me encogí de hombros ante su aviso y, decidido a no llegar tarde, pisé el acelerador y, empujado por el viejo motor de 389 c.i., salí a la desierta autopista. Estaba contento de que las carreteras estuvieran vacías y pensé que iba a poder ganar algo de tiempo en la larga recta que tenía por delante. Iba disparado, a más de 130 kilómetros por hora. A ese ritmo llegaría muy pronto a Missoula, pensé. Pero no había hecho más que salir de Butte cuando me encontré con ese mismo fenómeno que preocupaba tanto a mi esposa: el famoso, resbaladizo y muy visible hielo negro. No solo descubrí —tarde— que realmente existía, sino que además parecía que me estaba esperando ahí mismo, sobre el puente helado, justo a la salida de Butte. El coche comenzó a cruzar por aquel trozo de carretera resbaladiza y letal en el centro del puente. Aterrorizado, vi que las ruedas empezaban a patinar descontroladas. Presa del pánico, levanté el pie del acelerador mientras pisaba poco a poco el freno, pero iba demasiado rápido.

El cinturón de seguridad de mi viejo coche era uno de esos cinturones bajos de dos puntos. No había ni *airbags*, ni frenos antibloqueo, ni prácticamente ninguna oportunidad de que fuera a sobrevivir al choque que se avecinaba, a no ser que hubiera una intervención divina. Frenéticamente, pisé con más fuerza los frenos y la parte de atrás del vehículo comenzó a derrapar, de manera que ahora iba a toda velocidad directo hacia los pilares del puente. Miré el cuentakilómetros segundos antes de impacto y vi que mostraba claramente la letal velocidad de 105 kilómetros por hora. Tenía la muerte frente a mí y me estaba sonriendo. Acepté mi suerte y abandoné toda ilusión de control, me tapé la cara con las manos, gritando con todas mis fuerzas: «¡Arcangel Miguel, ayúdame!», y choqué contra los pilares del puente.

Hubo un resplandor cegador de luz eléctrica azul, y luego nada. Me sentía como flotando dentro de una gran burbuja azul de energía protectora tan gruesa que nada podía hacerme daño. El arcángel Miguel es el defensor de los creyentes y el protector de los inocentes. Creo en el concepto de la Gracia, y quizá mi provisión terrena de esta preciada cualidad aún no se había agotado. Fuera por la razón que fuese, me encontré sentado en el coche, todavía en movimiento, en medio de ninguna parte sobre un trozo helado de puente, ¡sin un solo rasguño!

Tras unos minutos, me recobré lo bastante para analizar mi situación. Al intentar abrir la puerta del conductor, descubrí que estaba abollada y atascada, y tuve que bajar la ventanilla y salir por ella. Me quedé perplejo al ver que toda la parte delantera estaba aplastada hasta el parabrisas. Me encontraba en pleno invierno en mitad de una carretera desierta cubierta de nieve, y no parecía que hubiera nadie más lo bastante tonto para conducir en esas condiciones. Si no conseguía que el coche funcionara, lo más probable es que pereciera, porque según el indicador el viento helado había bajado la temperatura a unos diez grados bajo cero. Me pregunté si había conseguido salir con vida del accidente solo para morirme lentamente de frío.

Resignado a aceptar cualquier desenlace, volví a entrar en el coche a través de la ventanilla, me coloqué tras el volante y metí marcha atrás. Asustado, contuve la respiración. Las ruedas se movieron un poco, y finalmente, recuperando algo de la fuerza de tracción en la resbaladiza carretera, di marcha atrás y comencé a conducir normalmente, siguiendo con la ruta establecida. Llegué sin más incidentes a mi destino y me fui a trabajar.

Cuando llegó el momento de regresar a casa, fui a una gasolinera a llenar el tanque. Lo único que podía hacer era comprobar la operatividad de mi vehículo, ya que el capó estaba tan abollado y destrozado que no estaba seguro de si podría volver a abrirlo. Pero tenía fe en que Dios me estaba ayudando y esto me dio fuerzas para conducir de regreso a Bozeman, implorando silenciosamente la ayuda de esos ángeles que en sus horas libres trabajan como mecánicos, para que mantuvieran el coche en funcionamiento tan solo un poquito más. Me situé en el carril de entrada a la autopista y justo antes de meter la directa el motor, con un ruido extraño, se paró para siempre. El vehículo estaba tan destrozado que más tarde tuve que llevarlo en una grúa al desguace. ¡Una vez más mis ángeles de la guarda habían acudido a ayudarme, y no cabía en mí de gratitud! ¡Y es así como sigo sintiéndome!

❋ ❋ ❋

Pasar sobre hielo negro a 105 kilómetros por hora en un puente, como me sucedió a mí, crea una ecuación curiosa en la conciencia. Si tus reglas para este tipo de incidentes afirman algo parecido a «un coche viajando a 105 kilómetros por hielo negro multiplicado por los pilares del puente, magnificado por la fuerza del impacto», el resultado al otro lado del signo de igualdad de la ecuación debería equivaler a la probabilidad de que murieras o al menos salieras gravemente herido de ese accidente.

Si tu ecuación tiene la suficiente flexibilidad para permitir la presencia de una variable oculta, como los ángeles, el balance de la ecuación se altera en el sentido de que el resultado se hace menos predecible. En la realidad el desenlace podría ser mucho más leve y agradable para ti. La misma ecuación con una variable añadida puede suponer la diferencia entre la vida y la muerte, el amor ganado o perdido, o el éxito y el fracaso. Como experimento, prueba a introducir la variable *tener fe en aquello que esperamos y creer en lo que no hemos visto* en la ecuación de tu vida personal.

Para mí, dentro de la ecuación que hemos visto antes, los números reales representan la velocidad de mi vehículo, la densidad del hielo del puente, el coeficiente de pérdida de tracción y la fuerza del impacto. Al introducir un número entero imaginario en esta ecuación, el número i, imaginario o invisible, que equivale a ángel, se obtiene un resultado distinto. La variable oculta podría decirse que representa la cualidad de la fe en lo invisible.

Si creer en ángeles es un salto cuántico demasiado grande para ti, no aceptes esa idea. Cualquier cosa que creas limita los filtros de tu percepción. La forma en que eliges ver las cosas controla lo que aparece en tu vida. Algunos incluso podrían llegar a interpretar una declaración como: «Yo soy el agua de vida eterna», pronunciada por el maestro Jeshua, en el sentido de que Dios siempre les está aguando la fiesta (¡especialmente si viven en Seattle!). Acepta la gota de compasión que se vuelve mar de vida, ámate y transforma tu realidad.

9

ESPERA UN POCO. ¿QUÉ ES LO QUE HA OCURRIDO AQUÍ?

El *principio de incertidumbre*, formulado por Heisenberg, dice que no puedes medir simultáneamente la velocidad de una partícula cuántica y su posición. Si rastreas su posición, pierdes el rastro de su velocidad. Si registras su velocidad, pierdes el rastro de su posición. Mis guías me enseñaron algo sobre esto y sobre por qué no podemos detectar la velocidad y posición de la partícula al mismo tiempo. Lo que observamos con nuestros sentidos físicos se basa en la información filtrada de nuestras percepciones que llega a nuestra mente consciente. El hemisferio izquierdo analiza los datos sin procesar y luego decide qué información es relevante para la continuidad de nuestra supervivencia; el resto de la información se suprime: aunque se haya percibido o registrado, no sobrepasa la barrera de vigilancia de nuestro hemisferio izquierdo y permanece escondida en los oscuros recesos de nuestra conciencia subconsciente.

La ciencia natural no se limita a describir y explicar la naturaleza;
· es parte de la interacción entre la naturaleza y nosotros mismos.

WERNER HEISENBERG

La mente consciente funciona como un obturador: toma fotos rapidísimas y luego ensambla toda la información sin dejar marcas, de manera que no lo notas, lo mismo que sucede con las películas, en las que la acción no es realmente un flujo de movimiento, sino una serie de diapositivas estáticas. Si miramos a un objeto o a una información, solo podemos usar conscientemente menos del 0,01% del *espectro electromagnético* que nuestros ojos son capaces de detectar. No somos capaces de detectar visualmente canales simultáneos de información porque nuestro hemisferio izquierdo procesa la información en un formato «serial», es decir, diapositiva a diapositiva.

Por eso decimos que únicamente podemos procesar siete (dos arriba, dos abajo) bits de información por segundo. El proceso que usamos para analizar la información sensorial funciona de una manera lineal; es muy rápido, pero solo es capaz de presentar las diapositivas o porciones de información de una en una. Nuestra mente inconsciente es un *procesador paralelo* y puede ver millones de bits de información en el mismo segundo, solo que no podemos acceder a sus conclusiones en nuestro estado normal de conciencia.

Ahí es donde aparece el problema de la medida en la física cuántica. Para analizar la información que generan nuestros experimentos tenemos que usar la mente consciente. El hecho de que la conciencia de nuestro hemisferio izquierdo funcione como un procesador serial implica que no podamos ver más de una perspectiva sobre la información en un momento determinado. Además, cuando «miramos», entrelazamos el proceso de nuestras observaciones con el objeto o el sujeto de nuestras percepciones.

Nuestra mente consciente es como el personaje interpretado por Jack Nicholson en *Algunos hombres buenos*. Tu mente consciente dice: «¡Quiero la verdad!». Parece que estás oyendo a Jack cuando tu mente subconsciente se burla: «¡No puedes soportar la verdad!».[1] Jack está vigilando la frontera, y si queremos cruzarla, tenemos que pasarnos al otro lado de la valla. Para poder percibir multidimensionalmente, debemos usar el procesador paralelo del hemisferio derecho. Sin embargo, para interpretar la información que recibimos, hemos de analizarla desde la perspectiva del izquierdo.

El principio de incertidumbre solo se ejerce sobre nuestra incapacidad consciente para observar al mismo tiempo la velocidad del objeto y su posición. Nuestra mente subconsciente es capaz de hacerlo con facilidad, ¡incluso subidos a la cabeza de un alfiler y rodeados por una gran cantidad y variedad de ángeles! Esa es una de las mejores razones para desarrollar la habilidad de entrar en estados alterados de conciencia. Como en el nivel cuántico el acto de observación cambia la actividad de lo observado y tú estás compuesto de partículas de luz, puedes cambiar tus resultados (y afectar también a tus ingresos) si aprendes a percibir con los ojos de la percepción alterada.

El efecto de mirar al mundo de la física cuántica es innegable y drástico. Colapsa la posibilidad para hacerla realidad. *A menos que modifiques tu conjunto de reglas, obtendrás la realidad de que no es posible que las cosas cambien.* Esto es así porque has creado tu vida de tal manera que todo tiene que ajustarse a la forma en que crees que debe hacerlo. Esto no sucede a un nivel consciente, sino inconsciente. Sin embargo, *viene dirigido conscientemente por el modo en que sientes y percibes* en tu realidad física.

Al realizar una medición a nivel cuántico, cambiamos aquello que estamos midiendo, simplemente por el acto de observarlo. Así que si noto que algo me produce una sensación de «estancamiento» o «rigidez», no estoy juzgándolo; estoy haciendo una observación. Si hago una observación y luego me pregunto: «¿Cómo sería, si fuera diferente?», puedo notar eso en lugar de lo anterior, y el resultado puede ser bastante diferente. Esa pregunta es abierta, y el proceso abierto nos acerca al «estado libre de juicios».

En 1970 Lizzie James entrevistó a Jim Morrison, de The Doors; comentaron la vida en general y cómo había elegido vivirla el cantante. La entrevista se publicó diez años después de su muerte en la revista *Creem*, en el artículo «Diez años sin él»:

> *La clase de libertad más importante es la de ser quien de verdad eres. Cambias tu realidad por un papel en la vida. Cambias tu significado por actuar. Renuncias a tu capacidad de sentir, y a cambio te colocas una máscara. No puede haber una revolución a gran escala hasta que haya una revolución personal, a nivel individual. Primero va a ocurrir por dentro. Puedes quitarle a un hombre su libertad política y no le harás daño, a menos que le quites su libertad de sentir. Eso puede destruirle... Ese tipo de libertad no se puede dar por hecho. Tienes que ganártela por ti mismo.*[2]

Tu corazón conoce la diferencia entre lo que es verdad y lo que no. Tu corazón puede juzgar porque es el único lugar en donde el juicio tiene sentido. Ahí es donde «haces el riguroso juicio» porque no estás analizando. Cuando analizas, estás siempre en una polaridad o dualidad con lo que estás intentando entender. Es bueno o es malo. Es negro o es blanco. Es maligno o es el bien absoluto. Es ángel o diablo. No puede ser ambos o ninguno de los dos, y esta es la misma actitud que predomina en la ciencia.

COHERENCIA Y DECOHERENCIA COMO PERCEPCIÓN SELECTIVA

El concepto del colapso de la función de onda propone que más allá de la esfera del tiempo y el espacio existe una infinidad de posibilidades. Todo puede ocurrir. Las leyes de la probabilidad cuántica implican que *el acto de observar una cosa hace que esta se vuelva coherente con lo que esperamos ver*. Cuando se elige o se observa un resultado específico, el resto de las posibilidades deja simultáneamente de tener coherencia en lo referente a esta concreta esfera espaciotemporal. Lo que no esperamos ver no ocurre. Esencialmente hay una fórmula precisa que determina lo que es posible manifestar en tu mundo. Lo que esperas es lo que experimentarás. Cuando aflojas tu conjunto de reglas sobre lo que es probable, empiezas a ver muchas otras cosas diferentes. Tu «*software* de realidad» recibe una actualización perceptiva.

EL EXPERIMENTO DE LA DOBLE RENDIJA

Los físicos suelen realizar un experimento del que muchos hemos oído hablar pero al que vale la pena volver a referirse. Utilizan dos rendijas con una anchura suficiente para que únicamente un electrón pase a través de ellas, y un cañón de rayos de electrones. Abren una de las rendijas y disparan los electrones sobre una emulsión fotográfica que se encuentra en la pared a cierta distancia. Cuando evalúan los resultados de la placa fotográfica, notan una distribución equitativa de partículas, que es lo que esperaban observar como resultado del experimento.

Sin embargo, cuando abren ambas rendijas, parece que el electrón interfiere consigo mismo y pasa por las dos rendijas al mismo tiempo. Luego crea bandas claras y oscuras. ¿Qué es eso? Donde se producen las bandas oscuras, interfiere consigo mismo y se anula. Donde hay bandas claras, las ondas se multiplican juntas, creando una suma potencial (física real) y se hacen más grandes, anchas y brillantes. De manera que el experimento de la doble rendija es básicamente esto: tienes dos rendijas y las cierras. Tienes un rayo de electrones que dispara un electrón a través de una de las rendijas. Detrás tienes una pared con un dispositivo que hace que cada vez que la partícula golpee la pared suene un timbre y que además tiene una emulsión (una película o placa fotográfica) que registra el patrón formado por las partículas.

Bueno, aquí viene lo interesante: cuando abres una de las rendijas y la observas, la partícula se comporta exactamente como podrías esperar. Hay una distribución muy ajustada de puntos de partículas. Sin embargo, si abres las dos al mismo tiempo, sucede algo extraño. La partícula parece dividirse en dos e interferir consigo misma, creando patrones de ondas sobre la película. Cuando los científicos están observando el experimento, sigue siendo una partícula.

Si eres padre, sabrás de primera mano algo sobre cómo funciona este experimento en la vida real. En el preciso momento en que los físicos dejaban de observar la trayectoria del electrón y ambas rendijas se quedaban abiertas para que la partícula eligiera, esta elegía portarse mal, justo como habrían hecho tus hijos. De manera que obtendrías un patrón de interferencias consistente en bandas claras y oscuras en la placa fotográfica.

Se acudió a John von Neumann, el famoso matemático, para que como experto intentara explicar los desconcertantes resultados del experimento de la doble rendija. Su conclusión fue que la única explicación racional era la presencia de una variable oculta. Según el ensayo de Thomas J. McFarlane, «Quantum Physics, Depth Psychology, and Beyond», (Física cuántica, psicología profunda y más allá), Von Neumann llegó a la conclusión de que ¡el factor x era la conciencia humana! Afirmó que la razón por la que el fotón o el electrón interferían consigo mismo es que nuestra conciencia (la del ser humano) en realidad causaba el colapso de la función de onda, lo que creaba la diferencia que hacía que se viera como partícula o como onda.

En otras palabras, cuando no estábamos mirando o esperando ver algo, el electrón se comportaba como si fuera una onda y pudiera interferir consigo mismo. Sin embargo, cuando la observábamos y efectuábamos mediciones, esperando que se portara de una manera determinada, así lo hacía. Así que basándonos en la idea de que estamos compuestos de fotones, el acto de medir puede causar un colapso de la función de onda y cambiar la estructura real de cómo estamos compuestos los seres humanos. Esto quiere decir, en esencia, que nuestro universo es una invención. Básicamente la conciencia es el factor X que dejamos al margen de todos los experimentos, pero explica la mayoría de los efectos que vemos en la física cuántica.

Puedes imaginar patrones complejos de fotones que al interactuar entre sí componen un conjunto único llamado una función de onda. La forma en que estableces tu predisposición perceptiva es lo que define la función de onda de posibilidad que puedes asumir y aceptar como resultado. *La onda de posibilidad se basa en tu modelo de conciencia.* Lo que significa que si expandes tu modelo de realidad personal, cambian tus resultados. Y lo hacen de forma exponencial.

Estas ondas de posibilidad son potenciales transcendentes que se manifiestan gracias a la *libertad de elección*. Tú eliges cómo se producen las cosas según la manera en que observas. Tu observación o medida crea el *colapso de la función de onda*. Los físicos usan este término para indicar la medida cuántica por la imagen de unas ondas que van extendiéndose y repentinamente se colapsan formando una partícula localizada, o eso parece.

Cuando dejas de esforzarte para hacer algo es cuando se produce el cambio. Cuando tratas de hacer que algo ocurra, compartes una realidad basada en partículas con la información o el objeto que estás contemplando. Cuando te deslizas suavemente expandiendo tu conciencia desde el laboratorio de tu corazón hacia arriba y hacia fuera, por unos instantes puedes desprenderte de tus limitaciones conscientes y trascender la barrera de la esfera espaciotemporal.

En cualquier momento volverás de golpe de la trascendencia de tu naturaleza de onda a una realidad basada en las partículas. Una porción de tu conciencia, que no es partícula ni onda, puede rastrear simultáneamente tanto las funciones de probabilidad de onda como las de la realidad basada en las partículas. Y entonces los ángeles y tú podréis retomar la canción y bailar. Con el tiempo es más fácil sentir la música, y con práctica, ¡el baile se vuelve más divertido!

Cuando colapsas la función de onda, este colapso se produce en un estado esparcido de posibilidad y da lugar a un estado de definición. Todo lo que tendrías que hacer, si estás sufriendo o tienes un problema, sería comprender que tus expectativas se basan en tu sesgo perceptivo. Tu problema siempre está ahí, en parte porque asumes que así será, y por eso aparece siempre de la misma manera. En un instante puede ser totalmente diferente. Das por hecho que esto no puede ser porque parece que la realidad no cambia. Esa es una presunción racional basada en un sistema cerrado. ¡Es una mentira!

Tu experiencia personal de la realidad es un sistema completamente abierto. ¡Cambiar la manera en que percibes modifica el objeto de tu observación, y esto puede transformar los resultados en un instante! Da la impresión de no cambiar porque lo has establecido de tal forma que tiene que ajustarse a como crees que debe ser. Esto no es algo que hayas decidido a un nivel consciente; ni siquiera te das cuenta de ello. Sin embargo, viene impulsado conscientemente por la manera en que sientes y percibes tu realidad física. Tus patrones habituales de percepción crean un modelo del que surge tu experiencia diaria.

Lo que sigue es un comentario muy reciente de alguien que participó en un seminario. Por el simple hecho de leer este libro te encuentras en el campo mórfico de los tipos de experiencia que se describen aquí. La verdad es que no te hace falta asistir a un seminario (aunque, como te dije antes, son muy entretenidos). ¡Uso este ejemplo porque me parece divertido e instantáneo!:

Fui a mi primer seminario siguiendo el consejo de mi amiga Suzanne. No hacía ni un mes que la conocía y no sabía si asistir o no. ¿Podía permitírmelo? ¿De verdad era real todo este asunto? Al final asistí, y fue la mejor decisión que podía haber tomado. Un viernes por la noche, después de ver gente cayéndose por el escenario y quedarme un poco preocupado pensando a dónde se habían «ido», conocí al doctor Bartlett. Se acercó a mí e inmediatamente se fijó en mi escoliosis. En pocos segundos sentí cómo la columna vertebral se me salía del cuerpo (voy a decirlo una vez más: la columna vertebral se me salió del cuerpo) y regresaba completamente distinta. Tras notar que algunos de mis órganos internos estaban apretujados en mi caja torácica, que mis pulmones no funcionaban a plena capacidad y que mi cadera estaba desequilibrada, me dijo que viera cómo me sentía. Como estaba fuertemente condicionado para no creer que ese tipo de cambios pudieran producirse en menos de dos minutos, intenté irme de allí. No pude hacerlo porque en esos momentos mis piernas tenían la consistencia de la mantequilla.

Después de aprender a andar con una nueva columna vertebral (y contemplar en el espejo lo que antes había sido una curva deforme), volví a casa con la mayor sonrisa que he visto en mi vida. Al día siguiente conocí a mucha gente y aprendí gran cantidad de cosas que siempre he sospechado que son ciertas y que hay maneras de medirlas. Un día más tarde supe que no hay necesidad de medirlas... simplemente están ahí.

Hasta ahora he practicado Matrix Energetics con varios sujetos y los resultados han sido alentadores. Ahora el mundo es completamente distinto para mí, como estoy seguro de que lo será para muchos de vosotros. Ir a un seminario es lo mejor que puedes hacer por ti, por tus amigos y por tu familia. Si estás indeciso sobre asistir o no a un seminario, no lo dudes. ¡VE! ¡Cuando salgas de él no serás el mismo, y eso es estupendo!

AM

10

COLAPSANDO LA ONDA

Al observar colapsamos la onda del electrón y este queda localizado en un punto. Mientras no estamos observando, la función de onda se expande, formando una posibilidad trascendente. Por eso te digo que te SALGAS de tu cabeza y desciendas a tu corazón para entrar en un estado alterado de conciencia. DECLARA TU INTENCIÓN: «¡Me gustaría que esto cambiara!». Esta es la única intención que necesitas. Cuando logras experimentar la sensación de obtener ese nuevo resultado, aunque solo sea por un momento, el estado emocional de estar abierto a la expectativa puede llegar a ser una oración cuántica.

DÉJALO ESTAR: sal del espacio-tiempo una milésima de segundo. En seguida estarás de vuelta, pero tu experiencia de la realidad puede cambiar por completo. Cuando eliges observar la vida desde una perspectiva más amplia, colapsas los patrones de onda que reducen tu existencia a «la misma canción de siempre» y entras en una nueva dimensión de posibilidades. Este acto creativo de Voluntad Divina o Superior, combinado con el ilimitado potencial que reside en el interior de tu Sagrado Corazón, ¡puede contener la semilla de tu nuevo ser y darlo a luz!

LA FUNCIÓN DE LA PROBABILIDAD SOPESADA

Cree en la sabiduría del corazón. Cuando te centras en lo que podría suceder, estás estableciendo una función de probabilidad sopesada, que se genera y se mantiene gracias a la manera en que has elegido observar las cosas. La conciencia, pasada por el filtro de tus creencias, genera tu experiencia. Nadie ve la misma circunstancia exactamente de la misma forma. Vemos las cosas de dentro hacia fuera. Si no te gusta cómo transcurre tu vida, abandona la necesidad de controlarla. Entra en el centro de tu corazón y confía en cualquier orientación que recibas desde el interior de ese punto de equilibrio.

En mi opinión las siguientes citas del Nuevo Testamento recogen una idea clave:

Y si una familia está dividida contra sí misma,
esa familia no podrá subsistir.
MARCOS 3, 25

Nadie puede servir a dos señores, pues menospreciará a uno
y amará al otro, o querrá mucho a uno y despreciará al
otro. No se puede servir a la vez a Dios y a las riquezas.
MATEO 6, 24

Tus creencias sobre la realidad, y sobre tu vida, pueden atarte a la clase de experiencias que esperas tener. Cuando te centras en tu dolor, tus problemas o tus circunstancias dejando a un lado todas las demás posibilidades, estos factores se vuelven tus amos. Si quieres aprovecharte de la sabiduría del Maestro, debes decidir a qué eliges servir y servirle como tu realidad. Cuando abres tu conjunto de expectativas para permitir que se produzca un milagro, dejas de vivir esclavizado por las estructuras de tus creaciones anteriores. Puedes escoger de nuevo.

Entiende que a un nivel esencial la luz es lo que forma tus átomos, tus células y tus electrones. Así es como está compuesto tu cuerpo físico. Cuando el foco de tu atención te permite únicamente observar tus problemas y la sustancia de tu cuerpo físico, excluyendo todas las demás posibilidades, estás inmerso en la dualidad de servir a dos maestros. Para cambiar tus resultados o lograr que se produzca un milagro, lo único que tienes que hacer es dejarlo estar por un instante. Permite que la realidad primordial, que es la luz, brille en ti. Al hacerlo podrás redefinir la estructura de la realidad. Servir a la luz es servir al infinito. El maestro Paramahansa Yogananda escribió sobre las enseñanzas de Cristo en *Autobiografía de un yogui*. En esta obra describe su experiencia de la luz de la Unidad:

[…] mi cuerpo físico perdió su espesor […] Sentí como si flotara […] El cuerpo sin peso se movió ligeramente […] a la izquierda y a la derecha. Contemplé la habitación; los muebles y las paredes estaban como siempre, pero la masa de luz se había vuelto tan densa que el techo era invisible. «Este es el mecanismo de la película cósmica —anunció una Voz […]—. ¡Tu forma no es más que luz!».

Miré mis brazos y los moví de atrás adelante; sin embargo, no podía sentir su peso […] El tallo cósmico de luz, floreciendo en

la forma de mi cuerpo, parecía una reproducción divina de los
focos de luz que salen de la cabina de proyección de un cine [...]
Conforme se iba disipando por completo la ilusión de tener un
cuerpo sólido [...] se hacía más profunda mi comprensión de que
la esencia de todos los objetos es la luz.[1]

En Matrix Energetics enseñamos una mitología que sostiene que estamos hechos de fotones. Lo que hemos hecho en la física es dividirlo todo hasta llegar al terreno de lo verdaderamente minúsculo. En este terreno de partículas y funciones de onda que se colapsan, la realidad se comporta de acuerdo con las reglas cuánticas, que son muy extrañas. Entonces decimos que los objetos grandes, como nuestros cuerpos físicos, solo están sujetos a las leyes de la física clásica: leyes basadas en las teorías de Newton.

Desde una perspectiva científica, en último término estamos compuestos de átomos. Los átomos al dividirse dan lugar a electrones, protones y neutrones. La verdad es que los electrones no giran alrededor del núcleo, como nos enseñaron en la escuela. En cambio, tienen lo que se ha dado en llamar órbitas de probabilidad. En esencia, solo presentan una órbita definida alrededor del núcleo cuando los observamos. Existen en una *nube de electrones*. Y cuando los medimos, esperando que tengan una órbita concreta, se colapsan en la órbita en la que esperamos verlos. Todo esto se refiere también a ti y a lo que forma la aparente estructura de tu cuerpo físico y el entorno que lo rodea.

Desde el umbral del electrón, nos adentramos profundamente en terrenos más pequeños compuestos de partículas virtuales, como los muones, los gluones y otros más, hasta llegar al fotón. El fotón puede manifestarse tanto como una partícula como en forma de onda, o en palabras de Louis de

Broglie, como partícula *y* onda. Ahora tratamos con luz e información, y de eso es de lo que creo que estamos hechos. No de dulce y de todo lo que es color de rosa, ni de caracoles y serpientes, por poner un ejemplo.

Si, en esencia, estamos formados por una corriente de fotones que se mantienen unidos por la conciencia, ¿cómo es que no somos así al nivel macroscópico de nuestros cuerpos? Una vez más te recuerdo que cuando medimos algo en el nivel cuántico, lo cambiamos. Es lo que llaman el efecto observador. En realidad no podemos medir la velocidad ni la posición de la partícula cuántica sin modificarla con el acto de nuestra observación. De manera que la pregunta que nos hacemos es: ¿a través de qué lentes estamos mirando?

11

COLAPSANDO LA FUNCIÓN DE ONDA DE LA EXPERIENCIA HUMANA

El lenguaje científico en el que se basa el proceso de los «Dos Puntos» de Matrix Energetics es útil. Creo que Matrix Energetics no habría alcanzado su nivel actual de sofisticación sin mi creciente amor por la física y la ciencia. El proceso de los Dos Puntos nos proporciona una herramienta de medición, que refuerza nuestra capacidad de sentir dónde podemos conectarnos con la red de *Todo lo que es*.

Ahora bien, ¿cómo sabes lo que es una medición? Es, por ejemplo, mirar a alguien a los ojos y notar si está enfadado contigo, o emocionado, o quizá desconcertado. Estás llevando a cabo una medición basándote en miles de millones de cálculos. Toda esa complejidad puede reducirse a la simplicidad de notar lo que percibes y aun así seguir siendo totalmente compleja. En ese punto es cuando puedes aparecer de pronto en las redes de manifestación sin necesidad de entender el proceso.

COLAPSANDO LA ONDA

Te recuerdo que dos o más sistemas cuánticos pueden compartir la misma onda cuántica. Cuando lo hacen, se dice que están conectados o *enredados*. A un nivel subatómico estás formado por fotones de energía superior; tu cuerpo consiste en luz e información contenidas en patrones u ondas de interferencia. Cuando conectas los dos puntos, conscientemente los has visto enlazados. Eres tú quien ha creado ese enlace con la imaginación. Lo que imaginas con respecto al fotón tiene un tremendo poder para cambiar esos patrones de luz e información. El acto de enfocarse a este nivel, en el que todo está formado con la energía de la luz, hace que lo que observas se comporte de forma diferente. Colapsas la configuración de tu mundo basada en las partículas, dando lugar a elaborados patrones o frentes de onda de luz. Siente y percibe lo que está sucediendo.

Cuando estés realizando el procedimiento de los Dos Puntos con alguien, te ayudará pensar que, de una manera muy real, estás enredado con un aspecto de ti mismo. Tu experiencia de la otra persona es diferente que su experiencia de sí misma, o incluso que su experiencia de ti. Se trata de un estado en el que se da una mezcla única, y cuando te involucras en la producción de ese resultado, se crea una oportunidad inigualable para que tenga lugar la transformación de la conciencia. A través de este proceso, no solo cambia aquello en lo que decides centrarte, sino que también tú te transformas. A base de «no hacer nada» y no intentar «arreglar» nada durante este proceso, estás entrando en el proceso de transformación.

Al practicar el arte de los Dos Puntos, representas el nuevo paradigma de las cosas que se pueden hacer, o a las que se puede acceder, a través del sentido del tacto. Si procuras practicarlo a diario, comenzarás a vislumbrar la realidad que se oculta tras el velo de las circunstancias cotidianas y su complejidad. Las cosas dejarán de ocurrirte. En lugar de eso, empezarás a asumir la responsabilidad de usar de forma creativa la energía universal.

EXTRACTO DEL PROCEDIMIENTO DE LOS DOS PUNTOS

A continuación transcribo una entrevista radiofónica que me hicieron en una ocasión:[1]

Entrevistador: ¿Cómo trabaja con Matrix Energetics en su clínica, doctor Bartlett?

Richard: No hablo sobre el cuidado de la salud porque cuando hablas sobre el cuidado de la salud estás hablando también sobre el cuidado de la enfermedad. Es una polaridad equilibrada de contrarios, y mientras estás trabajando con uno de los extremos de una polaridad o de un polo, estás trabajando también con el otro extremo. De manera que si intentas sanar a alguien, lo que estás haciendo es tratar de curarlo de una enfermedad. Cada vez que haces esto, usas solo los parámetros y los juicios que podrían ejercitarse en respuesta a una circunstancia.

Una vez que te sales de la respuesta condicionada, fuera de la tendencia a reaccionar, de una manera de pensar caracterizada por el estímulo y la respuesta, puedes decir: «No sé lo que va a pasar en el futuro. Me entrego al presente y aceptaré lo que surja en mi vida apreciando su utilidad y aprendiendo de ello».

¿Cómo decide lo que tiene que hacer para ayudar a una persona?

Una de las muchas cosas que le enseñamos a la gente que viene a nuestros seminarios es a hacer distinciones basándose en *notar lo que perciben*. Lo que esto significa en lo referente a la formación médica es que cuando alguien viene a la consulta y dice: «Tengo un problema en la rodilla», y le miro la rodilla y me fijo en ella, lo veo teniendo problemas en la rodilla. Luego quizá añada un diagnóstico que ya se ha superpuesto a esa situación. He colapsado la probabilidad de ese patrón en una rodilla con un problema. Eso es todo lo que vamos a ver; por eso, al llegar a ese punto, esperamos que se me den bien los problemas de rodilla. Esa la única opción que dejo.

En el otro extremo, si alguien viene con un dolor de rodilla, estoy seguro de que no voy a responder diciéndole algo como: «Yo tengo una rodilla también». Si le respondiera así, me merecería una patada en la ingle. No, seré respetuoso, y tocaré esa rodilla y la sujetaré. Es como tener una mente dividida o dual. Puedo llegar hasta el punto al que me refiero en mi primer libro como «enfoque problemático». Esto representaría el estado de dolor en la rodilla, completamente hinchada, y todos los posibles diagnósticos y tratamientos, así como cualquier otra cosa que hubiera ocurrido en el pasado. También *al mismo tiempo* puedo mantener una apertura en mi conciencia para notar todo lo que surja en el momento.

De la manera en que nos han enseñado a centrarnos en la estructura de la materia, miramos a la rodilla y nuestros ojos se centran en ella. ¿Qué sucedería si, en lugar de eso, de repente estoy mirando a la rodilla y me fijo en un espacio a quince centímetros de la rodilla física y es ahí donde centro mi atención? Voy a asumir que donde quiero empezar a notar cambios es en la información a quince centímetros de la rodilla. En otras palabras, me fijaré en una zona determinada y me centraré en ella, *pero sin excluir todo lo demás*.

Simplemente me permitiré a mí mismo ponerme en el estado llamado *segunda atención*, dejar que mi conciencia se vaya fijando en lo que surja y empiece a trabajar con eso. Es como una conversación. Una vez que comienzas a trabajar con algo, interactúas con ello y *notas lo que cambia*. Al completar esa acción, percibirías hacia dónde se siente atraída tu atención. Si haces esto y enlazas ambos puntos de atracción, habrás creado una sintaxis o un lenguaje específico que te permite acceder a sus problemas, sin entrar en el estado problemático.

Así que realmente se trata de entrar en un estado expandido de conciencia, ¿no?

Exactamente. Eso es lo que enseñamos en el seminario. Si podemos poner a la gente en el estado de sentir el cambio cuando hacen eso que llamamos los Dos Puntos, cuando lo sienten en sí mismos y, lo que es más importante, a su alrededor, como un potencial ampliado, se hallan en un estado en el que en realidad no importa lo que hagan; de cualquier modo obtendrán un efecto.

Entonces, ¿en qué consiste la técnica de los Dos Puntos?

¿Has visto como, cuando tomas los dos polos de un imán, por ejemplo, los imanes de los frigoríficos, y los colocas juntos un momento, si los polos coinciden se repelerán y si son opuestos se atraerán? Crearás una tensión dinámica en el aire entre los dos imanes.

Toca un punto de cualquier superficie. Puede ser en una guitarra, en un coche o en una rodilla. Nota dónde puedes sentir una sensación de bloqueo, dureza o rigidez. No tiene por qué ser doloroso. Más bien se trata de que al tocarlo, percibes en ese punto una sensación diferente del resto del área. Ese es el primer punto en el que vamos a elegir fijarnos.

Ahora ya tienes este primer punto. Todo lo que estás haciendo es notar algo. A continuación, mueve la otra mano sobre la pierna, o sobre cualquier objeto que elijas en un área diferente (no importa dónde) hasta que encuentres algo que te haga sentir la primera zona que tocaste más dura, rígida o bloqueada, o como si estuviera tirando de ti hacia ella, igual que un imán. Eso es lo que estamos buscando aquí. Ahí es donde has llevado a cabo la medición de lo que enseñamos con los Dos Puntos.

¿Se trata de una sensación que experimentas en las manos?

No, sentirás esta sensación como un endurecimiento físico del tejido o área bajo tu mano. Por ejemplo, has elegido un punto en una pierna y la sensación es ligeramente diferente del resto de la pierna. ¿Por qué es diferente? Muy sencillo: porque estás creando un juego en el que eliges buscar algo que te transmita una sensación diferente. No es porque sea diferente. Es porque tú lo has elegido.

Ahora, tan pronto como lo hayas hecho, desliza la otra mano por la pierna o por un objeto que hayas elegido, hasta sentir casi un pinchazo. Ahí tendrás un punto que de repente parece atraer al punto anterior. Esta es una medida establecida de forma artificial y arbitraria, pero te permite entrar en el juego de la realidad virtual. Tras haber conectado ambos puntos y sabiendo a un nivel de física cuántica que el acto de medir en realidad ocasiona un cambio en lo que estás midiendo, te sueltas, como si dejaras caer una piedra en un estanque. Eso sí, no sueltes el objeto. Imagina que te desprendes de la necesidad de que lo que estás tocando sea físico y sientes esta onda expansiva que existe entre ambos puntos.

Muchos experimentan una sensación de ligereza, expansión, incapacidad de pensar, dicha u otras muchas emociones; otros pueden ver colores, sentir que el dolor desaparece... puede ocurrir todo tipo de cambios. ¿Cómo es posible? Entiende que esos dos puntos ya no representan solo un objeto físico. Tan solo son dos puntos que has elegido medir. Esto te lleva al resto de los puntos y a los más de sesenta billones de células, a los fotones correspondientes, a las emociones y a los chakras. Te conecta a tu experiencia como ser humano.

Entonces, lo que percibo al hacerlo es una gran sensación de calor.

Sí, eso es razonable. El calor es una manera de mirarlo. Quiero que sepas que está bien si lo ves o lo sientes como calor. Es un efecto observable, y eso es lo que estamos buscando. Pero también resulta positivo permitir que se produzcan otros efectos que no observamos. Es decir, si haces esto y sientes calor en la pierna, quizá descubras también que tu relación con tu perro, con tu coche o con el tráfico ha mejorado.

Tal vez descubras que tu memoria cambia, que las enfermedades desaparecen, u otras cosas. ¿Por qué? Porque en este punto *estás jugando con una serie de reglas diferentes*. Con esas reglas diferentes decides comportarte como un conjunto de fotones o como luz e información. Todo lo que tienes que hacer para cambiar una circunstancia a ese nivel es modificar la información que se le da a ese patrón.

¿Aconsejaría hacer algún tipo de visualización de cómo queremos que sea el patrón?

No, porque cuando visualizas algo, lo que estás haciendo es limitar el resultado solo a lo que puedes visualizar. En realidad, lo que eso hace es mantenerte en el nivel físico. Te impide colapsar la función de onda de esos fotones para crear un nuevo patrón. Mira, puedes colapsar una función de onda en un abrir y cerrar de ojos, y al final a lo mejor te sientes igual. Pero lo que la gente tiende a notar es que existen diferencias, sutiles o muy marcadas, y en este punto, entras en una realidad expandida. Entonces es cuestión de práctica. Recuerda, con esos dos puntos no estás intentando arreglar un problema. Más bien estás usando este proceso como una metáfora de tu vida y de toda tu experiencia consciente.

¿Quiere decir que te estás viendo a ti mismo no solo como un patrón de fotones sino como un patrón holográfico de fotones?

Exacto. Estás usando el punto que has elegido como herramienta de medida para determinar cualquier aspecto de ti mismo. Ahora volvamos a hacerlo. Esta vez piensa en algún aspecto no físico de tu ser que atrae tu atención. Puede ser tu vida amorosa, tu economía, cualquier cosa que en ese momento te atraiga y a la que le pueda venir bien una solución. Ahora encuentra un punto en la pierna que se adapte a esa sensación. Recuerda, ya no es una pierna. Ahora representa lo que sientes hacia x, sea lo que sea.

¿Importa con qué mano empiezo?

No importa qué mano usas. No es un fenómeno de polaridad. De hecho, no necesitas usar las manos. Le estoy enseñando a tu mente consciente. De manera que encuentra un punto que represente tu situación. ¿Te importa contarnos qué situación has elegido?

Es un proyecto.

Aquí está la clave sobre los proyectos. Conviértelos en algo más global que un proyecto. No hagas que su finalidad sea un solo resultado del proyecto, sino la sensación del proyecto. Ahora encuentra un punto en la pierna que se ajuste a esa sensación. Es más fácil hacerlo que decirlo porque, realmente, lo estás inventando. Te inventas el punto y decides que ese va a ser. Se acabó. Ahora lo que tienes que hacer es encontrar otro punto. No tiene por qué estar en la pierna. Puede estar en el escritorio, en el micrófono o en el teléfono. Cualquier segundo punto nos sirve. Lo importante es sentirte conectado con esos puntos.

Ahora, simplemente imagínate que de repente dejas a un lado todas tus preocupaciones, todos asuntos. Subes en espiral por el aire como un flujo luminoso, olvidándote del mundo. Entonces se vuelve distinto. Ahora, si mides de nuevo este punto con un pensamiento acerca de lo que estabas pensando antes, será diferente. Vuelve a donde estabas y piensa en lo que sentías en ese momento. Nota lo que sientes. En la mayoría de los casos no serás capaz de definirlo de la misma manera que lo hacías antes, o lo vas a sentir muy abierto o expandido, o quizá no seas capaz de describir lo que estás sintiendo.

Yo lo siento más frío, como una bebida helada y refrescante en un día caluroso.

Eso me ocurre a menudo. Siento como si una brisa fresca me recorriera el cerebro. Es una sensación muy física.

También me siento ligera y más brillante.

Ahora nota cómo te sientes. Deja de prestar atención al punto y nota cómo te sientes. ¿Qué percibes?

Definitivamente, una sensación de gran positividad y optimismo. Es una sensación fabulosa.

Haz que se expanda fuera de tu cuerpo físico y nota cómo sientes el espacio a tu alrededor.

Ahora encuentra un punto en tu silla que atraiga tu atención. Sin ninguna finalidad. La sensación es de dureza, o atracción magnética, o simplemente te llama la atención. A continuación, encuentra otro punto, quizá en alguna zona de tu cuerpo, como el hombro o alguna parte del pecho. Haz que ese punto sintonice con la sensación de la silla. En otras palabras, localiza esos dos puntos y esa sensación de estar conectados entre sí. Es muy sencillo.

No sueltes los puntos. Suelta tu conciencia, déjala expandirse por el universo. Esto es lo que se llama el colapso de la función de onda, y en realidad eso es lo que hace. Si tocas la silla ahora, vas a tener una sensación extraña. Vas a sentir como si se hubiera expandido. Es muy difícil describirlo pero en los seminarios la gente me cuenta esto todo el tiempo.

La verdad es que tengo una sensación rara en las manos. En realidad no estaba tocando ningún punto. Tenía los dedos en el aire a unos dos centímetros de ambos puntos.

Eso es estupendo. No tienes que tocar nada. Puedes medir puntos que no existen, porque en la esfera cuántica nada de eso existe. Estás fabricando tu experiencia del universo externo y luego recreándola en tu cerebro. Tus ojos funcionan como detectores de formas y así construyes en tu cerebro la referencia holográfica de lo que hay en el exterior. Algunos físicos especialmente controvertidos afirman que en «el exterior» no hay nada que medir.

Lo curioso es que sigo experimentando una gran sensibilidad en las manos, como si hubiera estado manipulando energías sutiles.

Date cuenta de que no se trata de transferir energía, y que ni siquiera es en absoluto tan sutil. Expande esa sensación y fíjate en cómo sientes el dedo pulgar del pie izquierdo en relación con esa experiencia. Hasta que te digan que te centres en eso, puede que ni lo notes. Pero notarás que este efecto está produciéndose en la totalidad de tu mundo.

¡Esta técnica es fascinante! ¡Y realmente fácil de aprender!

Es tan fácil…, literalmente es un juego de niños. Cuanto más juegas como un niño, más se expande tu conciencia, más profundos se vuelven los resultados que obtienes.

Los niños lo aprenden en un segundo. Un oncólogo de una famosa universidad asistió recientemente a uno de mis seminarios. Llegó muy escéptico. Lo saqué al escenario y le hice los Dos Puntos. Cayó inconsciente, sin la menor idea de lo que había sucedido, y por toda la sala, con unos ciento cuarenta asistentes, se extendió una atmósfera de espacio sagrado.

Mira, cuando creas esto y lo creas en un espacio grupal, se transforma en una experiencia sagrada de una realidad más allá de la ordinaria. Adquiere un tono sagrado y chamánico, pero también es algo muy físico, muy fácil de reproducir y de observar como resultado físico. En otras palabras, puedes ver cómo una escoliosis o un dolor de cabeza persistente se desvanecen. Puedes estar viendo una mandíbula incapaz de moverse y, de repente, en un instante, la mandíbula se mueve. A veces los tumores u otras afecciones físicas pueden desaparecer instantáneamente o después de cierto tiempo. Esta es la cuestión: *solo puedes observar aquello que puedes ver. Pero hay cambios que no puedes ver que también están ocurriendo, y esos son probablemente los más importantes.*

Hemos llegado al final de la entrevista. ¿Podría resumir en una sola frase en qué consiste Matrix Energetics?

Sí. La transformación ocurre cuando te desprendes de la necesidad de que ocurra algo.

REPASO DE LOS DOS PUNTOS

1. Localiza un punto en tu cuerpo o en el de tu compañero que sientas bloqueado, duro o rígido al tocarlo.

2. Mientras sigues tocándolo, encuentra un segundo punto que haga que la relación entre ambos puntos se sienta incluso más tirante, como si hubiera una atracción magnética entre ambas áreas.

3. Crear un enlace más o menos arbitrario entre estos dos puntos nos permite realizar mediciones. Recuerda que, según la teoría cuántica, no puedes observar algo sin «entrelazarte» o interactuar con ello. El acto en sí de observar la conexión de los dos puntos con tus sensaciones y tu imaginación lo ocasiona. Esto entrelaza la información y, en efecto, colapsa la onda de materia y conciencia que has elegido observar y con la que estás interactuando.

4. Nota lo que es diferente ahora. Probablemente sientas el área entre tus dos puntos más suave y menos rígida. Puedes notar cambios en la respiración, o tú o tu compañero podéis sentir calor o sonrojo. No es infrecuente, además, que el cuerpo empiece a mecerse o a moverse al ritmo de alguna fuerza rítmica primordial inconsciente. Permanece detrás de tu compañero porque si realmente entró en el estado que estoy describiendo, puede que incluso pierda momentáneamente la conciencia. Es bueno estar preparado para cualquier cosa, como risa espontánea,

sollozos o cualquier otra forma de descarga emocional o física.

PUNTOS CLAVE PARA RECORDAR

1. Hacen falta al menos dos puntos para medir algo.
2. Para aprender algo nuevo, debes notar lo que es diferente.
3. Notar lo que es diferente te ayuda a detener el juicio crítico y proporciona el espacio para que se cree una nueva trayectoria de acción mínima. En otras palabras, estás creando una nueva actividad que, con la práctica, se convertirá en una nueva habilidad.

❂ ❂ ❂

A continuación viene un ejemplo de cómo alguien que asistía por primera vez a un seminario de Matrix Energetics corrigió un trastorno doloroso con la sencilla aplicación de su intención concentrada en el problema usando los Dos Puntos:

Asistí a un seminario en JFK, en Nueva York, a finales de octubre. No sabía qué iba a hacer, en el caso de que hiciera algo, tras esta experiencia, pero esperaba ser capaz de ayudar a mi esposa con su hombro, que le había estado molestando durante seis meses (una extrema rigidez y un fuerte dolor). ¡Con el primer tratamiento que le hice quedó curada en un 80%, y el efecto fue instantáneo! Ni que decir tiene que está encantada con los resultados. ¡Solo por eso ya mereció la pena el viaje!

JS

Dos puntos básico: midiendo puntos iguales en el cuerpo (en este caso, los hombros).

Examinando la relativa movilidad de los puntos de los hombros. Notando lo que percibo.

Dos puntos básicos en el cuerpo.

Colapsando la onda. Resultados físicos evidentes.

Experimentando una transformación instantánea.

Experimentando una transformación instantánea (continuación).

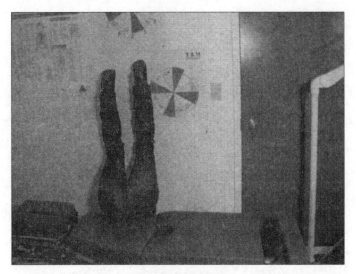

Su mundo boca abajo.

«¡Guau, esa sí que fue una ola grande! ¡Una vez más!»

Ejemplo de Dos Puntos fuera del cuerpo.

Alcanzando el estado de Matrix.

Experimentando un estado profundamente alterado.

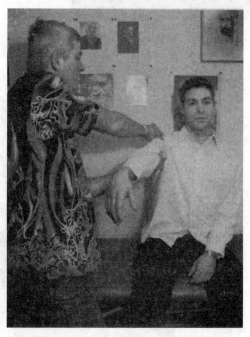

Los Dos Puntos básicos para un problema de hombro.

Sintiéndose mejor.

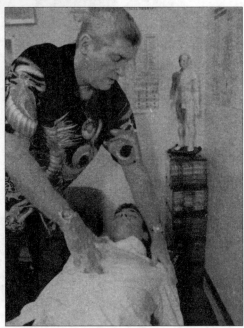

Relajándose
profundamente con la
conciencia centrada
en el corazón.

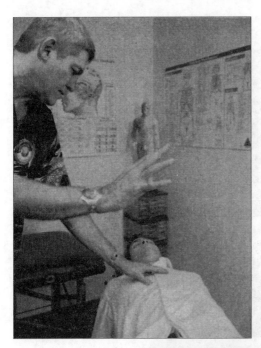

Expandiendo el campo del corazón con el trabajo de los Dos Puntos.

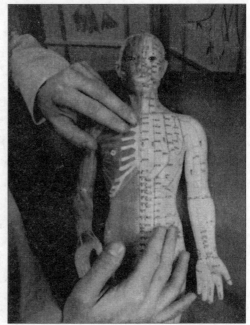

Ejemplo de Dos Puntos en un maniquí de acupuntura para el tratamiento a distancia.

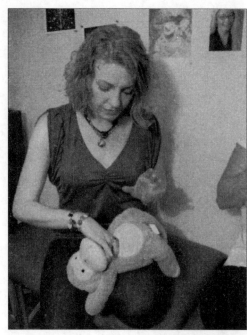

Dos puntos en un muñeco para hacer una demostración de tratamiento a distancia.

Dos puntos para el campo energético de la pelvis.

Sintiendo cómo cambian «las cosas».

«Desaparecido en sesenta segundos».

Otro día más en la oficina (esto es, en un seminario).

Trabajando con el protocolo de certificación de un practicante a distancia.

12

CONFÍA EN CUALQUIER COSA QUE SURJA EN EL MOMENTO

Cuando medimos solemos juzgar lo que estamos midiendo. Intentamos analizarlo. Intentamos entenderlo. Intentamos darle un significado que encaje en nuestra concepción del modo en que funciona el mundo real. Hay algo llamado percepción inocente. Percepción inocente, o practicar los patrones de la percepción, significa que notas cualquier cosa que aparezca. Estamos acostumbrados a pensar en términos de causa y efecto: si hacemos esto, ocurrirá eso, y si no lo hacemos, ocurrirá algo distinto. No hay una lógica inherente en ello. Más bien se trata de la lógica que nosotros hemos decidido.

Tu realidad, de la manera en que tú la definas, es lo que puedes observar y definir. Esto no significa que no puedas tener una vivencia que trascienda los confines de tu realidad. Lo que significa es que para tener esa vivencia, has de observar de un modo diferente, solo eso. Una de las cosas que vas a aprender en este libro es a *notar lo que percibes*. No me refiero a tu capacidad de notar lo que crees que debes observar o pensar. No te diré cuál es el objetivo del juego sino que voy a pedirte que aprendas a notar lo que percibes de una manera distinta.

Puedo centrar mi mirada en el punto intermedio entre tus ojos pero dejando que mi campo de visión se extienda a cierta distancia de tu forma física. Lo hago y presto atención. Voy relajando el foco de mi mirada mientras me voy haciendo la siguiente pregunta: «¿Qué estoy notando inconscientemente ahí fuera?». Y confío en que esa información será pertinente y útil para el momento. Voy a pensar que es fiable. De manera que mis ojos miran aquí y ven mucho más allá, y siento eso. Ahí. Eso que nos permite acceder a otras posibilidades.

Si te das cuenta de que tu mirada se dirige al suelo al mirar al pecho de alguien, o de que tus ojos se sienten atraídos por tu oreja, por el peinado de alguien o por algún accesorio brillante, confía en ello. Hacerlo te da acceso a otras posibilidades. Cuando empiezas a jugar de esta forma lo que sucede es que te programas para tener una vivencia diferente. Empiezas a ver más de la información que no suele ser accesible a tu aparato sensorial hasta que le asignas la prioridad de prestar atención.

Lo único que tienes que hacer para poder experimentar un cambio radical es notar algo que te llame la atención. Se trata de creer y de permitirte a ti mismo dejarte llevar al lugar que atrae tu atención. Esta es una medida. Permítete a ti mismo *notar algo en este momento, y ese será tu primer punto*. La medida de la sensación o expresión, o cualquier cosa que pudiera darte una nueva referencia, puede constituir *el segundo punto*.

No sé lo que va a suceder, y tú no tienes que saberlo. Este es un contrato secreto y exclusivamente para ti, y la información irá surgiendo conforme necesites conocerla. El simple hecho de entrar en un espacio en el que cualquier aspecto de tu vida puede ser diferente abre una puerta de posibilidades para que estés ahí. Es mejor permanecer en un espacio en el que las cosas pueden surgir de una forma distinta en lugar de ceñirse a los resultados cumplidos de tus expectativas normales. No te preocupes por lo que parece eludir tu atención consciente.

Es positivo que te permitas a ti mismo mantener una actitud de perplejidad o incluso que te cuestiones si hay algo de verdad o de realidad en lo que te estoy contando. Se trata de una actitud muy sana, de escepticismo relajado. Date permiso para aceptar la sensación de no saber, porque ahí es donde reside el poder. Cuando te desprendes de la necesidad de saber o de hacer, colapsas la función de onda del enfoque problemático en una respuesta que permanece invisible. Entonces puedes dejar caer dentro de ti el objeto o estado de tu deseo. Si tus resultados se basan siempre en tus expectativas conscientes, ¿dónde está el espacio que has reservado para que ocurran los milagros?

El doctor Héctor García es un buen amigo, además de maestro practicante certificado de Matrix Energetics e instructor certificado del método Yuen. Usa sus capacidades especiales de médico intuitivo para descongestionar los distintos sistemas de energía del cuerpo. Dice lo siguiente acerca de «notar lo que percibes»:

> *Noto cosas dentro de mi mente y luego proyecto esa conciencia fuera en el entorno de mi mundo externo. Estoy empezando a hacer eso de lo que habla Richard al permitirme «notar lo que percibo» de «fuera». Conforme he empezado a utilizar este*

principio, he comenzado a interactuar con cualquier cosa que surge o llama mi atención.

Por alguna razón, muchos pacientes con tumores o quistes vienen a verme. Con un paciente que tenga un tumor, lo primero que hago es calibrar la energía. Al decir calibrar me refiero a que le toco el cuerpo en el lugar donde se encuentra el tumor, y este será el primero de los dos puntos. Es un punto de medida u observación. Luego, busco un segundo punto que me transmita esa sensación de estancamiento o tirón rígido que Richard asocia con el fenómeno del proceso de los Dos Puntos.

Este segundo punto no tiene que ser físico sino que puede tratarse de un concepto o construcción mental. Por ejemplo, quiero saber si puedo calibrar la energía del tumor en el cuerpo de mi paciente. Según mi experiencia, algo como un tumor, aunque se vea en una resonancia magnética, rayos X u otros exámenes de diagnóstico, puede tener su verdadero patrón de energía causativa en una de las tres fuentes principales.

LOCALIZA DE DÓNDE VIENE LA ENERGÍA

Un tumor, o de hecho, para mis propósitos, cualquier afección, puede ser DEL CUERPO, lo que significa que el tumor tiene un origen físico. Cuando calibro esto, sé que si se realiza un examen de diagnóstico en este caso frecuentemente aparecerán pruebas clínicas verificables.

La segunda fuente de un patrón como el del tumor puede ser algo que en los exámenes aparece como proveniente DEL CUERPO. En esta situación el tumor ha surgido del interior de los procesos corporales en forma de una manifestación física. Para mí esto significa que la fuente del problema tiene una causa interna. Podría tratarse de genética o de un patrón presente en la rama materna o paterna de la familia. Puede que surja de un patrón *o creencia habitual. O podría tratarse de una combinación de factores genéticos, emocionales y físicos.*

El tercer tipo de patrón general con el que trabajo es una afección que viene AL CUERPO y es la semilla causal de esa afección. Este tipo de patrón es el resultado de algo tomado del entorno exterior; podría ser una toxina, un veneno o un trauma que tuvo un impacto en el cuerpo, a veces en el pasado remoto, y puso en marcha el proceso, que podría llevar en último término a la formación de un tumor o trastorno.

Desde una perspectiva más esotérica, un tumor u otro patrón de enfermedad podría surgir de absorber patrones de creencias tóxicas de otra persona o de la sociedad en general, la creencia, por ejemplo, de que estadísticamente determinado segmento de la población es más vulnerable a ciertos tipos de afecciones o trastornos debidos a factores como raza, sexo, genética, hábitos alimenticios, mentalidad, creencias culturales u otros muchos elementos. Estas creencias, o los llamados hechos científicos, pueden ser en muchos casos el sustrato del que un tumor u otras afecciones se nutren.

PUEDES SANAR EN UN ABRIR Y CERRAR DE OJOS

La perspectiva de la física cuántica puede llevarte al punto de unidad con la esfera de las posibilidades mágicas. Cuando entras en el campo unificado del corazón, incluso durante un breve abrir y cerrar de ojos, puedes sanar. Por eso es por lo que problemas como las enfermedades, las fobias y otros trastornos y expectativas limitadoras pueden cesar de existir cuando realizamos los Dos Puntos. Cuando dejas de asignarles importancia a estos problemas, dejan de existir.

13

TIEMPO DE CAMBIAR

En 1837 el matemático, astrónomo y físico sir William Hamilton sugirió en una compilación de sus obras que era posible hablar de una ciencia del tiempo puro, ya que, como es bien sabido, las unidades fundamentales de tiempo que se utilizan en la ciencia son arbitrarias. ¿Qué quiere decir esto? Que las inventamos. Incluso es posible construir toda la ciencia sobre una sola unidad: el tiempo.

VIAJAR EN EL TIEMPO COMO EXPRESIÓN DE LA CONCIENCIA CUÁNTICA

¿Cómo medimos el tiempo? Establecemos la dispersión de la *energía electromagnética* sobre una distancia, y distancia-fuerza-tiempo equivale a nuestro parámetro del tiempo. Esto prueba la autenticidad de la declaración de Hamilton. Es todavía más extraño porque el tiempo de la mecánica cuántica no es observable. En esta realidad no existe. Según Einstein, el tiempo es, simplemente, lo que miden los relojes. Einstein colapsó el tiempo en espacio-tiempo. Aseguraba que ambos tenían que colapsarse juntos.

En física los términos matemáticos que marcan el tiempo pueden emplearse hacia delante o hacia atrás. Las ecuaciones funcionan igualmente en ambos sentidos. Cada vez que las ecuaciones exhiben ese tipo de simetría de espejo, los científicos tienden a ignorarla. Suelen decir: «Bueno, eso es solo un error provocado por el método que usamos para examinarlas». Pero ¿y si no fuera así? Aquí tenemos una clave de que quizá, por increíble que parezca, puedas moverte hacia delante y hacia atrás en el tiempo. Si las ecuaciones funcionan en ambos sentidos, en teoría es posible que puedas usarlo en tu beneficio.

Los fotones avanzan y retroceden en el tiempo. Una onda de fotones que viaja hacia delante en el tiempo representa la «onda avanzada», y la que viaja hacia atrás es la «onda retrasada». El punto en que las ondas de fotones de conjugación de fase se cruzan crea el momento presente. ¿Por qué crees que tenemos una parte del cerebro llamada lóbulo temporal? Fred Alan Wolf, autor, investigador independiente y estudioso de la física y la conciencia, propone que puede tener algo que ver con viajar en el tiempo. Wolf afirma que existe una máquina del tiempo, y que es nuestro cerebro.

El momento presente es ahora. Lo que llamamos la experiencia lineal del tiempo es la energía electromagnética dispersándose en un volumen de espacio medido, según Tom Bearden, teniente coronel retirado que ayudó a diseñar el generador electromagnético estático y que sigue estudiando el electromagnetismo escalar y la teoría unificada.

Medimos la distancia recorrida por la energía que se ha estado disipando y llamamos a esto el paso del tiempo, o *entropía*. El tiempo es la forma en que medimos el trabajo. Es lo que sucede a través del tiempo conforme se disipa la energía. En realidad de eso se trata el trabajo.

Ahora bien, ¿qué sucedería si cambiaras la polaridad, o fase del tiempo, para que la energía fuera dirigida al interior del núcleo del átomo? Si hicieras eso, obtendrías el patrón inverso, que es la energía negativa o *negentropía*; es *tiempo inverso*. La energía negentrópica no se disipa, sino que se cohesiona. Si inviertes la energía de una enfermedad, puedes hacer que las células retrocedan a su estado coherente y saludable.

Cuando generas una ecuación de onda compleja creada por tu intención y alimentada por tu campo electromagnético/estado emocional, estás creando un círculo cerrado que te devolverá la respuesta a tu petición. Este estado emocional, o patrón de energía eléctrica personalizada, puede servir como impulso para crear y mantener un *potencial cuántico generado artificialmente*.

En la película *Regreso al futuro*, el profesor inventó algo llamado «el condensador de flujo». Pues bien, el condensador de flujo puede estar basado en una invención real, el flujo virtual del vacío, que según Bearden es factible. Al curvar el espacio influimos en el tiempo. Cambia relativamente. Pero esto implica que hay un espacio negativo y asimismo un tiempo negativo, y esa energía puede constituir la información del vacío. Si generas una unidad de tiempo negativo, de hecho se comporta cohesivamente (retrocede), y esto concentra la energía en lugar de disiparla.

Las fuerzas de la entropía (calculada en unidades de tiempo positivo «real», energía «EM» electromagnética) y negentropía (calculada como tiempo negativo o que fluye hacia atrás, energía «virtual» o potencial) se manifiestan en parejas. Estas fuerzas emparejadas representan el yin y el yang del universo. Puedes acceder a esa energía de espacio y tiempo negativos y usarla para curvar el espacio-tiempo local. Puedes pasar por encima de lo que no es posible dentro de los límites de las leyes clásicas.

Cuando aplicas los conceptos de negentropía, u ondas de tiempo inverso, empiezas a construir un modelo científico para revertir las enfermedades. Si además arrojas a este caldero creativo el potencial de construir artificialmente modelos o motores de conciencia con los que realizar una tarea o función específica, la física de los milagros se vuelve comprensible y fácil de reproducir. Tengo siempre el impulso de subir el listón, no importa a dónde me lleve.

Colapsar la función de onda del enfoque problemático permite que se produzcan los milagros.

TIEMPO NEGATIVO, ESPACIO NEGATIVO Y VICTOR

Mi hijo Victor contrajo la varicela cuando tenía unos tres años. Por aquel entonces yo acababa de escuchar una charla del ahora retirado teniente coronel Bearden. No entendí una palabra de lo que había dicho, pero de algún modo abrió una brecha en mi conciencia.

Algo cambió en mi interior y me invadió una sensación de certidumbre. Al reflexionar sobre la salud de mi hijo, pensé: «Tiempo negativo, espacio negativo». Eso fue todo lo que hice. Mi otro pensamiento fue: «Vuelve al sitio de donde viniste», dirigiéndome al patrón de conciencia del virus de la varicela. En una hora Victor no mostraba el menor rastro de la enfermedad. Se cortó la fiebre y el picor. Las manchas desaparecieron por completo... ¡instantáneamente! La explicación científica que se me ocurre para lo que sucedió es que accedí a la *onda escalar* potencial del *portador de onda* (hablaré sobre las ondas escalares más adelante) y se invirtió inmediatamente.

VIAJE EN EL TIEMPO

Utilizando las herramientas de la conciencia de Matrix Energetics, como el viaje en el tiempo, se pueden revertir las semillas de los patrones de muchas enfermedades. Puedes «revisitar» las experiencias formativas de tu niñez sin revivir o volver a escuchar los discos de anteriores cargas emocionales y traumas inherentes. Puedes aprender a cambiar los patrones de las ondas de tu conciencia para que al volver al momento, independientemente de lo que haya sucedido en tu niñez, deje de tener importancia. Las posibilidades son realmente ilimitadas.

PASOS PARA IMPLEMENTAR LA TÉCNICA DEL VIAJE EN EL TIEMPO DE MATRIX ENERGETICS

Este ejercicio ha sido diseñado para enseñarte algunos pasos que puedes seguir a la hora de utilizar la herramienta del viaje en el tiempo con otra persona:

1. Realiza una medición como la que he enseñado anteriormente en la técnica de los Dos Puntos.
2. Pregunta la edad de tu paciente o compañero. Este será tu punto de partida o, como lo llaman en la película *El experimento Filadelfia*, tu *referencia punto cero de referencia en el tiempo*.
3. Empieza a contar hacia atrás de cinco en cinco años mientras mantienes tu Dos Puntos.
4. Emplaza tu intención para que las ondas cuánticas de cambio se activen cuando «llegues» a la circunstancia, edad o marco temporal con el que quieras

interactuar. No tienes que saber realmente el momento exacto en que ocurrió esa circunstancia, porque a medida que te acerques al marco temporal aproximado empezarás a sentir cómo los dos puntos que estás sosteniendo comienzan a suavizarse y a cambiar bajo tus manos.

5. Prepárate para la posibilidad de que tú o los sujetos con los que practicas experimentéis descargas físicas o emocionales de energía cuando esto ocurra. Apóyalos y confórtalos con delicadeza, pero deja que asimilen la información y la experiencia tratando de no interferir en su proceso ni alterarlo de ningún modo.

6. Cuando la situación se estabilice y llegues a una conclusión clara, vuelve a examinarla con tu procedimiento de los Dos Puntos. Repite el proceso si es necesario, porque hay muchos marcos temporales a los que es necesario acceder para resolver el asunto o patrón por completo.

RETRASANDO EL RELOJ

Déjame contarte una historia que demuestra claramente la aplicabilidad del viaje en el tiempo como tecnología de la conciencia. Una mujer se dedicó a la sanación después de asistir a uno de mis seminarios. Tenía una cliente en su clínica (su casa) que le había pedido que la curara de una fobia determinada. Era algo poco habitual, una fobia a los pájaros. La mujer, una principiante en la práctica de Matrix Energetics, no sabía qué hacer.

No conocía ninguna cura para las fobias. ¿Qué es lo que hizo? Simplemente tocó dos puntos de la paciente y, mentalmente, «fue hacia atrás en el tiempo» a un momento en el que aún no había contraído la fobia. La paciente cayó al suelo, semiinconsciente, se retorció durante unos minutos y luego despertó. Eso fue todo. A la mañana siguiente, a las seis y media, la practicante novata (que había asistido a un solo seminario) recibió una llamada de teléfono de la paciente. Estaba loca de alegría. Le dijo:

—Seguro que no te imaginas lo que estoy haciendo. Estoy en mi jardín y te estoy llamando con el móvil mientras con la otra mano les doy de comer a los pájaros.

14

LA TEORÍA DE LOS UNIVERSOS MÚLTIPLES Y TÚ

E instein sabía que no había dos conjuntos separados de leyes físicas, aunque puedes trabajar con ellas y describirlas como tales. Entendió que el acto de mirar algo a un nivel cuántico lo cambia; eso es por lo que siempre dijo que si *aceptaba* la teoría cuántica, un ratón podría mirarlo a él y cambiarlo. Sin embargo, Einstein y otros científicos, siendo más o menos prácticos, reconocieron que no veían que eso estuviera ocurriendo. ¿Y por qué no ocurre?

Si sabemos que estamos hechos de fotones, deberíamos ser capaces de mirar algo y cambiarlo, pero el simple hecho de mirar a Einstein desde la perspectiva del ratón no provocaba ningún cambio aparente en él. Para un físico, para que algo sea considerado una ley debe ser verdad todo el tiempo. Por eso si *debía* cambiar y *no* cambió, tiene que haber alguna otra explicación. Debe de existir una variable oculta, algo que no conocemos o que la teoría actual no permite incluir en la ecuación.

Los físicos Hugh Everett y John Wheeler desarrollaron una explicación que llamaron *teoría de los universos múltiples*. Esta teoría afirma que cuando miras a un objeto, este se «desdobla» en universos de posibilidades infinitas. La razón por la que no lo viste cambiar se debe a tu manera de mirarlo; tu manera habitual de percibir hizo que la realidad observada fuera coherente con el conjunto de expectativas basado en tus sentidos. El resto de las elecciones que no observaste sufrió un proceso de decoherencia de tu realidad y se manifestó, o se cohesionó en existencia, en algún otro universo paralelo que eres incapaz de ver.

CÓMO EL ACTO DE ELEGIR LO QUE NOTAS JUEGA UN PAPEL EN LO QUE EXPERIMENTAS

En la esfera inaccesible a tus sentidos, brotan universos totalmente nuevos, desgajados de aquel al que elegiste adherirte a través del acto de tu percepción. Las cosas siguen igual porque no tienes el aparato diferencial que te permita ver otras realidades. En esta esfera la luz equivale al observador. Por tanto, cualquier cosa que no sea observable en el espectro electromagnético se puede decir que existe en un universo paralelo.

El siguiente relato de uno de mis estudiantes es un ejemplo excelente de cómo los universos paralelos pueden ser útiles:

Hace un par de meses a mi amiga Angela le dijeron que tenía una obstrucción importante en el corazón. Los médicos dijeron que le haría falta una operación, un catéter y como mínimo un año de medicación. Leí un blog que había escrito contando en detalle todo lo que le decían que «tenía mal» y lo asustada que estaba con todo aquello. Como uso Matrix Energetics a diario, decidí «echar un vistazo» para ver si podía «hacer» algo. En seguida pude ver/sentir la obstrucción que tenía en el corazón. Fui capaz de localizar esa realidad en la que realmente necesitaba una operación quirúrgica, un catéter y medicación. Sabiendo que ese era solo uno de los posibles resultados, dirigí mi atención hacia otra parte, y empecé a ver una realidad en la que los médicos la miraban y no encontraban nada. Lo dejé ahí, desprendiéndome por completo, y nunca se lo conté.

Pasaron dos días y, ¡milagro!, Angela volvió a aparecer por Internet actualizando el contenido del blog. «¿Qué diablos?», escribió. Los médicos la habían examinado sin encontrar nada. Nada de obstrucciones, no hacía falta usar el catéter y al final no necesitaría tomar ninguna medicación. Nadie sabía lo que había sucedido; nadie podía explicarlo. Ahora bien, nunca llegaremos a saber si la sanación se habría producido de todas formas. Todo lo que sé es que había muchísima gente con fotos y resultados de exámenes de laboratorio que estaba convencida de que ese era el único desenlace posible.

Gracias a lo que había aprendido en Matrix Energetics y en mis otros estudios sobre la naturaleza de la realidad, estaba seguro de que para cada situación hay muchos desenlaces posibles. Esta es solo una de las sorprendentes experiencias que he tenido desde que descubrí Matrix Energetics. La uso a diario, y verdaderamente se trata más de una conciencia que de una técnica.

MB

UNIVERSOS PARALELOS Y TUMORES

Mi buen amigo, el doctor Héctor García, usa los universos paralelos en su trabajo con tumores y otras enfermedades. Hace una calibración de energía en la que pregunta:

«¿Tumor del cuerpo, para el cuerpo o de fuera del cuerpo?». Calibra o siente dónde se localiza el patrón de energía del tumor. No le importa que se muestre en el cuerpo físico. Puede tener su origen en otras esferas energéticas, y lo que en el cuerpo aparece como un tumor podría ser considerado de alguna manera un reflejo del área de la causalidad primaria.

Es como el reflejo del sol sobre unas aguas tranquilas. Si nunca has visto el sol, y lo único que ves es su reflejo, pensarás que es algo real, no un reflejo. En la realidad de Matrix no tiene importancia si lo que percibes es real o no. Lo que importa es que de algún modo dejes de interferir y establezcas contacto con algo que tenga un impacto en tu vida, ya sea un universo paralelo o Bugs Bunny, da igual.

El doctor García diría algo como: «Tú no tienes cáncer. Está en el cuarto universo paralelo. Ese universo es el que tiene cáncer». Y mandaría el tumor al cuarto universo paralelo. Pero ¿qué sucede si haces eso? ¿Vas a provocar cáncer en una persona que se encuentre allí? No. Si esa persona del cuarto universo paralelo tiene cáncer y tú mandas la signatura de onda del cáncer a ese universo, estás creando una onda anticáncer. Lo eliminas y desaparece en ambas dimensiones de la realidad. Si lo eliminas aquí, en este espacio de cuatro dimensiones, el reflejo desaparece también en el cuarto universo paralelo.

A algunos les preocupaba que, al mandarlo «ahí fuera», pudieran causarle un cáncer a alguien en otro universo o dimensión. No, estás mandando fuera esa fuerza de negentropía que he descrito antes. Estás enviando atrás en el tiempo la signatura de onda electromagnética del patrón que provoca el cáncer.

Como ejemplo para ayudarte a entender este concepto, vamos a suponer que has vivido toda tu vida en una caverna oscura, como en el mito de la caverna de Platón. Nunca has visto directamente la luz del día, pero sí sombras proyectadas por la luz en las paredes de la caverna. Cuando te aventuras por primera vez fuera de tu refugio, el sol te ciega. No sabes qué demonios puede ser esa cosa grande y brillante que está en el cielo, ya que las únicas referencias en tu vida han sido sombras, reflejos de la causa primordial o realidad.

Ahora me gustaría que te imaginaras un estanque, que representará, para que te hagas una idea más clara, tu entorno físico. Durante toda tu vida has percibido el mundo a través de los reflejos proyectados sobre la superficie del estanque. Lo que realmente estás haciendo es mirar la luz del sol reflejándose indirectamente en él. La luz que percibes, en este caso un universo paralelo, sería una reflexión de una realidad que no existe en esta esfera; representa un tipo de imagen virtual o porción de la realidad. Sin embargo, dada nuestra predisposición perceptiva y nuestra capacidad de moldear los fotones con el pensamiento, la hacemos existir. Entiendes que este reflejo de luz del espectro electromagnético existente en un universo paralelo también es algo real; se trata de una conjugación de fase, una réplica o espejo de realidad. Realidad refleja.

Un espejo es una conjugación de fase, lo que significa que si miras al espejo ves una imagen invertida. Lo que puedes hacer con un patrón de enfermedad es mandarlo de vuelta al lugar donde está lo real (a cuatro universos paralelos de distancia). Ahora lo que le sucede a la enfermedad, metafóricamente, es que el reflejo del sol se pierde detrás de las nubes o se oscurece, o quizá se encuentre en un universo paralelo; en realidad la signatura energética del patrón de tumor se borra en ese momento. Desaparece del estanque. ¿Por qué desaparece? Porque has hecho una conjugación de fase con la información, devolviéndola a donde en realidad se originó, con lo cual, como es lógico, su manifestación externa deja de producirse. Creo que esa fue una de las maneras en las que Jesús sanó miembros enfermos y otros males. He pasado toda mi vida tratando de llegar a este grado de comprensión de la física que sustenta los milagros.

UNIVERSOS PARALELOS Y SANACIÓN INTERDIMENSIONAL

Al aplicar los Dos Puntos con la energía, si no puedo encontrar el segundo punto en el cuerpo de un paciente, dejo que la información me guíe. Suelo mantener la mano sobre el área que me preocupa, pensar «universos paralelos», por ejemplo, y a partir de ahí trabajar con ese concepto como punto principal de referencia.

Dondequiera que encuentre información la «seguiré», sintiéndola o percibiéndola de cualquier forma. Trabajaré con ella donde aparezca usándola como enlace conector de mi proceso de Dos Puntos. Una vez que me desentiendo de la información, permito que se dé cualquier cosa que viene a mí mientras caigo en un estado alterado de aceptación. Luego simplemente dejo de interferir y permito que la red de Matrix reconfigure el patrón.

Si mis Dos Puntos calibran (o «recogen») información de otra dimensión, esto me indica que la información necesaria para cambiar reside fuera de las dimensiones (como longitud, ancho, altura y tiempo) habituales del espacio-tiempo que aceptamos, pero todavía dentro de lo que puede considerarse parte de este universo. Seguiré la información a dondequiera que me lleve, notando lo que percibo, y luego desprendiéndome de la necesidad de «hacer algo» mientras la inteligencia y el poder universales reconfiguran y transforman el patrón energético patológico o distorsionado.

LOS UNIVERSOS PARALELOS Y OTROS JUEGOS DE LA REALIDAD: EL DOCTOR GARCÍA

Si alguien (o tú mismo) quiere trabajar sobre un trastorno relacionado, por ejemplo, con la visión, me centro en su cuerpo y lo palpo buscando una conexión para mis Dos Puntos (que también pueden estar solo en mi mente una vez que me acostumbre a trabajar así). En este ejemplo vamos a suponer que ahí no consigo sentir nada; no hay nada en la energía del cuerpo físico que atraiga mi atención en relación con este problema. CONFÍO EN ESTO y empiezo a observar de otra manera o exploro otra zona. Por ejemplo, en este caso no «recojo» la información de esta realidad, sino la de un (quizá hipotético o quizá real) UNIVERSO PARALELO.

TRABAJANDO CON DIMENSIONES Y UNIVERSOS PARALELOS

En otras palabras, cuando digo, o quizá simplemente cuando pienso, las palabras «universo paralelo», siento un cambio en mí mismo, en la otra persona o tal vez en el campo (espacio) entre ambos. Siento una apertura o una conexión con el patrón de interés. Puede que tú lo sientas de una forma diferente; lo importante no es cómo llevaría a cabo su proceso otra persona en un contexto parecido. Nota lo que percibes: cualquier cosa que te parezca apropiada para ti. Sigue el flujo de la información tranquilamente, a dondequiera que te lleve. Recuerda, una de las claves más importantes que te puedo dar para tener éxito en este proceso es ¡no interfieras contigo mismo![1]

LOS UNIVERSOS PARALELOS DEL DOCTOR DUNN

Hace años el doctor Mark Dunn (mi estudiante y, más tarde, socio en la clínica) iba viajando en avión cuando otro avión se acercó excesivamente al suyo. Como consecuencia de este incidente, le ocurrió algo extraño a la realidad de

Mark. En realidad no sucedió nada en este espacio-tiempo, y los aviones no colisionaron, pero de alguna manera parecía que Mark había caído en lo que él pensó que podía ser un universo paralelo.

Regresó a Seattle y las señales del aeropuerto le parecieron vagamente diferentes. Las calles por las que había conducido durante años no lo llevaban a los habituales lugares conocidos. El problema se intensificó al ir a la bahía cerca de donde vivía por entonces y escuchar un extraño sonido, como si alguien o algo masticara ruidosamente, proveniente de algún lugar bajo la bahía. Preguntó a varios pescadores de la zona si habían oído ese ruido de masticación, pero le miraron como si estuviera loco, mientras se alejaban con mucho cuidado.

La situación se agravó aún más al regresar a su consulta. Los pacientes que debían estar en su agenda no aparecían. En cambio, fueron llegando otros que acudían a lo que parecía su cita habitual, aunque Mark no los había visto nunca. Para terminar de hacerlo todo todavía más raro, en el mensaje de su contestador podía oírse de fondo mi voz. Había un pequeño problema: yo no estaba allí cuando Mark grabó ese mensaje, ¡de manera que no era posible! Mark tardó unos cuantos días en volver del todo a su universo y todo se estabilizó relativamente. Sí, cualquier cosa es posible, pero la pregunta que podemos hacernos es: ¿sirve para algo?

AVERIGUA SI HAY UN UNIVERSO PARALELO A TU VIDA

Cuando hablamos sobre universos paralelos en los seminarios, alguna gente lo interpreta como una metáfora. Para unos cuantos es un evento puntual y para el afortunado de turno se convierte en una manera de vivir. Recientemente Mark me contó que siente que ha adquirido el suficiente nivel de conciencia para ser capaz de entrar en un universo o lugar paralelo y vivir en él. Le dije que si alguna vez veía una serie de puertas que iban apareciendo delante de él y encima de una de ellas veía un cartel que decía «Puerta del infierno» y sobre la otra «Puerta de Bill» (en referencia a Bill Gates), eligiera esta última. «Buena idea», contestó.

Es mejor que no te dejes llevar por las buenas o por las malas a cualquier sitio que te conduzcan tus fantasías o tus visiones. Confía en tu guía interior y proponte instalar un GPS de realidad virtual. Me pregunto a cuántos de nosotros que hemos perdido nuestro camino en la vida, nos vendría bien instalar algo así en nuestra conciencia.

RESONANCIA CON EL SER CONCOMITANTE

Leí una fascinante novela de ciencia ficción titulada *Resonance*, de Chris Dolley. En este libro, se va desenmarañando la línea del tiempo del protagonista. De repente se encuentra en una realidad paralela distinta en la que algunos detalles, como dónde vivía o en qué trabajaba, habían cambiado. Conforme la narración avanza, descubrimos que hay cientos, quizá miles, de versiones del protagonista. Estos universos paralelos empiezan a converger debido a la resonancia que se ha establecido como resultado de elecciones y acciones similares a lo largo de una red formada por múltiples universos. Es un concepto útil y probablemente no del todo ficticio.

Sobre la estructura de tu espacio-tiempo personal puede ir entretejiéndose una red o trama oscilante, como la de las alfombras. La presencia de esta red que va haciéndose cada vez más poderosa puede formar una extraña fuente de atracción, que dará lugar a un incremento de fenómenos de sincronicidad o lo que llamamos coincidencias afortunadas en tu vida. Esta es una idea interesante y muy práctica porque si no estás viviendo la vida ideal que te gustaría, ¡puedes estar seguro de que algún «tú» paralelo sí lo está haciendo!

RESONANCIA CON NOSOTROS MISMOS

Puedes empezar a resonar de forma inconsciente con los aciertos y las casualidades afortunadas que disfrutan tus compañeros con más éxito. Puedes empezar a unir las líneas del tiempo y fundirlas en el aquí y ahora. Puedes, en efecto, crear nuevas oportunidades, aptitudes y circunstancias en tu vida. Con el tiempo, esta práctica de atención plena paralela te dirigirá al punto de convergencia en el que empiezas a vivir la vida de tus mayores sueños. Todo lo que te hace falta es una pequeña ayuda de tus amigos, los otros «yoes» paralelos. Si esto te parece una locura, te aviso que el hombre que ha tenido más éxito en los experimentos de visión remota del ejército, Joe Mc-Moneagle, atribuye en parte su éxito a la información que su otro yo le manda desde un momento situado a ¡veinticinco años en el futuro!

15

LA FÍSICA DE LOS MILAGROS

En el año 1800, James Clerk Maxwell, matemático escocés y físico teórico, elaboró las reglas que explican el comportamiento de la electricidad y el magnetismo. Combinó la electricidad, el magnetismo y la gravedad en el álgebra cuaternaria. Utilizó veinte ecuaciones para su teorema que, en conjunto, describían, de forma muy sucinta, la unificación del electromagnetismo y la gravedad. Esta fue la teoría original del campo unificado.

Aparentemente, cuando Maxwell murió, Oliver Heaviside, que había trabajado con él, decidió que el álgebra cuaternaria era demasiado complicada. Se tomó quizá excesivas libertades a la hora de formular esta teoría: sacó la cuaternidad de las ecuaciones y la sustituyó por vectores. Cuando sacó los escalares (números reales y partes reales) de las ecuaciones cuaternarias originales de Maxwell, perdimos la capacidad de unir electromagnetismo y gravedad. Perdimos el *potencial escalar.*

Einstein estudió estas ecuaciones truncadas y determinó que es imposible curvar el espacio-tiempo local. Los principios de la relatividad afirman que no puede existir una curvatura local del espacio-tiempo. Si esto es así, no se puede trascender la gravedad porque haría falta un cuerpo de grandes dimensiones, como el sol, para curvar el espacio-tiempo. Einstein estaba trabajando con premisas erróneas cuando desarrolló su teoría de la relatividad. Las matemáticas cuaternarias daban como resultado un campo electromagnético normal y un *campo escalar*, que al ser combinados generaban el potencial para una *teoría del campo unificado*. Esto es correcto. Hace más de doscientos años, Maxwell logró unir las fuerzas del electromagnetismo y la gravedad a través de su enfoque cuaternario. Lamentablemente, al morir, las ecuaciones originales se perdieron y Einstein estudió las versiones truncadas.

Lo que los ingenieros electrónicos estudiaban en sus carreras eran los *vectores* de Heaviside, no la cuaternidad de Maxwell. Cuesta trabajo entender cómo, al parecer, Heaviside decidió sin más deshacerse de este elemento. Desde ese preciso instante dejamos de comprender la *teoría del campo unificado* de Maxwell. El enfoque más sencillo, basado en los vectores, de lo que se convertiría en la versión actual de la teoría del *electromagnetismo* de Maxwell perdió algo importante.

Un escalar potencial define dos vectores que, al sumarse, equivalen a cero. Los dos ángulos de los vectores son perpendiculares entre sí y equivalen a un «vector direccional de cero». Las dos ondas perpendiculares cancelan el componente direccional. Cuando estás en una situación como esta, tu vector combinado no tiene una dirección definida que pueda medirse; solo queda una fuerza de magnitud. Como ni siquiera hay geometrías internas situadas como resultado de los distintos sistemas multivectoriales, la suma neta de un vector escalar sería cero. Las geometrías con las que pueden configurarse los vectores cambiarán el potencial cuántico/ informativo de la onda escalar.

Este potencial puede proyectarse en el vacío, creando una tensión virtual en el núcleo de los átomos. Una vez que este patrón de tensión gana el suficiente impulso, puede conectarse a un campo de torsión, que podría viajar a una velocidad muy superior a la de la luz. En medio de este vacío existe continuamente, en todos y cada uno de los puntos y regiones, la imagen espectral de cualquier cosa y de todo, tanto del pasado, como del presente o el futuro, ya sea posible, probable o real.

Podemos imaginar al vacío universal como una especie de holograma gigantesco. Las réplicas virtuales de toda la materia, entre ella los organismos vivos, existen en el vacío como formas virtuales o fantasmales. Están continuamente cambiando, alterándose y entrando y saliendo de la existencia. Puedes tener una partícula, una onda, una *antipartícula* o una *antionda*. Incluso un ángel podría brotar del vacío y volverse temporalmente sólido.

Este ser hiperdimensional podría salir voluntariamente de las dimensiones virtuales holográficas y entrar en la realidad física del presente. Este patrón de ángel podría aparecer en nuestro espacio de cuatro dimensiones, quizá durante el tiempo suficiente para salvar a un bebé que esté cayéndose o incluso para evitar que tengas un accidente. Después de que la emergencia se solucionase satisfactoriamente, podría volver a la esfera hiperdimensional, a los espacios entre espacios, hasta que se le necesitara o volviera a ser invocado.

Lo que quiere decir esto es que *«lo real» surge cuando existe suficiente cantidad de «lo virtual» activada por las proyecciones de nuestro pensamiento y sentimiento.* Luego, con el tiempo, lo que hemos creado con nuestra intención deliberada se difumina y disipa de esta realidad. Esto ocurre en parte porque no hemos desarrollado la capacidad de hacer que la manifestación siga produciéndose, amándola lo bastante para que su existencia perdure.

Si empezamos con los principios de la electromagnética escalar y los combinamos con los de la física progresiva de *torsión* y *giro*, podremos adoptar elementos de ambas como punto de arranque. AHORA ESTAMOS EMPEZANDO A DESVELAR LOS SECRETOS DE UNA FÍSICA IMPULSADA POR LA FUERZA DE LA CONCIENCIA. Este nuevo enfoque podría proporcionarnos las claves esenciales de algunos de los secretos alquímicos que el hombre ha buscado desde la noche de los tiempos. Fundir la teoría científica con la tecnología espiritual NOS PERMITIRÁ DESARROLLAR UNA TEORÍA FUNCIONAL DEL CAMPO UNIFICADO PARA LA TECNOLOGÍA DE LA CONCIENCIA.

EL PODER DE LA MENTE SOBRE LA MATERIA

La electromagnética escalar es en parte una tecnología de la conciencia, y eso es lo que la hace útil para Matrix Energetics. También puedes usar tecnología con conjugación de fase para revertir el curso de una enfermedad. Creo que la técnica del viaje en el tiempo de Matrix Energetics puede funcionar bajo este principio. Es posible utilizar los métodos de los Dos Puntos y del viaje en el tiempo para realizar un tipo de reconocimiento mental. Esta proyección mental de olas escalares enlazada con determinadas tecnologías avanzadas es lo que en Rusia se llama *psicotrónica* y en Occidente, *radiónica*.

El doctor Albert Abrams es el padre de la radiónica. Notó que cuando golpeaba suavemente con los dedos el abdomen de un paciente, producía el sonido de un tamboril o distintos sonidos, dependiendo de qué trastorno o enfermedad tuviera. Un día, en su consulta, descubrió casualmente que cada vez que acercaba un cultivo de tejido patológico al abdomen del paciente, el sonido que se producía al golpear levemente sus cuadrantes abdominales cambiaba. Abrams prestó atención a este descubrimiento y se hizo nuevas preguntas. De ahí nació la radiónica.

Lo que notó fue que esas células patológicas le proporcionaban información. El siguiente paso en sus experimentos fue adosar un cable largo y fino de cobre al recipiente en el que se hallaba el cultivo de tejido patológico. Luego tocaba con la punta del cable el abdomen del paciente. Cuando daba golpecitos al abdomen, el timbre del sonido variaba significativamente dependiendo de qué cultivo hubiera cerca. De hecho, determinando qué cultivo patológico provocaba el mayor cambio en el sonido abdominal mientras hacía esta prueba, Abrams pudo llegar a diagnosticar correctamente la enfermedad del paciente.

Con el tiempo entendió que para que los cultivos de tejido enfermo pudieran afectar a los sonidos abdominales debía de haber estado tratando con algún tipo de energía sutil, ya que el paciente no tenía contacto físico con el agente patógeno. Le surgió entonces la brillante idea de que la enfermedad o el trastorno podían representarse por medio de un conjunto de frecuencias electromagnéticas. Siendo, como era, un auténtico pionero de la medicina, empezó a transmitir la firma electromagnética del agente patógeno por el cable de cobre al paciente. En ese momento sucedía algo extraño y maravilloso: ¡a veces la enfermedad o el trastorno del paciente se curaban!

Abrams siguió experimentando y desarrolló una máquina diseñada para duplicar la firma de frecuencia, lo que podríamos llamar una compleja forma de onda EM (electromagnética) modulada portadora. Llegó a la conclusión de que si obtenía una muestra del pelo, la sangre o la saliva del paciente, podría determinar el diagnóstico y tratar al paciente usando únicamente la onda EM que detendría el avance de la enfermedad. Dejó su práctica médica tradicional y empezó a construir unas extrañas «cajas negras» para que las usaran otros profesionales.

El circuito osciloclasta fue el mayor logro tecnológico de Abrams. Tenía el aspecto de un gran sintetizador Moog (para quienes sean fans de Keith Emerson) con un puñado de cables y filas de manijas que se usaban para sintonizarlo y aislar las frecuencias específicas que se usaban en la cura. Un médico particularmente entusiasta del circuito osciloclasta –estaba entusiasmado con los resultados que estaba obteniendo con la tecnología radiónica de Abrams– se dedicó a curar diversas clases de enfermedades, entre ellas algunos casos de cáncer. Un día, sin embargo, se le ocurrió mirar bajo la máquina y se dio cuenta de que ¡nunca la había enchufado!

La máquina no estaba haciendo absolutamente nada; el agente sanador era la mente subconsciente de su dueño. Tus patrones de pensamiento representan información almacenada en forma de potenciales eléctricos complejos. Puedes imprimir tus creaciones mentales en una onda escalar y mandar a distancia el resultado.

Afirmo que puedes aprender a llevar conscientemente tu intención concentrada hacia la energía del vacío. *Puedes estructurarla y crear un motor de conciencia que la mantenga.* La actividad amplificada de tu pensamiento creativo construye y mantiene un campo mórfico único. Esta plantilla o red de tu intención creativa puede imprimirse con el mecanismo o diseño que elijas.

Podemos dirigir la intención humana físicamente a través del terreno del vacío. Y al hacerlo, el patrón de pensamiento absorbería más energía de los campos de torsión que se encuentran ahí, creando de esta manera lo que Bearden llamó en su libro *Excalibur Briefing* un «potencial activo artificial». Esta intención concentrada se puede producir en un abrir y cerrar de ojos y luego dejarse a disposición del procesador paralelo de la mente subconsciente. Si lo haces con cierta sutileza y con un alto nivel de desapego, efectuarás una medida cuántica débil. Esta onda de pensamiento débil, o sin ego, no causa un colapso de la función de onda cuántica.

Creo que quizá el ADN es una antena que recoge información de nuestro entorno, entre otras cosas nuestras creencias y nuestras emociones. Luego traspasa ese potencial cuántico a nuestros cuerpos. Cuando desarrollamos la información impresa en nuestro campo bioplasmático, la organizamos en nuestros cuerpos. Literalmente podemos manifestar o no enfermedades en nuestro organismo dependiendo de aquello con lo que estamos o no en sintonía. Por decirlo de otra manera, cualquier cosa que suprimimos se imprime en nuestro campo mórfico y queda impresa en nuestra biología. Por eso es por lo que hemos de tener cuidado con lo que pensamos.

En teoría podrías sencillamente rediseñar el patrón de enfermedad o hacer una conjugación de fase de él. Al sacarlo de la fase, obtienes el patrón curativo para la enfermedad específica, que es solo una firma de onda electromagnética. Entonces puedes sintonizar con el patrón del objetivo distante y, luego, volver a introducirlo en el espectro electromagnético del objetivo.

Para realizar una sanación, la antena de ADN recoge el potencial cuántico de sanación del *campo punto cero*. Este se descifra al nivel subconsciente como una firma de energía bidireccional EM. La información descifrada se integra entonces en nuestros biofotones, creando una mayor coherencia. Teóricamente con esto se podría lograr que el patrón de la enfermedad revirtiera. Al hacerlo empiezas a superar la brecha existente entre un marco meramente conceptual y un resultado que sea factible y que se pueda crear. Si haces esto, forjarás una realidad compartida en la que es más probable que seas capaz de lograr sanaciones instantáneas y otros milagros.

Creo que todos nuestros modelos de sanación son erróneos, o como mínimo incompletos. Se basan en los modelos tradicionales de la física que no nos conducen a vivencias extraordinarias, modelos que no incrementan la posibilidad de que podamos ser testigos, o protagonistas, de algún milagro. Sin embargo, esta física sí lo hace. Esta física nos dice que los milagros no son solo posibles sino probables. Si empiezas a explicarle esto a la gente, tendrás que bajarlo hasta un nivel que sea aplicable al individuo medio en la vida cotidiana.

Si lo haces consecuentemente, tomarás más conciencia de tu capacidad de dirigir las energías sanadoras de esta forma. Con la práctica prolongada empezarás a funcionar desde la conciencia del terreno de tu corazón, que es un campo único de torsión biodinámica. Al hacerlo comenzarás a tener acceso a estados hiperdimensionales de realidad. *Esta explicación ayuda a definir y a hacer accesible a cualquiera los mecanismos por los que se rigen los milagros.*

Una de las participantes a nuestros seminarios publicó recientemente en el tablón de mensajes de Matrix Energetics el siguiente caso de sanación:

Yo era la pelirroja con la blusa azul turquesa a quien hiciste subir al escenario en el seminario de nivel 3 de Denver después de preguntar si había alguien con problemas intestinales. Como entonces no me preguntaste qué me ocurría, querría contártelo ahora.

Cuando pediste un voluntario, yo padecía el síndrome del colon irritable y sufría frecuentes ataques y espasmos, además de un malestar crónico. He tenido problemas intestinales desde que nací (cólicos diarios durante seis meses), pero no tuve el síndrome del colon irritable completamente desarrollado hasta que hace veinte años me extirparon un quiste del ovario. Comer fuera, sobre todo en los viajes, ha sido muy difícil porque me costaba ceñirme estrictamente a lo que le sentaba bien a mis intestinos (o al menos a lo que no les sentaba mal).

Cuando me adosaste ese (imaginario) cable de cobre, conectado al aparato «ficticio» de radiónica y lo encendiste... sentí como si todo un campo corporal me penetrara, y de repente ¡buum!... estaba en el suelo. Cuando finalmente pude levantarme y volver a mi asiento, sentí cómo los intestinos se me relajaban por primera vez en dos décadas. Literalmente podía sentir cómo la inflamación iba desapareciendo. Era fantástico. No sé si alguna vez en mi vida mis tripas han estado tan tranquilas.

Lo puse a prueba el sábado, solo para ver qué sucedía. Nos quedamos un día más y fuimos al lago Echo y al monte Evans. Junto al lago hay un albergue que sirve chili de búfalo. ¡Sí! Lo probé y no me sentó mal. ¡Buenísimo!

CP

16

LA CIENCIA DE LA INVISIBILIDAD

Era un día soleado de junio de 1989 en Seattle. Estaba cursando el cuarto año de un programa intensivo de cuatro años en la clínica Bastyr. Al menos ese año se me permitía ver pacientes como interno. Los quince años que llevaba trabajando como quiropráctico me habían servido de gran ayuda para desarrollar un conjunto de aptitudes clínicas. Había algo que Bastyr no enseñaba, y que tenías que aprender por ti mismo, y era el delicado arte de crear confianza con el paciente, algo que aprendías después de varios años ejerciendo, o de lo contrario tenías que cerrar la consulta. Lo que yo aprendí en los primeros tiempos de mi carrera médica es que si les agradaba como persona a los pacientes, tendían a confiar más en mí como médico.

Esa mañana había visto a cuatro pacientes en mi turno de la clínica universitaria. Una tenía alergias y quería que le aconsejara sobre su dieta. La segunda paciente estaba intentando perder peso y tenía un historial de principios de diabetes adulta. Le habían dado una cita para hacerse unas pruebas de sangre para que, de esa manera, con la ayuda del naturópata licenciado que supervisaba mi turno, pudiera hacerle un plan de tratamiento. El tercer paciente era una visita de seguimiento; tenía un dolor de lumbares y había mejorado mucho desde su última visita. Al cuarto lo trajo su madre; quería saber qué relación podía haber entre el supuesto síndrome de déficit de atención que padecía y la comida basura que consumía de manera habitual. Finalmente terminé con las consultas, completé la documentación sobre ellas y salí de Bastyr para atender mi consulta privada de quiropráctico licenciado a nivel estatal.

¿Lo que estaba haciendo en ese momento era atención quiropráctica? La verdad es que ya no sabía cómo llamarla. Todavía tendrían que pasar otros cinco años antes de comprobar que este extraño fenómeno que se producía cuando tocaba a la gente era algo que se podía imitar y enseñar. Desde la primera vez que se produjo ese incidente, que cuento en mi libro *Matrix Energetics*, nada ha vuelto a ser como era. Por aquel entonces había dejado casi por completo de manipular físicamente a mis pacientes. Bastaba con el mero acto de rozarlos para hacer que su columna vertebral se reajustara adquiriendo una posición más saludable, y sus huesos y músculos se realinearan por sí solos. ¡Eso sí que era una manera fácil de ganarse la vida! Le daba las gracias a Dios por ello. La facultad era tan dura que a veces creía que no iba a salir vivo de ella, por lo que era una verdadera delicia ir a mi consulta privada y contemplar lo que en ocasiones parecían (y esa es la sensación que me daban) verdaderos milagros.

Acababa de terminar el almuerzo y estaba esperando ansiosamente a mi visita de las dos de la tarde, una nueva paciente. Pasaron las dos, y luego las dos y cuarto. Daba la impresión de que no iba a aparecer. No importa; era un día tan hermoso que saboreé la idea de pasar un tiempo fuera del ajetreo de mi calendario habitual. Decidí disfrutar del sol y salí al exterior para tumbarme sobre el capó de mi 66 GTO y bañarme en sus calientes rayos. Muy pronto empecé a deslizarme hacia la tierra de los sueños. De repente una luz brillante irrumpió en mi conciencia interior. No, no era que el sol hubiera salido de detrás de una nube. ¡Se trataba de algo completamente distinto!

Una forma brillante con la figura de un hombre apareció en mi campo de visión interna. Por lo visto esta aparición no tenía un momento que perder, ya que resueltamente se apresuró a anunciarme que para que pudiera sanar a los otros, debería «tratar con campos de contrarrotación» y «estudiar la conjugación de fase». En cuanto el ángel —o lo que fuera— pronunció estas palabras, desapareció, ¡dejándome en la oscuridad! He tardado casi diez años en encontrar un principio de explicación a lo que, de una manera tan sucinta como misteriosa, se me hizo saber ese día.

¿Campos de contrarrotación? ¿Qué podría significar eso? Entonces recordé mi fascinación con el Experimento Filadelfia cuando era mucho más joven. ¿Podría encontrar en él una clave sobre lo que el ángel quería decir? Y la conjugación de fase, ¿qué demonios era eso? Espera un poco, había un chico, Tom Bearden, que en los años ochenta hablaba sobre electromagnetismo escalar en mi comunidad espiritual de Montana. Su charla era sobre el empleo con fines militares de algunos extraños conceptos en una física de la que nunca había oído hablar: física escalar, ¿qué era eso? ¿No decía este hombre algo sobre la conjugación de fase y sobre cómo podía usarse también para curar enfermedades?

Me entusiasmó la idea y me propuse profundizar en ella, elaborando los mejores planes que se me podían ocurrir. Sin embargo, dedicar una media de treinta horas semanales a prácticas en la clínica universitaria no me dejaba tiempo más que para dormir. Los estudiantes médicos suelen hallarse en un permanente estado de supervivencia, lo cual no favorece precisamente el estado mental necesario para aprender algo aparte del rígido programa de la carrera. Solo a partir del último año conseguí armonizar mi horario y mi vida lo suficiente para lanzarme de lleno a investigar los misterios de los que me habló el ángel. Lo que poco a poco fui descubriendo se convirtió en la base de gran parte del material de este libro que ahora tienes en tus manos.

Creo que es a esta ciencia incomprendida de la electromagnética escalar a lo que se refería la brillante figura que se me apareció en aquel día soleado y decisivo. El Experimento Filadelfia, aunque quizá sea más una leyenda que un hecho, es una metáfora muy poderosa, y asimismo un campo mórfico del que pueden derivarse muchos conceptos útiles de Matrix Energetics. Sigue leyendo y creo que entenderás por qué este tema es tan importante para este libro ¡y para ti!

◎ ◎ ◎

Cuando tenía unos doce años, recuerdo haber leído en mi periódico local, el *Daily Oklahoman*, algo acerca del Experimento Filadelfia. ¡Lo curioso es que, si sucedió realmente, el experimento se llevó a cabo en 1943! No tiene mucho sentido que en un periódico matutino de los años sesenta apareciera esa noticia. Pero eso es lo que recuerdo claramente.

Cuando leí el artículo del periódico, había tantos detalles sobre la invisibilidad (también rumores vagos sobre experimentos secretos del gobierno) y se hablaba tanto de ella que fui a la biblioteca local y le eché un vistazo al libro *The Philadelphia Experiment: Project Invisibility*, de William Moore y Charles Berlitz. En este libro se contaba que Nikola Tesla era uno de los científicos que trabajaron en el Experimento Filadelfia, por lo que volví a la biblioteca para leer también sobre él. No puedo recordar el título del libro, pero quedé totalmente fascinado con la historia de su vida, que dejó una huella indeleble en mi joven y curiosa mente.

También tuve que volver y leer todo lo que pude acerca de este genio excéntrico para lograr entender el mensaje que escuché aquel día mientras descansaba sobre el capó de mi coche. Durante los diez últimos años, he estado buscando para empezar a poner en su sitio las importantísimas piezas del rompecabezas que recibí. Jamás me había imaginado que ¡cuarenta años después de leer ese intrigante artículo en el periódico, mi investigación acerca del mensaje del ángel me llevaría justo a los mismos libros para buscar una respuesta!

¿QUÉ FUE EL EXPERIMENTO FILADELFIA?

El Experimento Filadelfia es el nombre con el que comúnmente se conoce un supuesto experimento de alto secreto llevado a cabo por la marina de los Estados Unidos en 1943 en el que el destructor escolta USS Eldridge, *equipado con varias toneladas de equipo electrónico especializado capaz de crear un tremendo campo magnético vibrando a su alrededor, fue en primer lugar hecho invisible y luego transportado, en cuestión de segundos, de los astilleros navales de Filadelfia a los muelles de Norfolk y de vuelta a su posición inicial, una distancia total de unas 400 millas marinas (640 kilómetros).* [1]

Según al menos dos de los muchos y variados informes, la tripulación de un barco mercante que se encontraba cerca del lugar de los hechos fue supuestamente testigo de la llegada del destructor a Norfolk, vía teletransportación, y de su posterior desaparición, aunque investigaciones y estudios subsiguientes no pudieron respaldar las declaraciones de los testigos.

Morris K. Jessup, astrónomo autodidacta y ufólogo, cuya participación en el experimento fue en sí bastante misteriosa, afirma que la operación fue un proyecto secreto llevado a cabo por la marina norteamericana para «probar los efectos de un fuerte campo magnético sobre una nave tripulada de superficie. Esto debía conseguirse por medio de generadores magnéticos (desmagnetizadores)». En otras palabras, el objetivo era hacer que la nave se volviera invisible para que pudiera acercarse lo suficiente a otra nave (enemiga) o dispositivos explosivos a fin de destruirlos antes de que la destruyeran. La «teletransportación» del *USS Elridge* puede en realidad haber sido el «resultado (accidental) de este experimento de invisibilidad en el que se produjo un fenómeno relacionado con este de traslado al pasado», según Jessup.[2]

Al parecer el experimento generó una niebla brumosa, verde, luminosa (similar a la que mencionan los informes sobre la niebla del Triángulo de las Bermudas) que envolvió por completo el barco; tanto este como su tripulación empezaron a desaparecer de la vista, dejando visible únicamente la línea de flotación del destructor.

¿EL «VERDADERO» EXPERIMENTO FILADELFIA?

Bob Beckwith es un innovador que ha patentado muchos sistemas eléctricos a lo largo de su extensa carrera. En 1942 inventó un aparato llamado «equipo de viaje con frecuencia de desplazamiento». Esta tecnología, según afirma, fue utilizada por la marina para combatir un nuevo tipo de mina alemana. Se esperaba que la invención de Beckwith ayudaría a hacer posible la detección de las minas a una distancia lo bastante segura para evitarlas o detonarlas sin ponerse en peligro, y esta tecnología fue la precursora del supuesto Experimento Filadelfia. Hasta aquí esto parece más o menos coherente con la versión de Jessup.

Sin embargo, Beckwith cree que el *verdadero* Experimento Filadelfia se realizó inicialmente en Long Island Sound, utilizando un dragaminas experimental llamado *IX-97*, cuya descripción coincide con muchos elementos clásicos de la leyenda del Experimento Filadelfia. Beckwith opina que la falta de información detallada o verificable que se suele asociar con el Experimento Filadelfia es un ejemplo de obstrucción deliberada y desinformación por parte de la Oficina de Investigación Naval.

Según él, tres generadores con un curioso aspecto se alimentaron con la energía eléctrica del barco. Los controles de dichos generadores se encontraban en una segunda cabina en la popa de la nave. Beckwith cree que a través de los cables de los generadores se hicieron pasar corrientes trifásicas a una frecuencia muy baja, probablemente a 7,83 Hz, la frecuencia Schumann, también llamada frecuencia de resonancia terrestre. Estos generadores de viajes en el tiempo estaban formados por tres unidades monofásicas separadas a 120 grados eléctricos de distancia. Cada unidad medía aproximadamente un metro y medio de alto por sesenta centímetros de diámetro. Los generadores producían un voltaje bajo pero emitían más de mil amperios.[3]

El *verdadero* Experimento Filadelfia de Beckwith, a bordo del *IX-97*, fue en realidad una teletransportación a través del tiempo para Edward Teller: una versión refinada y elaborada del experimento que Nikola Tesla realizó en 1907 en el que supuestamente desplazó un objeto por un banco del laboratorio. Luego Tesla encendió su aparato eléctrico y el objeto volvió atrás en el tiempo, a su posición original.[4]

¿Teletransportación? ¿Invisibilidad? ¿Viajes en el tiempo? ¿Qué tiene todo esto que ver con Matrix Energetics? Puedes situarte en el campo de conciencia que Matrix Energetics ha construido porque hemos dicho: «¿Qué ocurriría si no hubiera reglas?». ¿Qué sucedería si tuviéramos una regla que dijera que no hay reglas? El Experimento Filadelfia no ha sido reconocido de manera oficial; sin embargo, la historia en sí misma y su naturaleza sugieren que «las reglas» que suponemos que existen y operan quizá no sean todo lo que podemos llegar a conocer, o todo lo que ya conocemos. Que no existen leyes físicas es, en esencia, lo que enseñaba el yogui y filósofo espiritual Sri Aurobindo. Para él se trataba más bien de sugerencias. Creo que es positivo ser ligeramente ambiguo con el tema de la física. *Si las leyes de la física no son realmente leyes, sino más bien sugerencias, hay más probabilidades de que seas testigo de un milagro.*

Como mínimo hay pruebas que sugieren que parte de nuestra tecnología opera según los principios basados en la electrogravedad o la antigravedad, solo por poner un par de ejemplos. Si esto es cierto, creo que primero viene la conciencia y después la tecnología. Si disponemos de una tecnología material que puede realizar todo eso, también nosotros podemos hacerlo como individuos. Poseemos inherentemente la *tecnología espiritual* para conseguir la levitación, la invisibilidad y todo tipo de milagros. Esta tecnología de la conciencia reside en el mismo interior del campo de torsión de nuestro corazón y está ligada a nuestros campos bioplasmáticos de energía. Creo que es la física que usaba Jesús. También es la física de Tesla. De manera que eso es lo que estamos empezando a mostrar con Matrix Energetics. Tenemos la suerte de que no hay mucha gente enseñándola. ¿Y qué sucede con esto? Pues que tenemos un campo mórfico impoluto que podemos construir de la manera en que elijamos. ¿Por qué no permitir que sea posible la invisibilidad, los viajes en el tiempo o cualquier otro milagro útil?

DIVIDIENDO EL ESPACIO

En su libro *The Philadelphia Experiment Murder*, Alexandra Bruce examina el fascinante libro *Hypotheses*, de Beckwith. Bruce se plantea varias hipótesis desconcertantes, entre ellas la idea de que la obra de Beckwith construye una compleja perspectiva que ofrece a los lectores una comprensión de la verdadera *física de los milagros*. Bruce explica que todos los átomos del espacio universal están conectados a nivel energético por lo que llama «líneas de potente energía nuclear», que literalmente mantienen la cohesión del universo y hacen de medio para la transmisión de todas las frecuencias. Afirma que estas líneas de potente energía nuclear «pueden romperse con la aplicación de lo que llamamos "un campo neutrino trifásico", que a su vez crea una burbuja de "espacio dividido"».[5]

Beckwith explica además:

Se puede crear un espacio dividido en el espacio universal haciendo que un pequeño porcentaje de neutrinos (que impregnan toda la materia de nuestro universo) pase a través del espacio para viajar en un vórtice rotando a una frecuencia del orden de 7,5 Hz. Mientras exista el vórtice, las líneas de gran fuerza que hay en las fronteras del espacio se interrumpen. Este campo giratorio

*es necesario para romper el campo de líneas de gran fuerza en-
tre toda la materia del espacio universal y para crear un espacio
interior separado del espacio universal.*

*Si un campo magnético en rotación (un principio clave en la
operación fundamental del motor de corriente —alternativa—
eléctrica) operara en sincronía con la resonancia fundamental
de 7,32 Hz de la Tierra, los objetos dentro de ese espacio podrían ser desplazados con respecto a nuestro «espacio universal»
cuando se aplicara la energía. Después de esto el espacio dividido
queda libre de fuerzas de la inercia o de la gravedad. Una vez que
el espacio es dividido, los objetos dentro de dicho espacio pueden
levitar, teletransportarse o moverse en el tiempo. Esa porción dividida del espacio puede atravesar el espacio universal pero depende de que la fuerza de resistencia y la aspereza de la superficie
entre espacios sean lo bastante bajas para impedir que se rasgue
la capa de protección de las líneas de gran fuerza ausentes. Las
ondas electromagnéticas (entre ellas la luz visible y el calor infrarrojo) pueden atravesar los límites del espacio dividido.*[6]

El libro *Secrets of the Unified Fields*, del físico y teólogo Joseph P. Farrell, describe cómo el Experimento Filadelfia se
llevó a cabo probablemente con campos de torsión. Los campos de torsión crean una geometría hiperdimensional que
tiene acceso a realidades extradimensionales. Cuando dominas el campo unificado del corazón, puedes llegar a curvar localmente el espacio-tiempo. Si lo haces, teóricamente
podrás desaparecer en medio de tus enemigos y reaparecer
en otro lugar.

METAMATERIALES E INVISIBILIDAD: ¿HECHO O FICCIÓN?

El Aston Martin V12 Vanquish de James Bond en la película *Muere otro día* podía activar un estado de invisibilidad

proyectando imágenes fotografiadas por cámaras minúsculas sobre el coche que luego se proyectaban sobre la capa luminosa de polímero que revestía el vehículo. ¿Mera fantasía? Sigue leyendo:

> Como si de un ejemplo de la vida imitando al arte se tratara, el profesor Naoki Kawakami, del laboratorio Tachi de la Universidad de Tokio (junto con otros dos profesores), ha creado una manera de conseguir que una persona se vuelva parcialmente invisible fotografiando el escenario tras ella y proyectándolo luego directamente sobre sus ropas o sobre una pantalla situada frente a ella. Al verla de frente parece como si el individuo se hubiera vuelto transparente, como si, de alguna manera, la luz atravesara directamente su cuerpo. Este proceso se llama «camuflaje óptico».[7]

Evidentemente esto se encuentra bastante lejos del manto de invisibilidad que lleva Harry Potter. El autor Syed Alam entrevistó a Susumu Tachi, otro de los tres profesores que ahora son famosos por su revolucionario camuflaje óptico del año 2003, que nos explica más a fondo cómo funciona:

> En realidad, la capa de camuflaje óptico no tiene nada de invisible. Está hecha de «material retrorreflectivo» cubierto de cuentas minúsculas que cubren toda su extensión, reflejando la luz. La capa también está provista de cámaras que proyectan lo que hay detrás de quien la lleva, por delante, y viceversa. El efecto es hacer que el individuo se diluya en su entorno.[8]

La explicación científica de esto es, en cierto modo, bastante fácil de entender, aunque requiere un cambio radical en la manera en que utilizamos las leyes de la óptica. Tiene que ver con la refracción de la luz y el espectro visible a través del cual los seres humanos «vemos» literalmente el mundo. La porción de longitudes de onda de radiación electromagnética que perciben los seres humanos es lo que se conoce como el espectro visible. El espectro visible es en realidad una banda bastante estrecha de la totalidad del espectro, con longitudes de onda (humanamente) visibles que oscilan entre los 350 a los 400 nanómetros (luz violeta y morada) y los 700 a los 750 (luz roja profunda).

Como ya ha demostrado la ciencia, lo que se encuentra más allá de nuestro estrecho campo visual no existe simplemente porque no podemos verlo ni utilizarlo sin ayuda, o porque todavía no sabemos cómo trabajar con ello. Piensa que las longitudes de onda infrarroja se hallan entre el espectro visible y la longitud de onda invisible de las microondas, y sin embargo, lo mismo que otros animales, plantas, estrellas, planetas, etcétera, nosotros irradiamos estas «lejanas» ondas infrarrojas (las que están más lejos del espectro visible) como emisión térmica. Las longitudes de ondas infrarrojas «cercanas», que están más cerca del espectro visible, son las que nuestro mando remoto utiliza para comunicarse con el televisor, entre una gran cantidad de usos. Una propiedad curiosa de la luz cercana al infrarrojo es que tiene una longitud de onda mayor que la luz visible (mide aproximadamente de unos 750 nanómetros a 1 milímetro); por eso se comporta de forma distinta cuando se encuentra con objetos que interfieren en su camino.

Los científicos de la Universidad de California, en Berkeley, trabajando con un espectro más amplio de luz, han desarrollado simulaciones por ordenador que les permiten alterar la dirección y las propiedades de la luz visible e invisible. Un reciente artículo del *UC Berkeley News* declara:

Científicos de la Universidad de California, en Berkely, han diseñado por vez primera materiales tridimensionales que pueden revertir la dirección natural de la luz visible y cercana al infrarrojo, lo cual podría ser la base para un nivel superior en conducción óptica, nanocircuitos para ordenadores de gran potencia, deleite de los entusiastas de la ciencia ficción y para artilugios que podrían hacer invisibles los objetos al ojo humano.[9]

¿Qué son esos materiales tridimensionales? Son los *metamateriales:* sustancias con propiedades ópticas que no se dan en la naturaleza.

Los metamateriales se crean incrustando minúsculos implantes en una sustancia que obliga a las ondas electromagnéticas a doblarse de formas inortodoxas. Unos científicos de la Universidad de Duke implantaron minúsculos circuitos eléctricos en bandas de cobre distribuidas en círculos concéntricos planos (similares en cierto modo a las espirales de un hornillo eléctrico). El resultado fue una sofisticada mezcla de cerámica, teflón, compuestos de fibra y elementos metálicos.[10]

Los materiales que aparecen en la naturaleza tienen un índice refractivo positivo, «un indicador de lo mucho que las ondas electromagnéticas se curvan al moverse de un medio a otro». Todos los metamateriales tienen *refracción negativa.* Esta propiedad deriva de su estructura más que de su composición. Para lograr una refracción negativa, la disposición estructural de los metamateriales «debe tener un tamaño inferior al de la longitud de onda que estemos usando». No tiene nada de extraño que hasta ahora los científicos hayan tenido más éxito manipulando longitudes de onda en la banda de microondas, con una mayor extensión.[11]

Michio Kaku, en su libro *Physics of the Impossible,* explica asimismo:

> *Los metamateriales pueden alterar y torcer continuamente el circuito de las microondas, flotando alrededor de un cilindro, por ejemplo, y haciendo, en esencia, que todo lo que hay dentro del cilindro se vuelva invisible a las microondas. Si el metamaterial es capaz de eliminar todos los reflejos y las sombras, puede hacer que un objeto se vuelva totalmente invisible a esa forma de radiación.* [12]

Los científicos que actualmente trabajan con estos metamateriales serían los primeros en decirte que nos ofrecen la posibilidad de alcanzar un control sobre la materia que podría parecer mágico y de reescribir las leyes de la óptica o la acústica de maneras inconcebibles hasta ahora. Este es el mismo modelo que aplica Matrix Energetics: las reglas son solo sugerencias, y tenemos muchísimo que aprender, explorar e imaginar que es posible. Desde nuestra estructura actual de creencias, a la que nos sentimos tan apegados, la invisibilidad, la levitación o la reestructuración ósea espontánea parecen milagros fuera de la esfera de lo posible. Pero aun sin disponer de una explicación científica exhaustiva de los llamados milagros, ya hemos explorado suficientemente la magia y el misterio del mundo y de nuestra conciencia para saber que estamos muy cerca de descubrir lo desconocido pero no por ello incognoscible.

REALMENTE UNA MATERIA MUY OSCURA

En nuestro sistema solar el movimiento de los planetas se ajusta fielmente a las leyes gravitacionales de Newton. Por eso hemos asumido que cuanto más profundamente nos adentramos en el universo, más lento será el grado de rotación de los brazos espirales de las galaxias. A finales de los años veinte del pasado siglo, el astrónomo Jan Oort se sorprendió al comprobar que la velocidad orbital de las estrellas de la Vía Láctea no disminuía conforme se alejaban del centro de la galaxia. En 1933 Fritz Zwicky notó la misma anomalía en galaxias que formaban cúmulos de galaxias y sugirió que se debía a una «materia oscura» inidentificada que equilibraba la masa en los centros de las galaxias.

Ahora los astrónomos han calculado que basándose en las predicciones de la teoría del Big Bang, menos del 1% de la materia física puede explicarse. Sí, has leído bien: no podemos explicar el 99% del universo conocido. ¡Y yo que pensaba que tenía dificultades con las matemáticas! A esta materia invisible los científicos la llamaron «materia oscura» no porque fuera maligna, sino porque no podían medirla, y actualmente se piensa que no forma parte del espectro electromagnético.

Como la materia oscura y la energía ocupan el 99% del universo, sería simplista asumir que este porcentaje estaría compuesto de un solo tipo de partículas. Parece que la materia oscura está constituida por gigantescas superpartículas. Probablemente hay una gran diversidad de partículas y energías formando parte de esa materia oscura y energía, entre ellas partículas y energías exóticas que hoy día escapan a la imaginación de los físicos y metafísicos.

El autor Jay Alfred especula con la posibilidad de que quizá la «materia oscura» de los físicos y la materia y energía sutiles de los metafísicos, a veces llamadas «el éter luminífero», puedan ser lo mismo. Incluso va más lejos y afirma que el *chi* y el *prana* son probablemente categorías de la materia oscura. Se pregunta si los glóbulos pránicos, que son más

visibles en días soleados, serán una forma de energía exuda-
da por la corona de un sol invisible compuesto de materia
oscura. H. P. Blavatsky, cofundadora de la Sociedad Teosófi-
ca, mencionaba a menudo en sus escritos a un misterioso sol
situado tras el sol. Tesla también habló de la energía punto
cero, un sol misterioso tras el sol que era la fuente de energía
del campo punto cero.

Creo que el campo bioplasmático probablemente contiene grandes cantidades de lo que los científicos llaman materia oscura, que también podría denominarse materia invisible, ya que nuestros instrumentos científicos no pueden
detectarla —aunque debido al efecto de la lente gravitacional,
sabemos que debe de estar ahí—. He leído muchos libros sobre el tema, bastante esotérico, de la invisibilidad para intentar formular un modelo conceptual que explique cómo algo
así puede ser posible. Se ha escrito mucho sobre la invisibilidad humana a lo largo de los siglos. Muchas de las fuentes
que he leído, como *The Golden Dawn*, de Israel Regardie, tenían un tema en común: envolver el cuerpo en una niebla o
nube oscura que lo haría invisible al ojo. Creo que esta niebla
oscura de la que hablan podría muy bien ser una «nube» de
materia oscura, que a través de la meditación, la visualización
y la concentración puede cultivarse y utilizarse.

Esta materia oscura probablemente es también sinónimo del concepto y fenómeno del *chi* o del *prana*. Hay muchas
tradiciones y prácticas antiguas relacionadas con el cultivo y
almacenaje del *chi*. Creo que la materia oscura bioplásmica
puede ser, con el tiempo y la práctica, cultivada y almacenada
en el campo del aura. De esa manera, cuando el practicante
se envolviese en ella, podría, al menos en teoría, ser utilizada
para hacerlo invisible.

¿QUÉ ES EL PLASMA?

En su libro *Between the Moon and Earth*, Alfred dice:

> *El plasma, que es raro en nuestro entorno inmediato, es el estado dominante de la materia en el universo visible. ¡El plasma supone más del 99% de nuestro universo visible! El universo visible es, de hecho, un universo de plasma con cuerpos de plasma en una nube penetrante de plasma difuso.*[13]

El plasma se produce cuando los iones cargados positiva y negativamente se separan y generan campos eléctricos. El campo acelera las partículas cargadas a grandes velocidades, creando así un campo magnético denso. Se cree que algunos de estos campos están compuestos de materia oscura. Muchos científicos opinan que la materia oscura se encuentra sobre todo en alguna forma de plasma.[14]

CAMPOS BIOPLASMÁTICOS: EL AURA HUMANA

> *El campo bioplasmático, o energía sutil, es una estructura compleja que penetra y rodea al cuerpo físico, tanto interna como externamente. La antigua tradición esotérica habla de un cuerpo pránico o etéreo, un concepto muy cercano al del bioplasma y el cuerpo bioplasmático.*[15]
>
> *La metafísica del plasma es la aplicación de la física del plasma y la materia oscura al estudio de nuestros cuerpos sutiles altamente energéticos y sus correspondientes entornos... Muchos metafísicos afirman que el óvalo del aura está cubierto por una especie de membrana o vaina. Las corrientes de superficie sobre la cáscara o vaina separan el magma ovoide del magma del entorno que las rodea. Esta vaina actúa como un escudo electromagnético protector cuya fuerza y polaridad puede ajustarse por medio de un acto de voluntad del dueño del cuerpo, usando*

visualizaciones enfocadas y otras técnicas comunes de la medita-
ción. Esto ofrece protección contra intrusiones electromagnéticas
y de otro tipo. [16]

Todas estas propiedades fueron descritas y documen-
tadas hace más de dos mil años, especialmente en escritos
sobre acupuntura de origen hindú y chino, pero también se
aludía a ellas en las escrituras budistas y cristianas, así como
en la literatura, mucho antes de la época de la electricidad y
el magnetismo, que no emergieron hasta el siglo XVIII.

CONSIGUIENDO LA INVISIBILIDAD HUMANA

A finales del siglo XIX y principios del XX, surgió la organización de desarrollo filosófico y espiritual conocida como
Orden Hermética del Golden Dawn (una rama moderna de
esta orden continúa activa en nuestros días.) En sus manus-
critos originales existe algo llamado un «Ritual de invisibilidad», que ofrece instrucciones específicas y detalladas para
adquirir el «manto de invisibilidad» (la magia del ocultamiento), también conocido como nube o velo. Más de doscientos años antes, Paracelso expresó la idea de ocultamiento
en su *Philosophia Sagax*:

Los cuerpos visibles pueden hacerse invisibles, o cubiertos, de la
misma forma en que la noche cubre a un hombre y lo hace in-
visible, o igual que se volvería invisible si se le colocara tras un
muro; y como Natura puede hacer algo visible o invisible usando
estos medios, del mismo modo una sustancia visible puede ser
cubierta con una sustancia invisible, y puede hacerse invisible
por medio del arte. [17]

Esta idea también aparece frecuentemente en el folclore. Se habla de la nube de forma esotérica refiriéndose a ella como una prenda de algún tipo que, al vestirla, oculta al héroe de la vista de los demás. Por supuesto, lo que nos viene a la mente con esta idea en nuestra cultura es la capa de invisibilidad de Harry Potter.

Si los electrones tienen el poder de absorber fotones de luz cuando están unidos en átomos, no hay razón por la que no deberían tener el mismo poder cuando están libres. Y la nube es solo una nube de electrones libres o bioplasma. Como la brecha de energía de la nube parece ser bastante pequeña, todos los fotones que entran en ella quedan absorbidos, mientras que algunos se reflejan en sustancias más ordinarias. Y con cero de reflexión, tenemos cero de visibilidad.

Ya que es con los electrones con lo que construimos el átomo, y teniendo en cuenta que el átomo es la materia con la que todo se construye, resulta fácil ver cómo una «nube» de electrones podría transformarse en materia sólida usando el poder de la mente. Pero lo que quizá no sea tan fácil de ver es si dicha nube volvería invisible a un ser humano. El hecho de que la nube sea una nube de electrones es la clave que le da el poder de tornar las cosas invisibles. Los científicos saben que esa nube de electrones absorbería todas las ondas de luz que entraran en ella, reduciendo la magnitud de la luz reflejada a cero y ocultando perfectamente a cualquier cosa que rodease.[18]

EL EJERCICIO DE CREAR UNA NUBE

El siguiente es un ejercicio para desarrollar la invisibilidad, la manifestación y otros *siddhis* (o poderes). El autor Steve Richards ofrece un ejercicio similar al que he esbozado aquí, pero mi punto de referencia surge de una experiencia personal con un ejercicio alquímico con el que he trabajado durante varios años y que mi maestra espiritual y amiga, Elizabeth Clare Prophet, entregó a sus estudiantes. Mi primer contacto con el ejercicio de la nube viene del libro *Saint Germain on Alchemy*, de Elizabeth Clare y Mark Prophet.[19] El ejercicio que viene a continuación es mi propia adaptación de lo que aprendí en mi entrenamiento espiritual junto con elementos extraídos del libro de Richards.

PRIMER PASO

El primer paso es construir tu laboratorio. Este laboratorio es simplemente ese espacio sagrado que se encuentra en el campo torus de tu corazón. Cuando hayas logrado cierta práctica con esto, te bastará con pensar en entrar en el laboratorio alquímico de tu corazón para estar allí.

La nube está compuesta de una sustancia etérea sutil. Según Saint Germain, puedes concentrar la nube mediante un acto pasivo de voluntad. Afirma que la nube debe estar formada de una luminiscencia blanca lechosa parecida a la de los cúmulos de estrellas de la Vía Láctea.

SEGUNDO PASO

Una vez que nos hemos ocupado de lo anterior, el siguiente paso es sentarse tranquila y cómodamente y dirigir la mirada a un solo punto de la habitación. Esto es necesario para que la nube pueda formarse en el lugar que estás mirando. El efecto de la atención dirigida es acumulativo. Cuanto más tiempo miras en la misma dirección, más definida será la nube que estás construyendo.

TERCER PASO

Desenfocando ligeramente la mirada, entrarás en lo que el estudiante favorito del místico Don Juan (Carlos

Castaneda) llama «la Segunda Atención». Este estado alterado aumentará tu capacidad de ver la nube. Formar nubes no tiene ninguna utilidad para ti si no puedes verlas después de haberlas formado. Por tanto este desenfoque es absolutamente esencial para la técnica. Ahora deja que tu atención te baje de la cabeza al pecho y de allí al espacio del corazón.

CUARTO PASO

Relájate, permanece concentrado de una manera tranquila en tu intención de que la nube se manifieste. Para aumentar tu capacidad de concentrar la energía, rodéate mentalmente de un anillo de luz a la altura del pecho. Este anillo te ayudará en tus esfuerzos por condensar la fuerza de la nube.

QUINTO PASO

Cuando pienses que estás consiguiendo resultados, es el momento de intensificar la creación de la nube. Deja que se expanda desde el campo de torsión de tu corazón en todas las direcciones simultáneamente para que su fuerza empuje la barrera del anillo. Empieza a tomar grandes puñados de materia invisible u oscura de la atmósfera que te rodea y a meterlos en tu anillo.

Puedes mirar por encima de la nube y luego bajar la mirada, deseando que la energía que hay sobre ella se añada a su propia energía. Luego haz lo mismo mirando bajo la nube y a sus lados. Recuerda mientras lo haces que tu intención no implica ningún tipo de esfuerzo ocular. La intención debe ser puramente mental. Mantente relajado y, ante todo, ¡«deja tu mente en paz»!

SEXTO PASO

Cuando hayas formado una nube lo bastante definida y con una gran cantidad de materia oscura, el paso final es ponerla alrededor de ti y desaparecer de la vista. Una vez más hay que decir que la técnica es solo el resultado lógico de todo lo que he ido explicando hasta ahora. Debes crear una nube lo bastante grande para que pueda tapar el cuerpo humano, y luego desear que venga hacia ti y te rodee. El ejercicio de formar y aprender a mantener la energía creativa de la nube aumentará enormemente el poder de tus manifestaciones creativas. ¡Con práctica serás capaz de taparte con ella y volverte invisible!

ACCEDIENDO AL CAMPO UNIFICADO DE CONCIENCIA

Cuando estamos conectados de esta manera, hemos creado un campo unificado especial de conciencia. En realidad lo que hemos hecho ha sido crear una relatividad especial que, a través del corazón, llega al campo unificado de conciencia. En este punto todo se vuelve un patrón de unidad, y si algo no encaja con este patrón, simplemente hay que rotar la conciencia hasta que lo haga. Toma todos estos complicados pensamientos e interacciones, toda esta complejidad, y ponte en ese estado sencillo en el que se producen los cambios. Es lo que en Matrix Energetics llamamos «cambiar tu marco de referencia observacional». Existe una física factible que fomenta todo esto y que ha sido utilizada en proyectos como el Experimento Filadelfia.

En la tradición yóguica se dice que el dominio de la invisibilidad (así como otros *siddhis*) está controlado por el poder del chakra del corazón. Creo que este chakra tiene una rotación hacia la derecha, en el sentido del reloj. Mi teoría, tras una profunda reflexión sobre el tema, es que la rotación del campo bioplasmático del aura es contraria al sentido del reloj. Para efectuar los cambios de los que estamos hablando, como en el Experimento Filadelfia, debes pasar el marco de referencia a tu corazón. *Cuando domines el campo unificado del corazón, podrás ser capaz de doblar el espacio-tiempo a nivel local.*

Puedes aprender cómo efectuar este cambio dentro de ti, en el campo de tu chakra del corazón, y desde ahí tener acceso al espacio interdimensional. Cuando empiezas a cambiar ese tubo Torus, el campo de torsión de la energía del corazón comienza a girar en el sentido de las manecillas del reloj. Conforme la energía cambia de dirección, el Torus empieza a expandirse. (Esa es exactamente la apariencia que tendría el campo magnético o el transformador de Tesla.) A continuación, lo que haces es empezar a rotar rápidamente al mismo tiempo el campo áurico en el sentido contrario a las manecillas del reloj. Esto activa un conjunto bidireccional de campos de energía bioplasmáticos de rotación inversa. Ahora tienes dos puntos de referencia para el espacio hiperdimensional, y eso es suficiente para colapsar el espacio-tiempo donde te encuentras.

Añade a estos campos áuricos de rotación inversa el dominio del anterior ejercicio de la nube, y creo que podrás atraer materia oscura de los territorios del éter bioluminescente de tu campo rotatorio. Esta materia oscura, con visualización y práctica, puede envolver tu aura humana. Como este bioplasma es invisible, te vas cubriendo de una sustancia invisible, cada vez más unida al campo rotatorio y en continua expansión de tu corazón. Quizá cuando estos campos de energía de rotación inversa alcancen el nivel vibratorio adecuado, tu aura podrá radiar bandas de energía en el espectro ultravioleta, que está más allá del ancho de onda de la percepción visible humana.

Ahora estás empezando a entender cómo el poder de realizar muchas de estas cosas reside en el campo unificado, el campo de torsión de tu corazón. Básicamente los campos de torsión interactúan con la rotación de las partículas. En el átomo, el núcleo, los protones y los neutrones tienen todos un movimiento de rotación. Los campos de torsión crean una geometría hiperdimensional que tiene acceso a realidades extradimensionales. Cuando dominas el campo unificado del corazón, puedes curvar localmente el espacio-tiempo. Todo se basa en lo que creas en tu conciencia.

Lo que creas en tu conciencia es, por tanto, aquello en lo que puedes confiar. Creas una realidad. Ese es el principio que explica la ingeniería espacio-temporal y por qué se puede trabajar con la teoría del campo unificado de Einstein aunque sea incompleta. Cuando mantienes algo en una matriz dimensional de tu corazón, esta creación mental o concepto puede imprimirse en los campos de contrarrotación formados por el campo torus de tu corazón, un campo esférico electromagnético que puede interactuar con los campos bioplasmáticos de tu aura. Esta matriz interdimensional manipulada conscientemente puede acceder a las dimensiones del hiperespacio. En esto consiste la tecnología del Experimento Filadelfia.

CUENTOS DE INVISIBILIDAD DEL CAMPO

Iba camino de Los Ángeles, para asistir al seminario «Programa para niños», viajando a 130 kilómetros por hora en un descapotable, sujetándome el sombrero a lo Indiana Jones para que no saliera volando. Hasta entonces había estado escribiendo este libro sin parar, recluido en un magnífico hotel de Redondo Beach. Para asistir al seminario, tenía que conducir una hora a la ida y otra a la vuelta, y de alguna manera esto representaba una interrupción de mi tiempo de escritura. No obstante, mis guías me habían dicho que era muy importante que asistiera, por eso iba. «¿Qué puede aparecer en el «Programa para niños» que me hiciera falta para el libro?», me pregunté. Cuando llegué, mi hija Justice estaba ya presidiendo una reunión formada por un grupo de jóvenes y de padres de aspecto igualmente juvenil.

Un hombre, llamado Alejandro, que frecuentemente asistía a estos seminarios se dirigió hacia mí. Lo acompañaba toda su familia. Me la presentó y dijo que estaba encantado de verme. Luego, en un tono misterioso, añadió:

—Hay algo que debo contarte. Para mí no tiene mucho sentido pero mi guía interior insiste en que debes tener esta información.

Siguió hablando y me contó algo increíble. Hacía unos años, Alejandro vivía en una casa a la que solo se podía llegar atravesando un puente colgante. Su primo, que estaba pasando una temporada con él, tenía problemas con una pandilla de maleantes, que quería matarlo. La pandilla llegó hasta su casa, buscándolo. Al ver que se acercaban, el primo de Alejandro salió corriendo y empezó a cruzar el puente justo en el momento en que ellos llegaban a la casa.

El primo tenía la certeza de que si la pandilla lo atrapaba en el puente, no tendría escapatoria y lo matarían. Era un puente realmente largo, de manera que buscó en sus bolsillos y sacó una oración a la Virgen María (el *Magnificat*). Mientras le rezaba a la Virgen, una burbuja apareció de pronto delante de él y una extraña neblina verdosa llenó el espacio de la burbuja, y se volvió invisible.

Los miembros de la pandilla miraron al puente por donde lo habían visto salir corriendo pero no vieron a nadie. El muchacho atravesó el puente y volvió a hacerse visible.

Entonces lo vieron, pero se encontraba demasiado lejos para que pudieran atraparlo. Estaban desconcertados porque no entendían cómo podía haber desaparecido para luego reaparecer. Nunca volvieron a molestarle. Escuché la historia y pensé: «Vaya, voy a tener que mencionarla en el libro; por eso es por lo que estoy aquí. Este es un ejemplo personal del Experimento Filadelfia».

¿QUÉ PASA? ¿ES QUE SOY INVISIBLE?

Mi hijo Nate y yo habíamos programado nuestros medallones de Matrix Energetics para la invisibilidad. Lo habíamos hecho este último año con más de quinientos participantes que habían venido a la ciudad para este evento. Yo estaba abrumado y un poco trastornado porque toda esta gente iba a estar centrada en mí. Me sentía raro, de manera que creé un campo alrededor del medallón que me permitía entrar en un espacio en el que no sentía la energía. Podía rotar mi campo de energía personal de manera que dejase de estar en sintonía con ella.

Nate y yo fuimos a nuestro restaurante mexicano favorito, donde nos conocen y saben lo que vamos a pedir antes de que nos sentemos, porque comemos allí con mucha frecuencia. Estuvimos allí sentados, charlando, durante cuarenta y cinco minutos hasta que nos dimos cuenta de que nadie había venido a preguntarnos qué íbamos a tomar ni se habían dado cuenta de nuestra presencia. Habíamos programado nuestros medallones para la invisibilidad. De manera que, mentalmente, desconectamos el programa para permitirnos ser visibles, y casi instantáneamente un camarero vino a nuestra mesa y dijo:

—Hola, doctor Bartlett. ¿Cuándo han llegado?

Esto puede llegar a ser extraño, y también práctico.

LA HISTORIA DE INVISIBILIDAD DEL PARTICIPANTE DE UN SEMINARIO

Durante mi primera conferencia, pensé que sería buena idea compartir con los demás algo de lo que me había parecido interesante acerca del entrenamiento de Matrix Energetics. Tenía una foto que había descargado de Internet, de un joven de Japón que vestía un anorak de color verde claro y que se encontraba en medio de la calle mirando al observador o a la cámara. El anorak estaba recubierto de una película llamada «el manto de la invisibilidad». Esta película está diseñada para permitir que la luz la atraviese y pase a través de cualquier superficie sobre la que se aplique. En la foto podías ver a otros jóvenes caminando a cierta distancia tras la persona que llevaba el anorak. Sus imágenes se mostraban claramente a través de la prenda, lo mismo que la calle y todos sus detalles. Le entregué una copia a Richard, le mostré la foto a varios participantes y le di otra copia a una chica llamada Christa. Entonces sucedió algo extrañísimo. Me dijo que había tenido una experiencia en la que una mujer alzó la mano enfrente de ella y Christa pudo ver a través de esa mano. Para estar segura de que aquello era real, le pidió a la mujer que volviera a alzar la mano una vez más. De nuevo fue capaz de ver a través de la mano de esa persona como si no estuviera allí.

Cuando Christa me contó esta historia, los tres estábamos a punto de almorzar. Siempre bendigo el agua como parte de la ceremonia de la comida, y, conforme hacía esto con los ojos cerrados, noté que podía ver las botellas de agua y los vasos claramente a través de los párpados. También podía ver a través del espacio que ocupaban estos objetos y más allá de este constructo a otra zona indeterminada. «¡Houston, Matrix ha aterrizado, y está intentando echar raíces!».

EP, PRACTICANTE CERTIFICADA DE MATRIX ENERGETICS

ESCONDIÉNDOSE A PLENA VISTA

Una vez se me acercó una participante de un seminario para decirme que se alegraba mucho de que estuviera enseñando sobre invisibilidad. Anteriormente había asistido a un seminario en el que hablé sobre el aspecto científico del Experimento Filadelfia y su posible aplicación como herramienta espiritual. Habíamos realizado un ejercicio para acceder al campo de torsión del corazón, parecido al que he incluido en este libro. Luego comenté cómo era concebible que los campos de rotación inversa del aura humana pudieran reproducir la técnica de la invisibilidad que demostraba el Experimento Filadelfia.

Siguió contándome su historia. Poco después de ese seminario sobre el campo de torsión, estaba en su ciudad, caminando por la calle, y vio a su ex novio, que venía en dirección opuesta andando hacia ella. Si había alguien para quien deseara volverse invisible, ese era él. Su relación había terminado mal y él le guardaba rencor. Recordando lo que le había enseñado, entró en el espacio sagrado de su corazón y efectuó el ejercicio de crear campos de torsión gemelos de rotación inversa. ¡Para su asombro, su ex novio pasó justo a su lado sin ni siquiera notar su presencia! Estaba muy agradecida a la información que compartí con ella sobre la invisibilidad.

REFLEXIONES FINALES SOBRE LOS MILAGROS

No estoy diciendo que vayas a ser capaz de hacerte invisible solo con leer la información de este capítulo o de realizar milagros de sanación únicamente porque tengas el deseo de hacerlo. Lo importante es que si alguien puede realizar estos milagros, tú también tienes acceso a ellos, y la probabilidad de que puedas llevarlos a cabo se irá haciendo cada vez más sólida conforme este campo continúe expandiéndose y creciendo.

Hay una religión verdadera y una ciencia verdadera, pero no se trata más que de lo mismo: el campo unificado de conciencia. Ahora bien, al entender esto, rompes el paradigma. Ese es el momento en que realmente estás preparado para actuar, porque desde este punto de referencia no importa lo que hagas. Lo estás inventando tú. Y si lo estás inventando, lo único que tienes que hacer es ser congruente y coherente.

Esta es una tecnología espiritual que luego se puede manipular para que funcione como una manifestación física. Tesla y otros lo han hecho. A propósito, cuando digo «tecnología espiritual», *solo* hay espíritu. No hay nada físico. No hay materia. Solo existe espíritu y conciencia a través del corazón. Eso es todo.

17

RESOLVIENDO EL MISTERIO DE LA LEVITACIÓN

Tengo la impresión de que Matrix Energetics forma parte del mismo terreno científico que la física etérea secreta. Si nuestro gobierno dispone de naves espaciales que pueden elevarse en el aire usando principios físicos secretos o de operaciones encubiertas, estas tecnologías de élite no parecen estar basadas en las premisas limitantes promulgadas por la teoría especial y general de la relatividad de Einstein. Tras leer todo lo que he leído últimamente sobre estos temas, sospecho que la relatividad es un callejón científico sin salida bien argumentado. Pienso que ha de haber principios en ella a los que es posible acceder, con los que se puede trabajar y que además se pueden reproducir. Si mi investigación demuestra algo, hemos estado empleando en secreto estas ideas y tecnologías, como mínimo, desde principios de la década de 1940.

Einstein completó una versión de su teoría del campo unificado, que unía electromagnetismo y gravedad, en 1928, y la presentó en Praga. Lo que hizo para unir electromagnetismo y gravedad fue algo muy sencillo: empleó una idea del espacio geométrico quintidimensional de Theodor Kaluza. Kaluza le había dicho a Einstein que si tomas la longitud, la extensión y la profundidad, y le añades la cuarta dimensión del espacio y a esto le sumas el tiempo, en realidad consigues una unificación del electromagnetismo y la gravedad.

El físico sueco Oskar Klein calculó que este espacio quintidimensional era tan minúsculo que tenía la longitud de Planck (10^{-31}). Se había deducido que esta quinta dimensión era tan pequeña que existía solo en la punta de la constante de Planck, fuera de las dimensiones del espacio-tiempo. Se desarrollaba alrededor de cada uno de los puntos del espacio-tiempo. Se cree que ahí es donde se halla el electromagnetismo, fuera del espacio-tiempo, y que se presenta como un potencial activado.

El único fallo de la teoría de Einstein era que no podía hacer que la fuerza nuclear fuerte y la débil encajaran en el modelo; por eso terminó apartándola de la opinión pública. Fue esta teoría del campo unificado, incompleta pero utilizable, la que pudo haber servido de apoyo científico al Experimento Filadelfia.

Tom Bearden cree que lo que llamamos «gravedad» tiene su origen en el vacío, donde es una fuerza poderosa. Cuando volteas las fuerzas del electromagnetismo, consigues gravedad y su contrario: ¡la antigravedad! En el momento en que te conectas con el flujo electromagnético del vacío, tienes el potencial de crear enormes ondas electrogravitacionales. Estas ondas, que también descubrió Tesla, podían usarse para diseñar y crear artificialmente una fuerza de antigravedad utilizable que serviría de energía a los ovnis: objetos volantes altamente avanzados fabricados por el hombre, controlados inteligentemente. Asimismo consigues la capacidad de diseñar ondas electromagnéticas específicas que pueden mandarse instantáneamente a través del vacío a grandes distancias, apuntando a una posición lejana.

Nunca hemos sido capaces de averiguar lo que es la gravedad. No podemos descubrirlo. Teorizamos acerca de ella, pero no podemos unirla con el electromagnetismo. ¿Y si se tratase de la única energía que existe y todo lo demás fuera solo un área de esa fuerza única?

Básicamente la gravedad no existe como fuerza separada. Si existiera, se podría pensar que a estas alturas ya la habríamos descubierto. Pero no podemos descubrirla con ninguna de nuestras fórmulas matemáticas. Lo único que podemos encontrar es una curva en el espacio-tiempo con un volumen inmenso.

Los físicos convencionales aseguran que el espacio-tiempo local no se puede curvar. Quizá no podamos hacerlo porque estamos usando modelos matemáticos equivocados. Maxwell resolvió este problema; más tarde, como hemos visto, Heaviside sustituyó su modelo por una réplica inexacta y finalmente el original desapareció. Cuando adoptas un modelo basado en la limitación, tu premisa perceptiva se traduce en «no se puede hacer». Pero eso no significa que no pueda hacerse. Solo significa que no es probable que se base en lo que para ti representa la ecuación de la realidad.

DIMENSIONES DE LA REALIDAD

Repasa las cualidades que he enumerado en el capítulo acerca de los campos de torsión y sus propiedades, si tienes alguna duda. Esto es lo que pienso: el electromagnetismo es en realidad un efecto, y de hecho no existen las fuerzas. Lo que existe son simplemente potencialidades que surgen del campo punto cero. Por tanto el electromagnetismo y la gravedad son lo mismo, y es por eso por lo que no podemos encontrarla. Pero la gravedad reside en el campo punto cero. El electromagnetismo es la fuerza que vemos aquí. Puedes unir la gravedad y el electromagnetismo por medio de ese espacio quintidimensional que rodea a todos los puntos de nuestra realidad cuatridimensional. Lo cierto es que el electromagnetismo viene de fuera de nuestra dimensión cuatridimensional: es un efecto que vemos.

Si todo lo que ves en tu mundo personal es «efecto» y puedes llegar a la «causa» (que es el campo unificado del corazón), te vuelves uno con todas esas fuerzas. Te unificas con ellas. ¿Qué sucede si te unificas con esas fuerzas? Bien, primero piensa que estás manejando polaridades en el espacio-tiempo. ¿Qué sucedería si le dieras la vuelta a la gravedad en el campo unificado? ¿Qué obtendrías? Antigravedad. Creo que los santos podían hacer eso y que se conectaban con el estado extradimensional que se mantiene en el tubo torus en el campo del corazón.

Jesús caminaba sobre el agua, demostrando así el poder de la materia sobre la gravedad. Desde el punto del campo de torus del corazón, la gravedad o la antigravedad son solo una cuestión de invertir la carga. El pensamiento es lo que causa la unificación de estas fuerzas. Por tanto, tiendes a manifestar cualquier cosa que piensas, y para la cual creas una polaridad. La clave es mantener tus pensamientos y sentimientos bajo el dominio del campo de tu corazón. En realidad, el poder del campo magnético de tu corazón —un verdadero campo de torsión— es superior al del campo eléctrico que genera tu cerebro. Desde el punto del corazón, cuando realmente empiezas a residir en él puedes llegar a dominar todo el tiempo y el espacio.

Esta tecnología de la conciencia anida justo en el campo de torsión de nuestro corazón y está conectada a nuestros campos de energía bioplásmica. Creo que es la física que utilizaba Jesús y también la de Nikola Tesla. Por eso es por lo que estamos empezando a enseñar. Como ya dije antes, lo bueno de todo esto es que no hay demasiada gente enseñándolo. ¿Y qué tenemos entonces? Tenemos un campo mórfico impoluto que podemos construir de la manera que queramos.

No estoy diciendo que todos debiéramos ponernos a levitar. A mí me habría venido muy bien cuando me caí del escenario. Hubiera sido un milagro muy útil. La clave es que sea factible. Pero si estamos dispuestos a tener en cuenta estas ideas, lo que estamos haciendo es crear una dinámica en el campo morfológico (llamado Matrix Energetics). Si hacemos esto, es más probable que se produzcan milagros porque sabemos que existe una ciencia, una lógica y una manera de hacer las cosas, y ya se ha hecho antes. Si se ha hecho antes, se puede volver a hacer. Eso es lo importante: se trata de un principio que existe y es definible, observable y fácil de reproducir.

Estoy seguro de que ciertos principios espirituales esotéricos y sus prácticas se pueden aplicar a los fenómenos de la levitación y la invisibilidad, así como a la realización de otros milagros. Si la física empleada en las operaciones encubiertas permite producir una increíble tecnología secreta, creo que la física en que se basan estas manifestaciones espirituales y materiales es la misma. Te propongo que te plantees la siguiente idea: si una persona puede flotar en el aire, todo el mundo puede flotar en el aire. No estoy diciendo que vayamos a tener participantes del seminario flotando por encima del escenario en un futuro cercano, solo que es posible.

¿Conoces la postura de meditación budista en la que cierras el bucle de tu atención consciente? Este proceso viene representado, y quizá producido, por medio de la unión del pulgar, el índice y el dedo medio. ¿Y si este *mudra* hiciera algo más que simplemente dirigir la atención hacia nuestro interior? ¿Y si literalmente dirigiera la energía externa EM (electromagnética) hacia dentro? ¿Y qué es toda esa energía externa? Bueno, no es gravedad, que es una fuerza mucho más débil de una magnitud de 10^{-42}.

Sin embargo, ¿cuál es el espejo de la gravedad? Podría ser el electromagnetismo, que, casualmente, es 10^{42}. ¿Notas aquí algo que tenga que ver con el yin y el yang? Ahora, si inviertes las ecuaciones, obtendrás una gravedad a 10^{42} en el vacío y a 10^{-42} aquí. Si hicieras esto, ¿qué sucedería? Flotarías, o levitarías en el aire.

Según la anatomía esotérica hindú, en nuestros sistemas nerviosos hay dos canales o fuerzas llamados el *Ida* y el *Pingala*, que recorren ambos lados de nuestra columna vertebral. ¿Y si esas energías fueran tu onda frontal y tu onda de tiempo inverso? Cuando te concentras en estos canales de energía y los combinas en el canal central de la médula espinal, o *shushuma*, quizá lo que obtienes sea una onda electromagnética escalar. O, lo que es lo mismo, obtienes dos ondas con una diferencia de fase entre ellas de 90 grados que producen una suma vectorial de cero. Es decir, no podemos detectarlas con nuestra tecnología actual pero contienen la fuerza del vacío. ¡Será por eso que elevar la *Kundalini* puede generar efectos poderosos, entre ellos la levitación o caminar sobre agua, la curación de los enfermos y quizá incluso la capacidad de resucitar a los muertos!

¿De qué manera te puede resultar útil toda esta ciencia extraña? Cualquier cosa que pueda usarse como arma puede usarse también para curar. La energía del tiempo reversible tiene efectos positivos, como la sanación, el freno al proceso de declive, el aumento de la longevidad y la vitalidad, la capacidad de levitar y, ¡por supuesto, los milagros! Entonces, ¿qué es lo que estás haciendo? Estás utilizando la energía virtual del vacío. Si puedes aprovechar esta energía del vacío, habrás obtenido una fuente de energía libre. Puedes ser el artífice de estas energías del vacío, estructurar los fotones virtuales presentes en un modelo de acción diseñado artificialmente, simplemente darle la vuelta a la polaridad o fase de un patrón de enfermedad, y ¡el resultado puede ser una sanación milagrosa!

Yogananda afirmó en *Autobiografía de un yogui* que un yogui avanzado podía contar con la suficiente energía luminosa para alumbrar la ciudad de Chicago. Esta energía se halla en el punto cero. No puedes llegar al campo punto cero a menos que utilices la capacidad superior del hemisferio derecho, y este tiene acceso directo a través del campo del corazón.

Estas tecnologías espirituales y energéticas existen desde hace quizá doscientos mil años y poseen un campo mórfico realmente inmenso que casi nadie está aprovechando. Cuando te integras conscientemente en el campo mórfico de este tipo de poder antiguo con el propósito de sanar a los enfermos y ayudar al planeta, estás usando esta tecnología espiritual de la conciencia de una manera que respalda las mejores cualidades de la humanidad. Te conviertes en un verdadero Trabajador de la Luz y en un sirviente del mundo.

LA HISTORIA DE LEVITACIÓN DEL DOCTOR HÉCTOR GARCÍA

Mi madre conoció a mi padrastro cuando yo era niño. Era profesor de la Universidad Estatal de California, en Los Ángeles, y todo un caballero. Una tarde me llevó a Pasadena, al Centro de Autorrealización. Me pareció genial. Le pregunté cuál era la función del centro. Me dijo que enseñar a la gente a relajarse y

LA FÍSICA DE LOS MILAGROS

a sentirse bien. Entró en una sala con algunos adultos y me dijo que me sentara en el jardín. Pensé: «Muy bien, estupendo. Eso puedo hacerlo».

Siempre me había interesado el yoga y la meditación. Había leído varios libros sobre esos temas y recuerdo que el primero de ellos versaba sobre el Hatha Yoga. Veía al yogui sentado en la posición del loto, y pensé que yo también quería hacerlo. Nadie me dijo que no podía. De manera que tomé aquel libro y me dispuse a ello.

Por eso, cuando mi padrastro y yo fuimos al centro, simplemente me puse a hacer «eso» en el jardín. Me viene claramente a la memoria que era un mediodía soleado de domingo, y yo estaba sentado en la posición del loto, meditando. Cuando abrí los ojos, había gente a mi alrededor, mirándome. Como es natural, me sentí un poco raro y me pregunté: «¿Qué están mirando? ¿Qué tiene de raro lo que estoy haciendo?». Pensaba que así es como había que sentarse en la posición del loto, despegándote ligeramente del suelo.

Alguien me preguntó:

—¿Quién te enseñó a hacer eso?

Le contesté inocentemente que creía que esa era la manera en que debía hacerse, y que lo había leído en un libro. Me dijeron que no era así, y en ese momento caí al suelo.

Años más tarde, cuando estaba en el instituto, me dedicaba a las carreras campo a través. La noche antes de una competición, entraba en trance y me imaginaba la carrera del día siguiente. Visualizaba una estrella de Kriya yoga con Cristo en el centro y meditaba de espaldas a la pared durante unos veinte minutos. Invariablemente, mi hermana aparecía diciéndome que era muy raro porque, aunque empezaba de espaldas, llegaba un momento en el que me daba la vuelta y me quedaba en la posición del loto frente a la pared. Estaba en la posición contraria y sin rozar el suelo.

Todavía recuerdo cómo era capaz de levitar, pero ahora no puedo hacerlo.

La experiencia que nos relata García hace añicos tu paradigma. Si la gente normal puede levitar, sospecho que la razón es la inercia. Se trata solo de caer en ese estado y hacer algo que ya se ha hecho antes. Si se supone que puedes leer un libro y ser capaz de hacerlo, será por eso por lo que estoy escribiendo ese segundo libro. Hay gente que lo leerá y hará aquello de lo que estoy hablando. Luego esa gente se unirá a una red o campo mórfico en la que cada vez más personas son capaces de hacerlo, y muy pronto el mundo podrá empezar a transformarse.

¿Has escuchado historias sobre esos monjes tibetanos que son capaces de levitar y hacer cosas que, en términos generales, parecen subvertir las leyes de nuestro modelo actual de la física? ¡Si de verdad son capaces de hacerlo, eso significa que nuestro modelo de la física es, en el mejor de los casos, incompleto, y puede que incluso deliberadamente engañoso o equivocado! No digo que en Matrix Energetics deberíamos aspirar a desarrollar esos *siddhis*, y tampoco hay que recurrir a ejemplos extremos para entender el principio. ¿Me sigues? Es práctico hacerlo. A menos que rompas realmente tus patrones habituales de pensamiento, tu coeficiente establece un vínculo con la conciencia normal, luego lo que sucede es que no sobrepasas la órbita de tu conciencia limitada.

Repasa las cualidades relacionadas con los campos de torsión y sus propiedades que he enunciado en este capítulo, si tienes alguna duda. Esto es lo que pienso: el electromagnetismo es, en realidad, un efecto, y de hecho no existen las fuerzas. Hay únicamente potencialidades que vienen del campo punto cero. Ahora estás empezando a entender cómo el poder de hacer muchas de estas cosas reside en el campo unificado, el campo unificado de nuestro corazón.

Los milagros han ocurrido antes y pueden ocurrir otra vez. Se trata de un principio definible, observable y que se puede reproducir. ¿Lo entiendes? Recuerda que puedes entrar en el campo dinámico de conciencia que Matrix Energetics ha construido porque hemos dicho: «¿Qué sucedería si no hubiera reglas?».

Uno de mis estudiantes me habló de unos amigos que estaban viajando por la India. Llegó un momento en que se sentían tan felices que empezaron a elevarse por encima del suelo. No era un truco. Era real: una vez más, se trata de un principio. He visto una foto de esto. Lo que quiero decir es simplemente que no te hace falta ni levitar, ni caminar sobre el agua, ni realizar ningún otro tipo de milagro. Los milagros se darán cuando dejes de intentar provocarlos. Tú eres el milagro.

18

ARQUETIPOS: FORJANDO UNA CONEXIÓN AMOROSA CON LO QUE HAY EN TU CABEZA

Conforme empiezas a trabajar con algunos de estos procesos internos, presta mucha atención a los tipos de energía y caracteres que brotan de tu subconsciente. Fíjate cuidadosamente en el simbolismo original que emplea tu mente para comunicarse con tu atención consciente. Al hacer esto empezarás a fortalecer la conexión con una mayor conciencia de ti mismo.

Plantéate la idea de llevar un diario con las imágenes que te encuentras repetidamente e intenta averiguar lo que representan. Muchas personas no preguntan cuando se pierden; no hagas lo mismo con tu propio proceso mental. Si te sientes perdido o no sabes lo que algo significa, ¡pregunta! Es tan sencillo que al principio puede que creas que no va a funcionar. Confía y pregunta algo sencillo, como: «¿Qué es lo que significa eso?».

LOS ARQUETIPOS Y SU UTILIDAD COMO
HERRAMIENTA DE SANACIÓN

Mi amigo, el doctor Héctor García, usa sus dones intuitivos para detectar desequilibrios energéticos en el cuerpo (del nivel celular al nivel cuántico) con una sorprendente precisión. Habla sobre arquetipos y su uso como herramienta de sanación:

> *Cuando enseño sobre los patrones arquetípicos, me gusta hacerlo con estructuras físicas. Por ejemplo, si estoy trabajando con un paciente con escoliosis (una curvatura anormal o exagerada de la columna vertebral), a veces me imagino o visualizo un timón colocado sobre su columna. Con frecuencia, el acto de sobreponer una imagen de esta naturaleza transmitirá al campo de energía la corrección deseada, y la escoliosis simplemente desaparecerá en ese mismo instante. A veces hay que tener cuidado al trabajar con problemas como la escoliosis porque, en ocasiones, alguien puede molestarse cuando su trastorno cambia tan radicalmente y con tal rapidez. Date cuenta de que no están acostumbrados a estar «derechos», y a veces el cambio repentino puede desorientarlos y alterarlos.*
>
> *Tuve una vez una paciente que vino a verme, y su hermano era el quiropráctico que la había estado tratando de la escoliosis. Le dijeron que yo podría ayudarla. Hice las correcciones pertinentes en su caso y tras esto la columna dejó de estar torcida. Volvió una semana más tarde: estaba furiosa conmigo porque la ropa ya no le quedaba bien. ¡Imagínate!*

LOS SUPERHÉROES COMO ARQUETIPOS MITOLÓGICOS:
LINTERNA VERDE Y EL ASOMBROSO PODER DE LA INTENCIÓN

Algo útil que siempre he hecho, siendo como soy un bicho raro de la recuperación y un fanático de los comics, ha sido poblar mi territorio subconsciente con nobles figuras de la talla de Superman, Batman y Spiderman.

Linterna Verde es el más extraordinario de todos los superhéroes porque su anillo se alimenta de la más poderosa energía del universo conocido: ¡el poder de la intención! Esta intención pura, cuando la configura un determinado pensamiento, toma la forma y la actividad de la atención dirigida del portador del anillo. ¡Cualquier cosa en la que pienses con el suficiente detenimiento se manifestará y Linterna Verde —o incluso tú— podrá hacer uso de ella! Linterna Verde apoya y protege a las fuerzas del bien y no debemos confundirlo con otro portador de anillos, Sauron, de la saga *El señor de los anillos*, de J. R. R. Tolkien. Lo único contra lo que el anillo no puede hacer nada es el color amarillo. Siempre he pensado que esto representa cómo nuestros propios miedos o cobardía pueden impedir que nuestras intenciones se manifiesten. Como dijo el Maestro Ascendido Saint Germain: «¡El miedo es el enemigo del experimento alquímico!».[1]

El año pasado llegó un momento en el que decidí hacer una copia del anillo de poder de Linterna Verde y ponérmelo. Ya sé que a muchos les podrá parecer una tontería, pero cuando era niño, en lugar de entretenerme con tanques y pistolas, jugaba con superhéroes. Mi madre incluso me hizo un disfraz completo de Batman.

En un seminario reciente alguien me entregó una gran suma de dinero para que pudiera comprarme en eBay un extraordinario disfraz de Batman reproducido hasta en sus mínimos detalles. Antes les había dicho a los participantes del seminario, medio en broma medio en serio, que tenía un plan único para perder peso: iba a comprar un traje de Batman, con su correspondiente torso musculoso y sus piernas atléticas, y lo iba a colgar en mi armario. Ahora tengo una copia exacta del disfraz de la película *Batman* de Michael Keaton y recientemente lo llevé en el escenario en uno de mis seminarios.

SUPER (MAN) PONIENDO LA REALIDAD

Imitar demasiado bien a tus héroes tiene un coste. Cuando era pequeño me fascinaba la caracterización de Superman de George Reeves en la serie original de los años cincuenta. (¡Por supuesto, a esa tierna edad pensaba que él era de verdad Superman!) Estaba tan entusiasmado con Superman que dibujé una «S» roja en mi camiseta y mi madre me cosió una capa roja. Creo que le preocupaba un poco que fuera a saltar del tejado de nuestro garaje, para intentar volar. Un día mi madre me regaló unas gruesas monturas de lentes. Me explicó de una forma bastante lógica que si iba a ser Superman, tendría que ser Clark Kent también.

Era un buen razonamiento, y por eso empecé a llevar las gafas cuando no iba de un lado a otro bajo la identidad de la gran «S». Solo había un pequeño problema con esa sugerencia divertida y completamente razonable: mi padre llevaba gafas, y yo parecía algo así como un calco más joven de él. Creo que sin darme cuenta le di a mi subconsciente las órdenes equivocadas, porque en cuestión de unas semanas mi visión se deterioró y necesité realmente usar gafas para ver con claridad. De manera que ten cuidado con lo que aceptas y con cómo puede limitar tus percepciones y tus capacidades en la vida. Todavía llevo lentes de contacto cuando estoy en el escenario enseñando, pero se podría decir que *ahora veo las cosas diferentes.*

Lo cierto es que conozco a mucha gente que puede ver cosas más allá del espectro del estado normal de conciencia prácticamente a diario y que, aún así, es capaz de vivir una vida normal. Mientras que no pienses que porque puedas ver eso vas a tener que ser siempre responsable de hacer algo al respecto, podrás funcionar bien. Solo porque el mundo esté tan terriblemente lleno de gente enferma no quiere decir que tengas que curarlos a todos. Tómate cada día como viene y vive en la Gracia del momento. Mi amigo Mark a veces ve enfermedades y trastornos en la gente, pero eso no significa necesariamente que pueda remediarlos, al menos no en todos los casos.

Nunca olvidaré cómo un día en la clínica, cerca de la hora del almuerzo, Mark estaba a punto de marcharse y yo, de comenzar una sesión con una nueva paciente. Cuando nos cruzamos, me entregó una nota. En ella había escrito las palabras: «Asegúrate de preguntarle sobre la pauta de cáncer de su familia». Y, efectivamente, cuando le pregunté a la paciente sobre ese preciso asunto, me proporcionó un cuadro detallado de cómo el cáncer era realmente un factor que se encontraba en la herencia genética de su familia.

Ella no había escrito esa información en el formulario de ingreso. Mark la había «visto» al notar los patrones energéticos de su campo áurico. Sin embargo, a veces pasas cosas por alto; por ese motivo, *siempre que podemos examinamos doblemente a los pacientes a través de un diagnóstico médico convencional* que, como médicos, tenemos la capacidad de emplear cuando procede. Confía, pero usa todos los métodos de que dispongas para verificar.

Unas palabras más sobre el tema para terminar de aclararlo: uno de mis pacientes, que terminó siendo un amigo también, me contó cómo había estudiado con un famoso curandero cirujano de Filipinas. Sé que algunos de estos individuos son farsantes, pero mi amigo Arnold jura que vio con sus propios ojos cómo ese «cirujano» abría el pecho de un hombre, le extraía el corazón y lo sujetaba con las manos, a la vista de todos. El tiempo pareció detenerse, y el curandero dijo que estaba limpiando las arterias coronarias y tenía que detener el flujo local del tiempo y el corazón del hombre para lograr su objetivo.

Arnold era un filántropo con los pies muy en la tierra que llegó a ser millonario. Sus relatos me transmitían una credibilidad absoluta, por muy alucinante que fuera el contenido. Más adelante me contó que el mismo sanador le dijo que iba a abrirle el «tercer ojo» u «ojo místico».

Arnold me juró que tras pasar por ese proceso no podía entrar en un restaurante de comida rápida sin «ver» las distintas enfermedades internas de los clientes que estaban nutriéndose con aquellos alimentos desvitalizados. Me contó que le hizo falta mucho tiempo, y una disciplinada meditación, para cerrar o velar esa capacidad con objeto de vivir con normalidad en este mundo. Se dice que sin visión los hombres perecerán, y durante treinta años esta afirmación me ha impulsado a querer ser vidente.[2] Sin embargo, no estoy seguro de querer verlo todo siempre, de manera que aún sigo discutiendo este tema con mi mente subconsciente.

TE CONVIERTES EN LO QUE VES

Un día, mientras estudiaba conmigo, Mark entró en un estado de trance muy profundo y su «tercer ojo» se abrió. Al instante se vio en otra realidad, rodeado de espíritus que le hablaban y caminaban hacia él. Le pregunté si quería salir de esa experiencia ya que parecía estar tomando un cariz alarmante. Él me respondió sabiamente desde su profundo trance:

—No, gracias. Déjalo estar, pero quizá podrías instalar alguna especie de interruptor.

«Genial y valiente», pensé para mí mientras seguía su sugerencia y le proporcionaba las sugestiones apropiadas. Este fue otro punto crucial en su formación, y todavía ahora puede ver espíritus. La última vez que Mark enseñó conmigo fue en San Francisco. Recuerdo cómo me comentó que veía muchísimos espíritus vagando por las calles. ¡Después de todo San Francisco es famoso porque de allí son los Grateful Deads!

No quiero que pienses, ni por un solo momento, que para poder trabajar con Matrix Energetics has de ser vidente o tener algún tipo de poderes psíquicos. No es así en absoluto. Está bien abrir tu conciencia a nuevas capacidades y experiencias. Algunas de las experiencias de las que he estado hablando en las últimas páginas pueden empezar a ocurrir en tu mundo incluso mientras estás leyendo este libro. Un desarrollo espontáneo de capacidades se producirá en cuanto comiences a jugar en el campo mórfico de la posibilidad que Matrix Energetics representa.

He escuchado muchos relatos de mis estudiantes y de gente que ha leído mi primer libro sin asistir en persona a mis seminarios. Parece que por el hecho de tomar este libro y leerlo, en algunos instantes le estás dando a entender a tu mente subconsciente que estás preparado para experimentar algunos de los hechos sobre los que he escrito. Sin embargo, si no te suceden —aunque desees que lo hagan—, sé paciente contigo mismo y no tengas prisa. Confía en el proceso de aprender que sea natural a tu ritmo y permítete a ti mismo abrirte lentamente, como una bella flor desplegando sus pétalos para saludar a la mañana.

Cuando «juego» con alguien, digo «esto» y «eso» también. Ni siquiera sé lo que es «eso». Bueno, de alguna manera lo sé, pero la cuestión es: si lo haces más lento para poder averiguar en qué consiste, tardarás mucho. Si tardas mucho, no ocurrirá nada, porque estás observando si se produce o no. Puedes acostumbrarte a no saber. Puedes trabajar con un conocimiento primario, centrado en el corazón combinado con la conciencia secundaria, no espacial, del hemisferio derecho.

Jesús dijo: «Pide, y se te dará; busca, y encontrarás; llama, y se te abrirán las puertas».[3] Estas y otras palabras parecidas son ecuaciones de una conciencia superior, esto es, el Jesús cuántico de nuevo. El acto de hacer preguntas abiertas abre las puertas de la percepción al *Todo lo que es*. Desde este punto de confianza puedes hacer una estimación, no un juicio.

En cuanto juzgas, colapsas la función de onda, que representa la totalidad de las posibilidades fuera de la esfera del tiempo y el espacio.

19

PRACTICANDO EL ARTE DE LA PERCEPCIÓN INOCENTE

Aprecia y acepta lo que aparece en tu vida, y aprenderás a ver. Cuando ves a través de los ojos de tu corazón abierto, todo lo que aparece te hace sentir algo. Esta sensación crea el arco de contacto entre tu corazón y el resultado deseado. Esto es parte de la ciencia de la manifestación. Es un estado de sensaciones. A medida que te vas adentrando en el arte infantil de la percepción espontánea, trata de olvidarte de tus reglas y dejarte llevar.

Si haces esto, tu cerebro puede empezar a crear estados neuroquímicos únicos que te ayudarán extraordinariamente a alterar tus experiencias conscientes. Si practicas de manera habitual la sensación de este estado alterado, podrás aprender a crear nuevas posibilidades en tu vida. Este estado de ser no es diferente del proceso de emprender un viaje chamánico. Confía en que cualquier cosa que vivas es única para ti y un regalo del inconsciente o del Ser Superior. Aprécialo, disfrútalo y aprende de ello.

> *Creo en todo mientras no se demuestre lo contrario.*
> *Por eso creo en las hadas, los mitos, los dragones.*
> *Todo esto existe, aunque sea solo en tu mente.*
> *¿Quién nos dice que los sueños y las pesadillas*
> *no son tan reales como el aquí y ahora?*
>
> JOHN LENNON

EL GRUPO DE CONTROL PARA ESTADOS ALTERADOS

Uno de los asistentes a un seminario estaba participando en un ejercicio de Matrix Energetics cuando de pronto apareció enfrente de él un gran panel de control flotando en medio del aire. No es que lo hubiera pedido, simplemente apareció. Como en ese momento no sabía lo que era, se limitó a mirarlo y continuar con lo que estaba haciendo. Claro que, según me dijo, él suele ver espíritus y conversar con lo que alguna gente llama «las almas de los muertos». Quizá ha tenido esta capacidad toda su vida. Nació con su panel de control ajustado en el nivel medio (o, más bien, «médium») y ahora se ha elevado a un nivel superior. De manera que confía en lo que aparece en tu camino. Porque podría cambiar tu vida.

El subtítulo de *El hobbit* de Tolkien es *Partida y regreso*. Algunas formas de esquizofrenia y locura podrían subtitularse «una ida sin vuelta». En el libro tienes a Gandalf el Mago para ayudarte a volver de una forma segura. En el caso de la esquizofrenia, quizá no sepas que tienes ayuda. Confiar en un poder superior y luego exigir pruebas puede cambiar por completo las cosas. Ni Dios ni el demonio te obligarán nunca a hacer nada en contra de tu libre albedrío. Pero tú si puedes crear un dios o un demonio que te esclavice y te ate a un conjunto de elecciones que no te dejarán ser libre ni crecer como persona. ¡Elige sabiamente!

NUESTRAS PERCEPCIONES SE AJUSTAN A NUESTRAS REGLAS Y EXPECTATIVAS INCONSCIENTES

El comportamiento inconsciente está recogido en lo que llamamos las *leyes físicas*. Estas leyes, o conjunto de leyes, describen lo que está permitido y lo que está prohibido. Lo que concebimos o percibimos depende de nuestro modelo de cómo debería ser la realidad según nuestra visión personal del mundo. Los filtros inconscientes de nuestras reglas determinan lo que aparece en nuestro mundo y, del mismo modo, aquello a lo que se nos deniega el acceso consciente. Por ejemplo, muy pocas veces oirás hablar de un cristiano que tenga visiones de Buda o de un budista que en meditación reciba a Jesucristo como su salvador personal.

El sabor de nuestra realidad viene determinado por los ingredientes que nos permitimos y por nuestros gustos individuales. Esta mezcla está formada a partes iguales por lo que sabemos, lo que sabíamos y lo que la sociedad pretende que creamos. Adaptarse o conformarse podrían definirse también como «coformar» o «cocrear». Como colectivo, creamos y mantenemos inconscientemente los hologramas culturales de nuestra experiencia sensorial.

Es la caja del inconsciente que contiene tus premisas, creencias y experiencias y que es la fuerza creativa que impulsa todas y cada una de tus manifestaciones. Realmente no me importa si estás leyendo este libro y algunas de las cosas que digo te parecen sin pies ni cabeza. El hecho de no entender en seguida un concepto o una idea puede ser una señal de que *estás aprendiendo algo nuevo*. Todos nuestros conceptos se basan en gran parte en dualidad y linealidad: *el evangelio de las fuerzas opuestas*. Recuerda, sin embargo, que la única vez que es mejor luchar contra una fuerza opuesta es ¡cuando puede haber supermodelos por medio!

Tanto los ángeles y los dioses como los héroes de los comics pueden ser supermodelos extraordinarios. Si modelas las cualidades más sobresalientes de los arquetipos colectivos e inconscientes de poder y posibilidad, podrás, en mayor o menor grado, aprender a usar la energía pura de estas fuerzas. Es verdad que la energía psíquica pura que contienen estos arquetipos culturales puede emplearse de formas mágicas. Si no me crees, lee el primer capítulo de mi primer libro y luego sigue con este. Puedes usar todos esos arquetipos maravillosos como Jesús, Superman y Spiderman, pero el hombre del saco no.

Si dejas a un lado toda esa sensación de lucha, no hace falta que entres en una batalla contigo mismo o con alguna parte de la psique colectiva. La energía que no gastamos en luchas internas se puede emplear en crear más amor, sexo y dinero (¡los tres grupos de alimentos psíquicos!). Abandona la lucha contra tu ego. Cambia los modelos y patrones basados en viejas maneras de ser. Puedes acceder a nuevos patrones de conciencia que te proporcionarán una mayor riqueza de oportunidades en todos los aspectos de tu vida. Una conciencia expandida y alterada es la llave que abre las puertas a la oportunidad.

Aquí hay un ejemplo del uso de los arquetipos por parte de un estudiante y «mago» de Matrix Energetics:

Un médico a quien ayudé con su codo de tenista y, más recientemente, con sinusitis y alergias, mueve de un lado a otro la cabeza y dice: «Bob, esto no está bien», cuando su problema desaparece.

Como no estaba convencido del todo, el otro día pasó por aquí y me dijo:

—Bob, he estado teniendo esas cefaleas. Ahora mismo no las sufro, pero ¿podrías hacer algo para que no volvieran a repetirse? *Le dije que por supuesto podíamos intentarlo, y le hice un triángulo arquetípico con una mano sobre su hombro y el triángulo a unos treinta centímetros de su cabeza. Le pregunté:*

—¿Cómo te sentirías si NO volvieras a tener nunca más un dolor de cabeza?

Él se limitó a menear de un lado a otro la cabeza y dijo:

—Bob, al principio pensé que esto era un cuento, pero luego sentí algo... ¡hay ALGO en todo esto!

—Claro —*dije yo*—. ¡Estaba intentando decírtelo!

BB

20

INTENCIÓN HUMANA E INTERVENCIÓN DIVINA

Durante varios años estuve involucrado en una secta mística y allí me enseñaron a usar el poder de la *Palabra hablada* para crear el cambio.[1] Si alguna vez has deseado tragarte tus palabras nada más pronunciarlas, ahí tienes un ejemplo de la vida real sobre cómo las palabras propician el cambio. *Las palabras son copas de luz que contienen patrones holográficos e imágenes.* Al liberar estos modelos auditivos y conceptuales y ponerlos en movimiento, pueden acelerar la manifestación de aquello sobre lo que diriges tu intención concentrada.

He notado que cuanto más grande y poderoso es el sistema de creencias o el concepto, más probable será que se produzca un resultado apreciable en el llamado mundo real. Uno de los conceptos fundamentales de la secta mística a la que pertenecía es que los ángeles y los Maestros son en verdad muy reales y que podemos creer en la intervención divina. *Espera que sucedan milagros y te conectarás con la red espacial de la Matrix en el que los milagros son la regla, no la excepción.*

Si te encuentras en un puente y tu vida está pendiente de un hilo como me pasó a mí, ¡es preferible la Red del Ángel a la Red de Igor!* En otras palabras, en los momentos difíciles, cuando tu vida dependa de tu capacidad de contactar con algo más grande que tú, ¡no seas imbécil!

LOS TRABAJOS DE HÉRCULES

Para que puedas comprender mejor lo que estoy diciendo, déjame contarte unos cuantos ejemplos de una época anterior de mi vida. En mi comunidad espiritual, uno de los Maestros cuya intercesión invocábamos era el dios griego Hércules. Por cierto, como dato curioso, siempre me ha parecido muy interesante que Steve Reeves encarnara a Hércules en las películas. En la serie original de *Superman*, de la década de los cincuenta, George Reeves interpretaba al superhéroe, ¡y, naturalmente, en las películas de *Superman* el actor era el inolvidable Christopher Reeve!

Todo esto me hace cuestionarme si no será que el nombre de Reeves tiene de alguna forma una resonancia armónica con el holograma Superman/Hércules. Me preguntaba si la nueva versión de *Superman* la interpretaría Keanu Reeves. Pero no fue así; en su lugar, *ese* Reeves quedó para siempre identificado con el concepto mismo de Matrix.

Lo que sigue a continuación son dos interacciones que tuvieron los miembros de mi comunidad espiritual con el campo mórfico de Hércules. En el primer ejemplo, varios de ellos se encontraban en medio de la carretera con una rueda pinchada. Aprovechando su entrenamiento espiritual,

---

*. Personaje de la serie de dibujos animados Winnie the Pooh caracterizado por su pesimismo (N. del T.).

decidieron invocar la energía de Hércules para reparar la rueda, aunque probablemente había una de repuesto en el maletero. Para su sorpresa, pero no para la de mis lectores, cantaron un intenso y repetitivo mantra («Asimismo decretarás una cosa, y se te hará realidad»[2]) sin obtener ninguna clase de resultados visibles. ¡La rueda seguía pinchada!

En otro caso sorprendentemente parecido que ocurrió otro día y en una carretera distinta, un pequeño grupo de nuestra comunidad se encontró también varado en mitad de la carretera con una rueda pinchada. Lo mismo que en el caso anterior, invocaron al espíritu de Hércules para que les ayudara, pero esta vez con su *simulación de realidad de la rueda pinchada*. Es decir, aunque estaban rezando a los «dioses», actuaban como si todo dependiera de ellos. En pocos momentos, un escarabajo Volkswagen azul brillante frenó ruidosamente al lado de la carretera. Los buscadores espirituales se quedaron boquiabiertos de la sorpresa cuando un hombre enorme de raza negra salió del vehículo y se acercó, sobrepasándolos con su gran altura.

Sin decir una palabra, el hombre se dirigió a la parte trasera del vehículo estropeado y, agarrando firmemente el parachoques con sus grandes manos, lo alzó a una altura considerable del suelo. Uno de los hombres del grupo, entendiendo inmediatamente el significado del acto de aquella mole humana, cambió rápidamente la rueda. Una vez hecha su buena obra, el amable gigante depositó suavemente el coche sobre la carretera, saludó con la cabeza al grupo, regresó a su pequeño vehículo y ¡sin mirar atrás se alejó a toda velocidad!

En el primer ejemplo, los individuos de la historia trataron de usar la ciencia espiritual para imponerse a la física del mundo real sin obtener resultados notables. Intentaron hacer algo que hubiera sido más fácil y práctico si se hubieran encargado de hacerlo ellos mismos. En el segundo ejemplo, *no había condiciones previas sobre cómo debería aparecer la ayuda, solo una confianza esencial en que lo haría.*

Para resumir la lección ofrecida aquí de otra manera, el indomable Saint Germain dijo una vez a un grupo de seguidores: «Orad como si todo dependiera de nosotros y actuad como si todo dependiera de vosotros». ¡Buen consejo para aplicarlo en tu vida!

Estos dos ejemplos más que te voy a contar de mis interacciones personales con estas energías deberían servir para dejar clara la cuestión. Hace muchos años, mi primera esposa y yo íbamos atravesando el país con nuestros tres niños pequeños en nuestra vieja Suburban naranja para asistir a una conferencia espiritual. La lluvia había estado cayendo continuamente en California durante varios días y las carreteras que llevaban al lugar de la conferencia estaban muy mojadas y enfangadas. Como suele suceder, la naturaleza nos hace pasar por pruebas interesantes de fe y resistencia.

La Suburban quedó totalmente cubierta de un lodo espeso y las ruedas traseras se hundieron hasta una altura de casi dos tercios. Intenté varias veces salir, con las ruedas patinando inútilmente y una frustración cada vez mayor. Convencido de que nada de lo que hiciera podría cambiar la situación en lo más mínimo, recé una breve plegaria a Hércules, razonando que su fuerza legendaria era muy necesaria en ese momento. Dicen que el castigo debe ser proporcional al delito; yo digo que la oración debería ser proporcional a la situación cuando se invocan los poderes del paraíso Matrix.

Luego, caminé tranquilamente alrededor de la parte trasera de mi camioneta y apoyé la espalda contra el parachoques trasero, puse las palmas sobre su guardabarros cromado y lo agarré. Tras otro ruego sentido a Hércules, di un tirón y saqué al coche del barro. Agradablemente sorprendido, fui capaz de ascender con facilidad el resto del camino por una cuesta de treinta grados. Solo después de que las ruedas traseras de la Suburban estuvieran a salvo de nuevo en una carretera seca me detuve para mirar atrás y ver lo lejos que había llegado. Una vez más, este tipo de situaciones es posible, pero solo si ocupas plenamente el territorio del estado de creencia de Matrix donde la ayuda divina es un resultado que razonablemente puede esperarse.

LOS ÁNGELES MUEVEN UNA MONTAÑA DE DIVERSIDAD

Un último caso, para que no pienses que hechos como los que te estoy contando suceden una sola vez en la vida, si es que alguna vez llegan a suceder. Varios años después de este incidente, yo era parte del personal médico de mi comunidad espiritual. Mi maestra espiritual vivía en lo alto de una sinuosa carretera de montaña, al final de una cuesta muy empinada. Una noche de invierno me llamó por teléfono rogándome que subiera a atenderla. Esto era en Montana, en medio de una brutal ola de frío azotada por ventiscas. El camino hacia su retiro de montaña, siempre traicionero, era casi infranqueable esa noche. La carretera estaba cubierta por una capa de hielo gruesa y resbaladiza que parecía cristal.

Mientras subía con mucha precaución por las curvas cerradas en mi incomparable Suburban naranja, me encontré con un semirremolque atravesado en medio de la carretera. Salí de mi vehículo y tuve la grata sorpresa de ver a uno de los camioneros habituales de la comunidad, David. Me dijo que transportaba suministros que tenía que llevar a lo alto de la montaña esa misma tarde.

Decidido a hacer lo que estuviera en mis manos por ayudar, acerqué cuidadosamente mi coche al camión varado. Aparqué situando mi parachoques trasero frente a la parte delantera del camión, y David y yo enganchamos una gruesa cadena a los parachoques de ambos vehículos. Entré en el coche, encendí el motor, pisé suavemente el acelerador, y... ¡no pasó nada!

Recordando que a veces, sin darnos cuenta, hospedamos ángeles,* comprendí la consecuencia de esta frase. Dado que los ángeles se divierten cuando nos empeñamos tercamente en tratar de hacer las cosas sin su ayuda, tiene más sentido *pedir su auxilio*. En la ley espiritual pedir ayuda aumenta la probabilidad de que seas consciente de su presencia y puedan ayudarte. Cuando el estudiante está preparado, los maestros puede que aún esperen un poco para poder reírse, ¡pero a continuación aparecerán sin falta!

Siendo consciente de esta sabiduría, mientras llamaba a gritos en mi interior y dejaba que mis sensaciones se expandieran, sentí una conexión con una presencia benigna de otro mundo. Más esperanzado que antes, volví a pisar suavemente el acelerador. La visión de un grupo de ángeles de color azul brillante levantando la cadena y tirando al unísono brotó inesperadamente en el ojo de mi mente. La cadena llegó a su tope y se atoró un momento mientras las ruedas traseras se hundían en la superficie helada de la carretera, buscando terreno firme.

De repente fue como si el camión y mi Suburban fuesen tan ligeros como una pluma: *las pesadas leyes de la física reemplazadas por la ley angélica*. Ambos vehículos atravesaron rápidamente y sin percances el paso de montaña como si hubieran

---

*. En original la expresión, de origen bíblico, es «entertain Angels»; *entertain* tiene el significado de «hospedar» o «recibir», y asimismo el de «entretener» o «divertir» (N. del T.).

sido lanzados por una gigantesca honda. Cuando le conté esto a mi maestra después de llegar sano y salvo a su puerta, soltó una carcajada y dijo:

—Ahora sí que de verdad eres uno del equipo, ¿eh?

SINCRONIZANDO CON UNA REALIDAD MÁS GRANDE QUE TÚ

Para mí, ser uno del equipo significa que estás en sintonía con la realidad en la que te encuentras. Si quieres ser rico, estudias la mentalidad de la gente que tiene las creencias, los hábitos y las acciones que han demostrado generar ese tipo de resultados. No te sientas en un rincón de la calle lamentándote de tu suerte: ¿acaso sirve de algo? El universo no escucha los lloriqueos y las quejas de tu niño mimado interior. Si tu pareja quiere que vayas a sacar la basura, es más probable que lo hagas si te lo pide en un tono de voz amable. Curiosamente, *si las voces de tu cabeza son agradables, suele ser más fácil manifestar resultados favorables y placenteros.*

REGATEANDO CON LO DIVINO

¿Meditamos, rezamos o intentamos superarnos solo para poder lograr más de lo que queremos? A todo el mundo no le puede tocar la lotería. Por más seguro que esté de lo mucho que Dios ama a todos y cada uno de nosotros, eso supondría *A Whole Lotta Love** (Una inmensa cantidad de amor), y como mínimo habría pleitos judiciales sobre violaciones de derechos de autor. No podemos evitar el dolor, el sufrimiento o la muerte tratando de regatear con nuestra versión de Dios. ¿O sí podemos?

Justo a la salida de Butte, Montana, hay una enorme estatua de granito de la Virgen Bendita. Es un monumento tan imponente que tiene luces de advertencia para que

---

*. Famosa canción del grupo de rock británico Led Zeppelin (N. del T.).

los aviones que vuelan a baja altura no choquen con él. La historia de su construcción es interesante. La esposa de un hombre muy rico estaba muriendo de cáncer. Desesperado, el hombre rezó unas oraciones católicas para que Dios la salvara de su suerte. Y, de repente, en ese momento de dolor se le apareció la Virgen María, susurrándole: «Si la construyes, sanará» (con la música de *Let it Be*, de The Beatles). El hombre aceptó la visión, construyó la estatua, y su esposa se recuperó. Se trata de un monumento al poder de lo que puede ocurrir cuando entras en una poderosa realidad mórfica y aceptas por completo las reglas del juego.

21

HAZ LA VISITA GUIADA. TE ALEGRARÁS DE ELLO

En cada nivel del «juego de la realidad», atraemos a nuestra vida la gente y las experiencias que necesitamos. Con cada nivel de maestría en el que estemos trabajando en el momento, recibimos energías que nos ayudan. Estos patrones benignos de energía o estos individuos que vienen a ayudarnos han superado nuestro nivel particular y están disponibles para ayudarnos. Estas entidades espirituales individuales o *proyecciones holográficas personalizadas de seres que nos ayudan* podrían ser, para nosotros, lo que experimentamos personalmente como ángeles o «guías espirituales». ¡Y pueden tener el aspecto del arcángel Gabriel, tu abuela, Louis Pasteur o quizá incluso un ewok!*

No estoy sugiriendo que cualquier creencia religiosa o espiritual que tengas sea falsa o, en algún sentido, incorrecta. Se trata solo de otra forma de contemplar estos conceptos.

---

*. Personaje de *La Guerra de las Galaxias*.

Espero que algo de lo que digo pueda resultarle útil a quienes leen estas palabras. Cuando logres entender los elementos básicos de estas ideas, *podrás empezar a cocrear nuevos mundos de posibilidad llenos de magia.* Permanece fiel a cualquier cosa que hayas creído hasta ahora, siempre que te sirva.

Sin embargo, si te has ido alejando de las interpretaciones religiosas y científicas, quizá algunas de estas ideas puedan resultarte útiles. Yo creo que los ángeles y los Maestros, los santos y otras entidades, existen aparte de mí y sin ninguna necesidad de mi energía. Y no obstante también he empezado a sospechar que la forma en que los vivo viene coloreada y sazonada por mis conceptos y prejuicios culturales y personales.

Si no has tenido nunca ninguna intervención angélica ni conexiones con espíritus guías en tu vida hasta este momento quizá podrías plantearte imitar a los yoguis Vajrayana y *empezar a crear una conexión.* Al principio es posible que sientas esto como algo que sucede solo en tu mente; sin embargo, si canalizas la suficiente energía punto cero en el campo mórfico especializado de tu intención, puedes crear una relación real con los llamados seres no físicos.

Lo que tú fabricas y mantienes como imagen y luego sueltas a tu subconsciente puede realmente tomar vida propia. Es algo parecido a la historia de Pinocho, en la que el amoroso oficio del solitario artesano de marionetas da vida a su creación.

Mis ángeles y «espíritus guías» me inspiran una gran reverencia y respeto». Cuando unas voces de otro mundo te han salvado la vida no una sino varias veces, llegas a tener una confianza inherente en estos seres. Si has leído mi primer libro, *Matrix Energetics*, conocerás la historia de cómo me atropelló un coche cuando tenía diez años. De repente salí volando casi inconsciente.

Mientras iba descendiendo hacia el pavimento caliente y duro, una voz resonó fuertemente en mi oído, ordenándome: «¡Golpea la colchoneta!». Respondí instantánea e instintivamente realizando un movimiento perfecto de judo que alteró el curso de la caída y me salvó la vida. A esa edad yo lo desconocía todo sobre las artes marciales. ¿Cómo sabía esa voz separada de mi cuerpo lo que tenía que decir para hacerme reaccionar en una décima de segundo? ¿Y cómo sabía yo lo que significaba aquello? ¿Te das cuenta ahora de por qué le doy tanta importancia a confiar en los guías internos?

Muchos años más tarde, estaba llevando a su casa a alguien que vivía en lo alto de un paso de montaña escarpada. Estábamos en pleno invierno, en Montana, y mi Suburban iba arrastrándose lentamente cuesta arriba en medio de una tormenta de nieve. De repente la misma voz que salvó mi vida cuando tenía diez años volvió a dirigirse a mí en tono imperativo, diciendo: «¡Sal del coche y pega la oreja al suelo!». Empecé a discutir con la voz: «¡Hace mucho frío ahí fuera! ¡No voy a hacer eso!». Unos instantes más tarde la misma voz repitió el mensaje, pero en esa ocasión la urgencia de la petición se había transformado en una orden, una orden que no me atreví a desobedecer. Salí del coche y pegué la oreja al suelo helado.

Inmediatamente oí el sonido del aire que salía silbando de un pinchazo en la rueda trasera izquierda. ¡Esa presencia imperiosa que no podía ver o identificar acababa de salvarme una vez más la vida! ¿Cuántas veces tiene que suceder algo como esto para que aprendas a confiar? En mi caso fue bastante con una. *Espera milagros*, y los tendrás.

ELIGE CUIDADOSAMENTE CUÁNDO Y
CÓMO ESCUCHAR A TU GUÍA

He tenido experiencias realmente buenas al escuchar a cierta voz interna que para mí pertenece a mi guía guardián y amigo. ¿Quiere esto decir que deberías escuchar a todas las voces que aparecen en tu cabeza? Está claro que esta es una idea estúpida y que puede incluso llegar a ser peligrosa. ¿Alguna vez te has quedado mirando desde un lugar elevado y has oído una voz que te dice que saltes? A mí me ha pasado, y estoy seguro de que a muchos de vosotros también. ¿Deberías escuchar esta voz? ¡No, nunca! Entonces, ¿cómo reconoces la diferencia?

Si escuchas una voz que te hace sentir amado y protegido, puede que esa sea la voz a la que tienes que prestar atención. Date cuenta de que no dije halagar. Las voces halagadoras son lo mismo que las que te dicen que saltes de un lugar alto o que cometas otras estupideces, o las que puedan ser peligrosas para ti o para los demás. Si escuchas voces como esas, deberías ir corriendo a ver a un profesional que pueda ofrecerte una buena ayuda psicológica. Cualquier voz que te alabe o te condene (a veces en una misma frase) no está aquí para ayudarte ni para guiarte. También deberías poner en tu lista de voces sospechosas a cualquiera de ellas que te diga que si no dejas de hacer algo te volverás ciego o irás al infierno, o cualquier otra cosa que se le ocurra.

Sospecho que algunos miembros de la comunidad psicológica podrían leer estas palabras y clasificarme educadamente con la etiqueta de loco; y por supuesto, tienen todo el derecho del mundo a hacerlo. De hecho, desde la caja perceptual que se han construido no hay otra interpretación posible, y eso es perfecto para ellos. Pero a mí eso no me afecta en absoluto. No me gustaría estar sin mis guardianes y mis guías. Tampoco obedecería una voz que me pidiera que me tirase desde un lugar alto para que los ángeles pudieran recogerme. ¡No voy a hacer caso de ese tipo de irracionalidades y tú tampoco deberías hacerlo!

SI NO PUEDES CONFIAR EN TU GUÍA SUPERIOR, «CONTRATA» OTRO

El doctor Mark Dunn tenía guías que creaba mentalmente y a los que luego daba permiso para actuar en su nombre. Un pequeño problema que tenía es que, a veces, lo que sus guías le decían era o inexacto o completamente erróneo. ¿Qué haces cuando un empleado no trabaja de acuerdo con los requisitos y requerimientos de su puesto? Eso es: *lo despides*. Luego, revisas conscientemente tus necesidades y expectativas para que la próxima persona que contrates sea más correcta y se acerque más a lo que necesitas. Si la voz de tu «ser superior» se equivoca constantemente o está siempre irascible, despídela y contrata a otra.

Si le preguntaras a Mark o a cualquier otro de mis estudiantes, te dirían que han despedido a numerosos guías que no daban la talla. Haz tú lo mismo: ¡échalos a la calle y empieza de nuevo! Sigue revisando tus necesidades y expectativas para encontrar un «espíritu que te ayude». Si simplemente te estás inventando todo esto, podrás hacer cualquier cosa que quieras. Y si tus espíritus guías son reales, tiene incluso más sentido realizar audiciones para encontrar al adecuado.

EJERCICIO PARA CREAR CONFIANZA CON TU GUÍA INTERNO

Una forma realmente sencilla de realizar este ejercicio consiste en hacer preguntas sencillas cuyas respuestas puedan verificarse fácilmente. Estoy seguro de que la mayoría hemos tenido la experiencia de estar metidos de lleno en un atasco en la hora punta cuando volvíamos a casa después de un agotador día de trabajo. Sé que algunas veces te has reñido a ti mismo por no escuchar el impulso de tu voz interior, la que te dijo que tomaras una ruta alternativa para volver a casa ese día concreto. ¿Por qué no empiezas a impulsar a ese guía para que participe más activamente en tu vida de forma habitual? Cuando entras en el coche para ir a algún sitio, pregúntale a tu guía: «¿Qué camino debo elegir para ir a casa?». Preséntale alternativas claras, de una en una, y luego haz una pausa y trata de escuchar o sentir una respuesta afirmativa. Si no estás seguro, pregunta otra vez y sé paciente.

Pon siempre en práctica el consejo que has recibido, aunque en alguna ocasión resulte ser incorrecto. Estás tejiendo los hilos de un fuerte vínculo intuitivo, y como la malvada bruja decía en *El mago de Oz*: «¡Estas cosas hay que hacerlas con delicadeza!». Si te sirve de algo salir y comprar unas zapatillas color rubí, o quizá unas zapatillas verdes para jugar al tenis como las que George Harrison usaba en las escenas del tejado de la película *Let It Be*, ¡por Dios, hazlo! Solo recuerda una cosa: aquí no se trata tanto de lo que te pongas como de hallarte en el *estado apropiado* para recibir la información deseada.

Ya sabes lo que hacer si la información resulta ser repetidamente errónea, ¿no? Eso mismo: «¡Estás despedido!». Llama al próximo candidato al puesto de guía. Si despides al suficiente número de voces de tu cabeza, la mejor de todas terminará por subir a la superficie. Por supuesto, siempre puedes reunirte con tu guía y exponerle tus quejas si todavía no estás lo bastante preparado para despedirlo directamente. Intenta escribir todo lo que quieres y esperas de un guía para que cuando tengas una reunión, poseas claridad y determinación. Una regla básica que te sugiero es que si la información que recibes es críptica o expresada en símbolos, te inclines más a creerla. A menudo los guías se comunican por medio del lenguaje simbólico del hemisferio derecho.

ESCUCHANDO LA VOZ DE LA OPORTUNIDAD

El año pasado, en el seminario que realizamos en Vancouver, elegí al azar a un joven que estaba en el público y le pedí que subiera al escenario. Cuando lo hizo, nos contó algo increíble. Dijo que trabajaba de programador informático en Londres y que un día estaba sentado en su puesto cuando oyó una voz poderosa y desconocida que le decía que debía aprender Matrix Energetics.

Intrigado, realizó una búsqueda en Internet y rápidamente llegó a nuestra página web. Pasó varias horas delante del ordenador mirando vídeos y leyendo todo lo que pudo. Y sin embargo, nada de aquello tenía ningún sentido para él. Era un experto en *software*, y todo ese asunto de Matrix Energetics parecía tratar sobre sanación y transformación. «Sí, claro —pensó—, sea lo que sea *eso*». Pero había algo allí que *le habló*, quizá en el sentido literal del término.

Incapaz de quitarse de la cabeza esa voz y dejándose llevar solo por la fe, compró un billete de avión para Vancouver. Al llegar a este punto de la historia le pregunté si cuando era niño no había hecho nunca uno de esos teléfonos que se fabrican con dos latas y un hilo. Me contestó que sí. Esa era toda la apertura que requería. Inmediatamente le hice llevarse una lata imaginaria a la oreja mientras yo ataba el hilo a la otra lata y caminaba entre el público.

Cuando llegué lo suficientemente lejos, le hablé en una voz profunda y potente desde mi extremo de nuestro imaginario artefacto de comunicación:

—Te está hablando Dios —le dije.

Se cayó de la silla en un estado de conciencia muy alterado y permaneció allí durante casi una hora. Cuando volvió a su realidad normal, o consensuada, simplemente ya no era el mismo. Disfrutó tanto el seminario que parecía como si fuera un pez al que se le hubiera obligado a respirar el aire de la superficie toda su vida y de repente una fuerza benévola lo hubiera sumergido en el agua. Para él fue como volver a casa.

SUBE EL VOLUMEN

Si ya escuchas cómo te habla la voz de tu intuición (y la mayoría de nosotros lo hace), ¿cómo podrías sacar partido de esa capacidad? Para mí está claro que si escuchas lo que la Biblia llama *la pequeña y tranquila voz que habla en tu interior*, ¡lo mejor que puedes hacer es subirle el volumen! ¿Alguna vez has estado viajando en tu coche con la radio puesta al mínimo solo para hacerte compañía? Mientras estás conduciendo te llegan débilmente los conocidos acordes de una canción que interrumpen tu ensoñación meditativa. Sonríes al reconocerla, alargas rápidamente la mano y subes el volumen.

EJERCICIO PARA DESARROLLAR TU SISTEMA ESTÉREO DE INTUICIÓN

Me pregunto si alguna vez te has puesto a pensar en una de esas magníficas viejas canciones que no habías escuchado en años. Dejándote llevar por ese antojo, pones la radio y descubres que está sonando la misma canción que tenías en la cabeza. Así es como puedes estimular tu clarividencia. Quizá necesites *mirar hacia abajo y a la izquierda o a la derecha* mientras encuentres el botón «on» de tu estéreo de intuición, lo pulsas y le subes el volumen. Te espero hasta que lo hagas. ¡Vamos!, ¿a qué esperas?

Puede que algunos de quienes leéis esto llevéis unas vidas tan ajetreadas que os hayáis olvidado temporalmente de cómo se escucha. Si tú eres uno de ellos, esto podría suponer unos cuantos minutos extra de trabajo, pero valdrá la pena. Quiero que leas este párrafo y luego dejes el libro a un lado, cierres los ojos y entres en un estado de relajación. Cuando estés ahí, *mira atentamente a tu sistema estéreo de intuición*. Haz primero lo más sencillo: ¡mira hacia abajo y asegúrate de que está enchufado!

Ahora encuentra la tecla de «on» y púlsala. Si funciona, *sintoniza la emisora del guía o del ángel*. Si no sabes en qué canal están los ángeles, consulta la guía de programas de tu subconsciente. Te ayudará a hallar la emisora de música ambiental. Asegúrate de que marcas tu canal preferido como favorito para que así sea más fácil volver a localizarlo. ¿Cómo sabes cuál es la emisora adecuada? Simplemente *lo sabrás*. No porque siempre vayas a escuchar solo lo que quieras, sino porque incluso la música desconocida te hace *sentir tan bien* cuando la escuchas que no querrás cambiar el canal.

CONSEJOS PARA SOLUCIONAR PROBLEMAS

1. Si has hecho todo lo que te he sugerido y todavía no obtienes una señal clara, vuelve al interior de tu mente y comprueba los altavoces de tu sistema estéreo de intuición. ¿Están conectados los cables de los altavoces? Examínalos cuidadosamente para asegurarte de que no hay roturas en ellos ni están deshilachados y de que el otro extremo del cable está conectado adecuadamente a los terminales del altavoz del equipo.

2. Si todas las conexiones parecen encontrarse bien y estás enchufado, quizá tengas un problema de recepción en tu área de especialidad. Algunos nos hemos tomado tan en serio nuestros trabajos que se nos ha olvidado cómo se juega. Si crees que puedes ser una

persona con problemas de recepción o con dificultades para ser receptiva, sigue con atención los pasos 3 y 4.

3. Si en ocasiones la recepción es un problema para ti, *acostarte y olvidarte de tus problemas* durante un breve espacio de tiempo te ayudará. Quizá el canal del trabajo interfiere en la señal de la emisora de tu intuición. No te esfuerces en arreglar esto. Relájate aun más, permitiéndote sumergirte profundamente en la última vez que lo pasaste realmente bien.

4. Si no puedes recordar la última vez que lo pasaste bien, quizá tu paquete básico de vida necesite una actualización. Ve a ver una película tonta, lee un libro divertido o incluso ¡crea tu propia banda de rock!

5. Si ya no recuerdas cómo se divierte uno, suelta este libro y aléjate de él. Hazlo ahora mismo. Te esperaré. ¿Todavía no has vuelto? ¿No? ¡Bueno, me imagino que has decidido pasarlo bien a pesar de lo que todas esas voces exigentes de adultos que tienes en la cabeza siguen diciéndote!

6. Quiero que encuentres esa voz de tu cabeza que siempre te está ordenando lo que tienes que hacer... Ya sabes, la que te dice cosas como: «Cómete las verduras», «Cepíllate el pelo» y «¿No pretenderás salir a la calle con esa pinta, eh, jovencita?». O mi favorita: «¡Porque lo digo yo!».

Aparta esas voces (estén donde estén, suenen como suenen) a un lado, o mejor aun, ponlas detrás de ti, muy lejos, deja que vayan encogiéndose hasta quedarse reducidas a un punto minúsculo en la distancia.

Ahí. Eso está mejor, ¿verdad?

HISTORIA DE UN PRACTICANTE DE MATRIX ENERGETICS SOBRE EL ACCESO A LA GUÍA INTERIOR

Una de las muchas experiencias y cambios sorprendentes que he tenido en mi vida desde que encontré Matrix Energetics: hace poco me desperté de madrugada con un miedo que, en aquel momento, sentía que me dejaba incapacitado. Empecé a preocuparme por todo lo posible: el dinero, la vida, la universidad y la salud. Todo me daba miedo, cualquier cosa por la que pudiera estresarme, pero no tenía ni idea de a qué venía ese temor. Sabía que había otra manera de ver las cosas, y sin embargo, cuanto más luchaba contra ello, más se tensaba mi cuerpo y más me estresaba.

Alrededor de las cinco y media una voz dijo:

—Vete al gimnasio.

Sí, claro. ¡Eran las cinco y media de la mañana! De ninguna manera iba a ir al gimnasio. Y sabía cómo desdoblarme en dos seres paralelos para que la «otra» parte de mí fuera a hacer ejercicio. Necesitaba quedarme allí, sin moverme, y resolver ese «asunto del estrés». Escuché de nuevo la voz diciendo firmemente:

—¡VE AL GIMNASIO!

Respondí enfadado:

—De acuerdo. ¡Tú ganas!

Me levanté y me fui al gimnasio. Cuando llegué allí, vi a algunos de mis amigos que iban a entrenar temprano. Sonreí, dije buenos días y saludé con la mano. Todos actuaron como si no me vieran, como si fuera invisible. Me encogí de hombros y busqué una máquina para correr en ella. Me dirigí a la que solía usar pero mi cuerpo siguió caminando (como si no pudiera controlarlo) hasta que llegó a un nuevo equipo de cardio. Conecté el reloj monitor de pulsaciones cardiacas (que mostraba las pulsaciones y las calorías quemadas) y empecé a correr.

Tras cinco minutos de ejercicio, me encontraba exhausto. Estoy en forma y nunca he sudado tanto tan rápidamente. Al momento siguiente una voz en mi interior me dijo:

—Cierra los ojos.

Intuitivamente sabía que estaba a punto de aprender y vivir algo nuevo. Obedecí.

Cerré los ojos y oí:

—Dibuja tu holograma.

Antes de que la voz hubiera terminado de decirlo, apareció delante de mí un holograma de mí mismo, en el centro de lo que parecía un cielo negro. Caminé frente a mi visión y, lo suficientemente cerca para tocarla, vi una luz blanca, motas brillantes de polvo y algo que se agitaba ligeramente. Era mi otro yo: mi Ser Superior, el corazón de mi ser (como quieras llamarlo). ¡Mi Ser Superior estaba trabajando en mi holograma!

De pronto, sin saber cómo, me vi tocando el holograma, ajustando líneas, limpiándolo y notando lo que percibía. Luego desde detrás del holograma, desde las profundidades del cielo oscuro, surgieron números (frecuencias) que volaban hacia el holograma. Partes de este se encendían y ahí es a donde iban las frecuencias para hacer lo que tenían que hacer.

Como surgidos de la nada, aparecieron de repente algunos de mis guías (mi abuela, Einstein, mi perro, Jake, Jesús, Buda y los ángeles), y les oí decir:

—Vamos a jugar.

Parecía como si todos nos hubiéramos sentado alrededor de una mesa redonda. En el centro estaba mi holograma y alrededor de la mesa todos los demás, entre ellos mi Ser Superior, y todos estábamos allí para jugar. En el holograma me mostraron que no había diferencia entre ellos y yo; éramos iguales porque todos veníamos de la energía del amor.

Luego volví a oír la voz, que decía:

—*Encuentra la paz.*

Ahí es cuando sentí que mis piernas seguían corriendo, y mi brazo físico se movía rápidamente detrás de mí. Podía sentir el brazo estirándose mucho más allá de lo físicamente posible y cómo agarraba un «objeto» que transmitía la sensación de paz. Lo traje y lo dejé caer directamente en el holograma. En el momento en que lo solté, el holograma cayó de su forma fija en el cielo oscuro. Desapareció, y todo lo demás se desvaneció con él. Por primera vez desde que los había cerrado, mis ojos se abrieron, y al hacerlo fue como si tomara el primer aliento de mi vida. Sentí una gran paz y una sensación de alivio. No estaba seguro de lo que acababa de suceder. Miré la máquina y vi que indicaba cuarenta minutos. ¡No podía creerlo! Luego miré mi reloj (un monitor de pulsaciones cardiacas) para asegurarme todavía más y comprobé que ¡había quemado 800 calorías en cuarenta minutos! Eso no es posible, de manera que volví a mirar el registro de las pulsaciones que había tenido durante el ejercicio. Era muy confuso: 105 a 190 a 210... y así seguía.

Salí de la máquina, buscando a un amigo a quien pudiera explicarle lo que acababa de ocurrirme, pero de nuevo mis amigos actuaban como si no pudieran verme. Llamé a algunos por teléfono y todos me interrumpían y se disculpaban diciendo que lo único que podían oír era «bla,bla,bla,bla...».

¡Para mí es un verdadero privilegio haber vivido un despertar tan increíble como este! Alguien me preguntó una vez si podría volver atrás y sentirlo otra vez, y le dije:

—*Sí, está justo aquí.*

Y de manera automática la mano se me movió hacia una figura que había a la izquierda de mi cuerpo y la apretó. En seguida experimenté una gran sensación de paz y apertura.

TS, Maestro practicante Certificado
de Matrix Energetics

22

EL PEQUEÑO LIBRO DE LAS
GRANDES AVENTURAS DE MARK

A estas alturas ya conocerás al doctor Mark Dunn, mi mejor amigo y antiguo socio con quien enseñaba en los seminarios de Matrix Energetics; también sabrás que tiene cierta propensión a sufrir accidentes. Los principios de su carrera como vidente profesional no fueron excesivamente prometedores. Mark ve cosas que una persona normal por lo general no puede ver y a menudo es extraordinariamente preciso. Pero no siempre fue así.

EL RECORRIDO DEL DOCTOR DUNN HACIA LA MAESTRÍA: UN VIAJE LARGO Y EXTRAÑO

Cuando Mark empezó a estudiar conmigo, hace más de diez años, no podía, según admitía él mismo, ver, oír o sentir nada más allá del alcance normal del territorio de los cinco sentidos. Solía exasperarse conmigo cuando le salía con alguna información clínica que no había obtenido por los medios normales que se usan para recoger información médica. Saltaba y exclamaba (la objeción habitual de la mente consciente a la información obtenida a través de canales o métodos no convencionales):

—¿Cómo sabes eso? ¡No me digas que lo has «oído», porque eso me pone furioso!

Para ayudarle a obtener todas las ventajas que podía proporcionarle, llegué a ponerle un radio-cassette bajo la silla en la sala donde trabajaba conmigo a diario. Hacía sonar una cinta de sugestiones subliminales enterradas profundamente en un paisaje onírico de sonidos de surf y música suave. No sé si sirvió de algo, pero si te gusta la idea de la sugestión para acceder a estados alterados de conciencia, *puedes imaginarte que estás escuchando esta misma cinta cada vez que leas el libro.*

Uno de los puntos de inflexión en la evolución de su conciencia llegó cuando Mark y yo asistimos a un curso básico sobre el proceso inicial del viaje chamánico, o viaje interior. ¡Mark tenía encuentros mentales extraordinarios con Spike, el vampiro de la serie *Buffy cazavampiros*, el mago Merlín y Jabba el Hutt en una tienda de ropa vaquera! O algo no funcionaba bien en su cabeza, o estaba empezando a mostrar los primeros y frustrantes indicios de las capacidades increíbles y complejas (como acceder a los arquetipos y a la imaginería de los sueños) que hoy día exhibe habitualmente con gran facilidad. ¡Basándome en lo que sé de este extraordinario individuo, me quedo con la última interpretación!

Curiosamente, la persona que enseñaba este curso básico admitió delante de la clase que al principio ¡no conseguía en absoluto realizar el viaje interior! Cuando Mark oyó hablar por vez primera del chamanismo, se esforzó día a día durante dos años antes de realizar un solo viaje satisfactorio. Simplemente no se rindió. EN EL PROCESO DEL DESARROLLO DE

TUS CAPACIDADES INTUITIVAS, NO EXISTE EL FRACASO. SOLO HAY RESULTADOS E INFORMACIÓN. Persiste de una forma relajada y desarrollarás tus propias capacidades extrasensoriales. Los puntos clave para desarrollar una nueva capacidad son: relájate y déjate llevar, no juzgues y crea mentalmente un entorno seguro en el que puedas explorar los estados alterados y las capacidades paranormales.

EL PRIMER GUÍA INTERIOR DE MARK

Al poco de asistir a ese curso de chamanismo, Mark recibió su primer «guía interior»: un ratón de dibujos animados, y no, ¡no era el ratón famoso! De vez en cuando este guía le contaba a Mark cosas que parecían útiles. Solo había un pequeño problema: la mayor parte de lo que mi amigo escuchaba con su «oído interno» era erróneo, según le informaban sus pacientes.

Repito: el fracaso no existe. Solo hay resultados e información. Las bromas del guía de Mark coincidían con una canción que mi profesor de la clínica Bastyr escribió, llamada *Mi guía Clyde*. En la canción Clyde estaba todo el tiempo dándole a la persona información que a la larga resultaba completamente equivocada. En el verso final, el protagonista por fin HACE LA PREGUNTA CLAVE: «¿Cómo es que tantas de las cosas que me has dicho han resultado ser falsas?». Pues resulta que Clyde el guía era alcohólico y simplemente se inventaba cosas. ¡Es conveniente examinar a los espíritus para asegurarnos de que no le dan a la bebida! Desarrollar el discernimiento es una de las primeras pruebas que debes superar en el camino hacia la iluminación espiritual. De alguna manera se acentúa esta enseñanza en todas las tradiciones de las Escuelas de Misterios que conozco.

CUESTIÓNATE SIEMPRE LA INFORMACIÓN QUE RECIBES A TRAVÉS DE CUALQUIER MEDIO. Nunca te vuelvas complaciente en este proceso. Eso te servirá de mucho, pues añadirá nuevas dimensiones a tu experiencia vital. Después de decir esto, déjame advertirte que no debes nunca desanimarte ni rendirte. Y tampoco des por sentado que sabes algo o que tu punto de vista representa la verdad absoluta. Conforme tu capacidad de percibir de una manera nueva aumenta, tus percepciones de lo que es verdad para ti a menudo se transformarán y cambiarán.

Más o menos al mismo tiempo de que apareciera el ratón de los dibujos animados como guía de Mark, otro fenómeno empezó también a producirse en su mundo. A veces cuando estaba hablando con un paciente, podía ver burbujas o esferas azules intermitentes interactuando con ciertas partes de su anatomía. Como era lo suficientemente inteligente para no creer sus impresiones psíquicas iniciales, si veía una burbuja azul sobre el hombro del paciente, le preguntaba si tenía un problema en esa zona en particular. Por lo general el paciente exclamaba: «¡No!». Con el tiempo se volvió más preciso, ¡mucho más preciso! Nota lo que percibes, pero nunca des por hecho que la información es real o, a la larga, importante. En otras palabras, juzga tus rectos juicios. Lo que esto significa es que sigas la energía del momento.

Tras soportar durante un tiempo el «fenómeno de las burbujas azules», Mark decidió que iba a preparar el terreno para volverse más exacto. Un día fui a su consulta y lo vi acuclillado sobre una tabla de anatomía con un péndulo oscilando entre sus dedos índice y medio. Estaba haciendo pacientemente preguntas sobre su próximo paciente antes de que este acudiera a su cita. DESCUBRE O INVESTIGA TUS PROPIAS FORMAS DE OBTENER INFORMACIÓN INTUITIVA Y PERSONALIZADA.

Alguna gente usa pruebas musculares, péndulos, imaginería de los sueños, sueños lúcidos, viajes chamánicos, meditación y otros métodos. Investiga y descubre lo que funciona en tu caso. Al final este proceso implicó muchos ensayos y errores, pero gradualmente, durante un periodo de un año, su exactitud empezó a mejorar. Como Mark siempre verificaba cualquier información que conseguía intuitivamente, no había ningún problema a la hora de intentar predecir cosas acerca de sus pacientes. Esto le proporcionó un refugio conceptual seguro en el que su talento podía florecer y crecer. Confía pero comprueba. Nunca asumas que la información psíquica es exacta o correcta. Busca constantemente la verificación a través de los medios a tu alcance y esfuérzate en mejorar en todo momento tu exactitud de formas sencillas y prácticas.

LECCIONES AVANZADAS SOBRE LA DUALIDAD

Quizá no creas mucho en los ángeles. Mi querido amigo Mark tampoco estaba muy seguro de que existieran. Después de todo, nunca había visto uno y no podía afirmar abiertamente que le hubieran salvado la vida alguna vez. Mark había escuchado muchas historias, pero nunca había sentido conscientemente la presencia de un ángel. Así que un día decidió inventarse uno. Una vez que ya tenía la idea, investigó en Internet. En su búsqueda, descubrió que la mayor parte de la información era sobre el arcángel Gabriel, de manera que decidió que este le serviría de modelo para crear su propio ángel.

Sumergiéndose en un profundo proceso meditativo, Mark interactuó con el campo mórfico del universo. Se concentró fijamente para tratar de «canalizar» los patrones de energía angélica en un modelo creado mentalmente. Cuando completó esta construcción mental de realidad virtual, le dio toda la apariencia de estar viva. ¡Has oído bien! Mark podía caminar y hablar con su versión del arcángel Gabriel.

Yo en ese momento no lo sabía, pero en realidad existe un precedente de esto que se halla muy implantado en una tradición espiritual particular. Hay una secta hindú de yoguis que tienen una práctica parecida a la que Mark creó por sí mismo instintivamente. Memorizan hasta el último detalle una forma divina previamente elegida. Con el tiempo, el practicante, a través de una profunda meditación y concentración sobre esa forma divina, desarrolla la capacidad de interactuar con ella de una manera similar a la simulación de la realidad virtual. Al final el aspirante de esta sorprendente disciplina será capaz de ver la forma tan claramente como una mesa o una silla y de interactuar con ella también. Michael Talbot habla sobre este proceso en su libro *Misticismo y física moderna*.

DEBE HABER HABIDO ALGUNA MAGIA EN ESAS VIEJAS ALAS QUE ENCONTRÓ
(CANTADO CON LA MÚSICA DE «FROSTY THE SNOWMAN»)

Al parecer Mark había tropezado intuitivamente con el enfoque de la dualidad. Un día estaba trabajando en la consulta y llegó una paciente con un cólico biliar agudo, doblada por el fuerte dolor que sufría. Este estado puede constituir una verdadera emergencia médica. Consciente de que su obligación era informarla de que la primera puerta de entrada era la atención médica, Mark le dijo que debería ir a urgencias. Pero ella le preguntó si podía intentar hacer algo antes de recurrir a esa opción, y él asintió. Veinte minutos más tarde, la mujer seguía sintiéndose muy mal y Mark había utilizado todos los recursos y técnicas de que disponía para ayudarla, o al menos eso es lo que pensaba.

GABRIEL SE VUELVE REAL

Mirando por toda la habitación para encontrar algo que pudiera ayudarle, su mirada se posó en su versión del arcángel Gabriel. ¡De todas las cosas que podía hacer en ese momento, a su ángel virtual no se le había ocurrido otra que ponerse a comer un sándwich de plátano y mantequilla de cacahuete! Irritado, Mark se dirigió al ángel y le gritó:

—¿No puedes hacer nada para arreglar esto?

El ángel, que estaba sentado, se levantó lentamente y, todavía masticando, caminó hacia la paciente y le hundió su mano incorpórea en el abdomen. Al instante el dolor de la mujer desapareció por completo.

—¿Qué has hecho? –preguntó ella, alterada por el cese repentino de sus síntomas.

Mark, que se sentía un poco enfermo, le dijo:

—Créame, señora, ¡es mejor que no lo sepa!

Con eso Mark la convenció de la necesidad de ir de todas formas a urgencias para asegurarse. Ella hizo lo que le pedía pero a todos los efectos la crisis estaba resuelta.

No hace falta que te diga que después de eso durante un tiempo Mark veía ángeles en todo lo que hacía. De hecho, el día después de aquella experiencia con la mujer de la vesícula biliar «ardiente», fui a la consulta de Mark y lo encontré en una posición meditativa, con la cabeza agachada hacia el suelo en una postura de reverencia. Pude ver vagamente el contorno de dos formas brillantes que estaban de pie frente a él.

—Shhh, estoy comunicándome con mis ángeles –me dijo. Asentí con la cabeza en un reconocimiento silencioso, salí de la estancia y cerré suavemente la puerta.

A LA LUZ DE TODO ESTO, VISITEMOS AHORA EL LADO OSCURO

Este fue el comienzo de Mark y un curso intensivo de lecciones sobre dualidad. Seguramente para ti no sea difícil entenderlo. Si creas unas reglas en tu inconsciente para polarizarlo o dividirlo todo en contrarios, ¿qué es lo que encuentras al otro lado de los ángeles, en el lado equivocado de las luces, podríamos decir? Eso es. Has ganado un premio. Si hay ángeles en un sentido relativo, en la expresión de la dualidad debe también haber demonios. ¡Ta,ta,ta,ta,ta! ¡Leones y tigres y demonios, oh Dios!

Mark empezó a ver espíritus posesivos en todos los pacientes con los que trabajaba. Durante un tiempo su práctica médica se parecía mucho más a un exorcismo que a nada de lo que se enseña en la facultad de medicina. Desarrolló hasta tal punto esta fase de su aprendizaje que otro supuesto guerrero espiritual le pidió ayuda para exorcizar una iglesia poseída por espíritus. ¿A quién le hace falta ir al cine cuando su propia vida comienza a tomar este cariz?

Durante unos cuantos meses Mark se dedicó al equivalente clínico de una guerra espiritual. En las culturas primitivas y en el pensamiento chamánico, los espíritus posesivos se ven como la causa de todo patrón de enfermedad o estado. El Nuevo Testamento muestra la influencia de esta idea en muchos ejemplos en los que Jesús realizó una sanación arrojando a los espíritus impuros. Mark, durante un tiempo, adoptó un modelo parecido, o chamánico, de realidad. ¡En cualquier parte que mirara descubría espíritus posesivos!

Al final cargar con una espada imaginaria batallando contra fuerzas invisibles pierde su encanto. Y sí, claro, ¡puedes empezar a volverte un poco loco! Recuerda lo que he dicho en otras partes de este libro: el concepto de superposición permite que se dé el estado de la totalidad de las posibilidades. En cuanto eliges un modelo perceptivo determinado como realidad, mirarás a la vida en todos sus múltiples aspectos a través de las lentes de las creencias que has elegido adoptar. Verás lo que esperas ver dentro de las restricciones de tu modelo individual o cultural.

Si no te gusta lo que estás viendo o viviendo en tu vida, una manera excelente de empezar a moldearla en un conjunto de experiencias más deseables es cambiar lo que buscas y esperas. Finalmente Mark se había dado cuenta de que sus percepciones podían verse como un caleidoscopio. Si no le gustaba lo que estaba observando, o si ver las cosas de una manera determinada no le ayudaba, podía cambiar el alcance de su percepción. Lo mismo que con el caleidoscopio, cuando haces girar el mecanismo del juguete, aparecen ante tus propios ojos patrones diferentes.

Cuando Mark dejó de esperar un determinado resultado y se relajó, empezó a esperar que cualquier cosa que viera o encontrara tuviera una utilidad única en el momento. Si se encontraba en una realidad incómoda, o no del todo útil, adoptó el hábito de hacerse preguntas del tipo: «Si pudiera ver algo que ayudase realmente al máximo a este individuo en este momento, ¿qué sería?». Entonces centraba su conciencia suavemente en su corazón y esperaba a lo que apareciera. Al hacer esto, se desprendía de la necesidad de juzgar o analizar la información, y esto cambiaba la naturaleza y el carácter de todo el encuentro.

Esta fue probablemente una de las lecciones más poderosas que he aprendido de Mark. Si no te gusta lo que tu experiencia de vida te está mostrando, entra en el sagrado espacio de tu corazón, y desde esta posición privilegiada pregunta: «Si comenzase a tener una experiencia vital nueva y mejor, ¿cómo sería o cómo la sentiría?». Confía en que el universo escucha tu petición interna y ve cómo puede cambiar la vida para ti. ¡Los milagros están en todas partes; basta con que abras los ojos para verlos!

23

CREANDO MODELOS
ARTIFICIALES AVANZADOS

Mi amigo y mentor, el doctor M. L. Rees, llevaba un gran cristal sobre el pecho, en el área que tradicionalmente algunas culturas y sistemas de creencias identifican con el chakra del corazón.[1] Llamaba a este cristal «Doc Harmonic». Lo había diseñado para que le conectara energéticamente con varios dispositivos basados en medios cristalinos programados, que tenía en su consulta, ubicada en uno de los lugares más sorprendentes que puedas imaginar: Sedan, Kansas. El concepto que creó fue el de programar estos dispositivos con una intención específica para sanar o corregir enfermedades o problemas específicos.

El doctor Bill Tiller, experto en energías sutiles y psicoenergética, habla de imprimir en dispositivos eléctricos bastante simples una intención mental programada específicamente para ejecutar tareas muy concretas, como adaptar el pH de una habitación o cambiar otros parámetros físicos que son objetivamente verificables y se pueden medir con instrumentos científicos. Escribió sobre estos experimentos en un libro maravilloso que provoca un cambio de paradigma llamado *Some Experiments in Science with Real Magic*.

Tiller se parece mucho al arquetipo que algunos tienen del mago sabio. ¿Podría ser porque hace más de treinta años se embarcó en un curso personal para lograr el autodominio, del que formaban parte la meditación, la concentración y el yoga? Tiller es uno de los físicos que evaluaron las afirmaciones de los científicos rusos acerca de los poderes psíquicos en los años de la Guerra Fría.

Muchos de los científicos que vieron a Uri Geller y a los rusos, supuestamente dotados de facultades extrasensoriales, realizar hazañas que, al parecer, implicaban poderes psíquicos declararon que lo que veían era el resultado de juegos de prestidigitación y trucos de feria. Tiller fue uno de los escasos disidentes que alzaron la voz para anunciar su convencimiento de que había algo cierto en lo que estaba observando.

En su opinión, quizá aún no habíamos desarrollado equipos de medición lo bastante sensibles para llegar a entender lo que «realmente estaba sucediendo». Asimismo afirmó que es posible desarrollar estas facultades hasta cierto punto; por eso decidió afinar sus mecanismos sensoriales embarcándose en un viaje de autodescubrimiento y disciplina espiritual.

Con el curso de los años, Tiller formuló un conjunto de hipótesis en constante evolución que pretendían explicar los fenómenos de los que fue testigo muchos años atrás en el laboratorio estatal en el que trabajaba. Su viaje de descubrimiento personal y autodominio continúa hasta la fecha.

Por su parte, Rees tenía una mentalidad muy científica, y fue incluso parte del equipo de ingenieros que crearon las

pequeñas cajas negras que se colocaron en los aviones alia-
dos en la Segunda Guerra Mundial. Estos aparatos emitían
una señal a las fuerzas aliadas en tierra, identificando al avión
como amigo en lugar de enemigo. Rees se licenció más tarde
en osteopatía y quiropráctica, pero no se detuvo ahí. Durante
un periodo de cuarenta años desarrolló muchas innovacio-
nes y técnicas creativas que otros médicos aprendieron con
objeto de aliviar el sufrimiento de la humanidad. Algunas de
las cosas que Rees descubrió y desarrolló se acercan a los límites de lo que podría parecernos el territorio de la magia,
e incluso los cruzan.

En cierto modo Tiller y Rees son muy parecidos: ambos
pioneros, siempre buscando respuestas que lleguen más allá
del pensamiento de nuestra mentalidad limitadora actual.
Lo mismo que Tiller, Rees sabía que mucho de lo que estaba
experimentando no podía explicarse por medio de sus conocimientos médicos o de ingeniería.

Decidido a cambiar las cosas, emprendió su propio viaje de autodescubrimiento. Esto le llevó a los secretos y tradiciones de muchas culturas que tenían que ver con el lado
oculto de la vida. Me confesó que tras años de frustración y
mucho esfuerzo personal, finalmente había experimentado
una transformación personal en la que logró realmente ver
las energías y las fuerzas con las que estaba trabajando. Usó
sus facultades, cultivadas durante muchos años, para sanar y
brindar alivio a todos los que acudían a él buscando su ayuda.

Rees me enseñó en persona el uso de su tecnología basada en el cristal llamada «sistema de los armónicos». Asismis-
mo me introdujo en la orden de sanadores que había creado
y a quienes entrenaba como discípulos. La organización se
llamaba ISHO, las siglas en inglés la Organización de Salud
Sistémica Internacional. Su objetivo era la sanación de las

enfermedades y trastornos de la humanidad. Rees me dijo en una ocasión que podía «ir a cualquier hospital y si le concedían diez minutos con cada paciente, era capaz de limpiarlo a fondo». No puedo corroborar la validez de esta particular afirmación, pero durante el tiempo que tuve el privilegio de estudiar con él, vi y conseguí muchas cosas sorprendentes.

Por ejemplo, mi primogénito, Nate, nació con bronquitis, asma y alergias. Tenía tendencia a frecuentes ataques de neumonía, que periódicamente, cada dos meses, se cebaban en su pequeño y frágil cuerpo (como cuento en mi primer libro, *Matrix Energetics*). Ni la medicina convencional ni los enfoques alternativos satisfacían sus necesidades particulares, por eso intenté aprender todo lo que estuviera a mi alcance para poder ofrecerle una solución, o al menos un poco de alivio. Leí todos los libros raros y estudié todas las técnicas extrañas que pude. Afortunadamente, la biblioteca de la Facultad de Quiropráctica era un compendio de conocimientos que iban de lo poco común a lo directamente esotérico. Ahí fue donde encontré el primer libro de Rees, *The Art and Practice of Chiropractic*. Incapaz de descifrar prácticamente nada del libro que estaba consultando, llamé a la consulta del doctor Rees y, para mi sorpresa, respondió en persona a mi llamada. Le pregunté si podía hacerle algunas preguntas. Él me contestó:

—Eso es cosa suya, joven.

Entonces dije:

—Doctor Rees, no esperaba encontrarlo al teléfono. Estoy leyendo su libro, y parece como si usted viniera de otro planeta.

Se rió discretamente:

—Bueno, podría ser, joven.

Estuve hablando un rato con él y al final me hizo una oferta:

—Mire, vamos a hacer lo siguiente. Si consigue reunir a unos cuantos estudiantes, iré y les enseñaré.

Esta conversación me llevó a invitarlo a venir a Dallas para dar un seminario a un grupo selecto de varios estudiantes que tenían intereses parecidos a los míos. La Facultad de Quiropráctica era abierta, pero no tan abierta, de manera que nos reunimos en el anexo de la facultad, es decir, el Holiday Inn más cercano.

Rees creó el sistema que denominaba «armónicos». Buscó por todo el mundo piedras preciosas y algunos otros objetos que podían usarse como receptores de energías de sanación. Estos dispositivos armónicos se podían moldear y configurar formando poderosos modelos artificiales para la sanación. Aunque Rees no la llamaba así, creo que esta tecnología se basaba en los principios de la física escalar a la que me he referido en otras partes del libro. Los artefactos parecían pequeños discos plásticos en los que introducía varios cristales en determinadas posiciones geométricas clave.

A continuación los soldaba para que formaran una especie de circuito y ponía fragmentos metálicos sobre la resina de plástico claro a fin de que actuara como una antena para recibir información del éter. Después alisaba la superficie de la resina, dejando que se endureciera. Para completar el dispositivo, inscribía símbolos. Luego los modelos diseñados podían activarse por medio de la voluntad concentrada del doctor Rees.

Por último unía estos modelos a determinadas fuerzas espirituales, los insertaba y los activaba, metafóricamente hablando, en la persona para quien había sido creado. Obviamente, la base de todo esto era la confianza. La verdad es que hizo cientos de discos. Durante un tiempo poseí una pequeña colección de estos dispositivos. Había uno para minerales, otro para virus, etcétera. Cuando tenía cientos de ellos, los programaba en una matriz en su consulta. Luego distribuía cristales maestros «Doc Harmonic», y los médicos abiertos a este sistema solo tenían que invocar la energía que necesitaban en su mano derecha ahuecada para que las enfermedades de los pacientes desaparecieran.

Si creas algo así basado en los principios de ingeniería de una ciencia milenaria y con tecnología espiritual, ¡puede ser increíblemente poderoso!

Como yo estaba buscando el Santo Grial de las técnicas de sanación, mi maletín de piel marrón no contenía los instrumentos médicos tradicionales. En lugar de eso, tenía un instrumento de ajuste con «doble cabeza», una caja de plástico llena de frascos de cristal con extrañas etiquetas, y unas cuantas «cosas» de la tecnología de cristal de los armónicos de Ree. Estos objetos se convirtieron en los símbolos de mi despertar a nuevas dimensiones de conocimiento y tecnología de sanación.

Durante uno de mis turnos clínicos de estudiante en la facultad, vino una joven para recibir tratamiento y por alguna razón me eligió a mí para que la atendiera. Cuando tomé su historial clínico, me contó que no había tenido el periodo durante ocho meses pero no estaba embarazada. Como solo tenía veinticinco años, podía tratarse de un problema médico grave.

Después de hacerle un extenso examen físico, con la excepción del examen ginecológico, me puse a pensar en cómo podría ayudarla. La hice tumbarse boca arriba sobre la camilla y registré el interior de mi maletín en busca de inspiración clínica. Mi mano se sintió atraída hacia uno de los dispositivos armónicos del doctor Rees. Este dispositivo en concreto tenía una base de plástico turquesa brillante en la

CREANDO MODELOS ARTIFICIALES AVANZADOS

que estaba incrustado un gran cristal de cuarzo en forma de pirámide. Como no sabía qué más podía hacer, y teniendo pocas opciones clínicas, agarré la base del aparato de cristal y dirigí la punta de la pirámide en dirección a la zona inferior del abdomen de la mujer.

Ahora tenía un vago atisbo de plan de acción, y moví el objeto en círculos fluidos y lentos sobre la paciente. Estuve haciendo esto durante un par de minutos, y la mujer empezó a contorsionarse y a moverse en la camilla. No estaba seguro de lo que sentía en esos momentos, pero a juzgar por las expresiones de su rostro y por su lenguaje corporal, no era del todo desagradable. Conforme su reacción llegaba a su punto álgido, me informó de pronto de que le había venido el periodo ahí mismo, en la camilla. No tenía ni idea de lo que había sucedido, pero estaba desarrollando rápidamente un profundo respeto por los enfoques médicos extraños.

No volví a saber nada sobre esa paciente en particular. Sin embargo, seis meses más tarde, recibí una llamada en mi nueva consulta de Montana, a donde me había mudado después de graduarme en la Facultad de Quiropráctica. La persona que me llamaba me dijo que era miembro de la Junta Quiropráctica de Texas y que me había metido en un buen problema. Resulta que el médico con el que estaba hablando era el novio de la paciente que había tenido la milagrosa cura menstrual, y no estaba nada contento conmigo.

No podía ni siquiera empezar a enfrentarse a los aspectos más extraños de la experiencia de su novia; por eso se centró en algo que podía entender. Me acusó de ejercer la medicina sin estar licenciado, amenazándome con que estaba pensando en presentar mi caso a la Fiscalía General de Texas para un enjuiciamiento penal. Quizá con un brote temprano de la personalidad que más tarde adoptaría plenamente, le pregunté qué base tenía para su acusación, sabiendo perfectamente que no se iba a poner a hablar de cristales y extraños utensilios.

Tenía razón. Se centró como un perro de presa en el hecho de que le había dicho a su novia que podía ajustar las vértebras lumbares para liberar los nervios de la pelvis de la compresión. El nervio L5 (lumbar cinco) sirve al útero, a través del plexo pudendo. Su argumento era que al ajustar el L5 para ayudar a la función uterina, estaba ejerciendo la medicina sin tener licencia. «¡Este tipo es una verdadera desgracia para su gremio!», pensé.

Ya me había cansado de aguantar su postura pasivo-agresiva. Le dije que en un libro llamado *The Science, Art and Philosophy of Chiropractic*, de D. D. Palmer —el fundador de la quiropráctica—, se indicaba específicamente que mucha o muy poca fuerza nerviosa en un área podía causar una enfermedad. Además, por medio de ajustes en las vértebras para liberar la compresión neural, se podía soltar la fuerza vital y el flujo de información al área servida por los nervios afectados, devolviendo así los órganos y los tejidos a un funcionamiento saludable adecuado.

—¿Alguna vez has oído hablar de D. D. Palmer? —grité. Y colgué de golpe el teléfono. Nunca más he vuelto a saber de él. Me imagino que volvió a mirar sus textos de la universidad y lo buscó. Quizá la nueva preferencia de su novia por la eficaz atención quiropráctica se había volcado en esos extraños aparatos de cristal y él no podía soportarlo.

Si crees que este fue un incidente aislado con estos instrumentos, voy a contarte unos cuantos casos más para convencerte de que te equivocas. El primero que me viene a la mente es sobre el hombre que acudió a mi consulta con una aflicción tan dolorosa en la parte baja de la espalda que no había nada que pudiera hacer para ayudarle, dentro de los estrechos parámetros de la quiropráctica «normal». Decidí improvisar sobre la marcha, examiné los remedios del doctor Rees y opté por un accesorio plástico de vivos colores. Era de un azul casi fluorescente y tenía cuatro pequeñas pirámides de cuarzo incrustadas en la base. «Esto tiene que hacer algo», pensé.

Llevé al sufrido paciente a una habitación tranquila y oscura al fondo de la consulta y le hice tenderse mirando al suelo en una de las camillas ajustables. Le coloqué el dispositivo sobre la parte inferior de la espalda, apagué las luces y salí de la habitación. Cuarenta y cinco minutos más tarde, fui a verlo y me quedé atónito cuando me dijo que ¡el dolor había desaparecido del todo! Como prueba de esta sorprendente declaración, se puso de pie –cuando antes se doblaba de dolor–, con una sonrisa de oreja a oreja.

Se acercó a mí, me tomó la mano y, lleno de agradecimiento, dijo:

—Gracias, doctor. ¡Ha hecho un milagro!

Le aseguré rápidamente que yo no había hecho nada y que no tenía ni idea de por qué se encontraba mucho mejor. Más tarde, cuando le conté esto a Rees, soltó una carcajada de asombro. El dispositivo que yo había usado fue diseñado para funcionar como la trampa que usan en *Cazafantasmas*. Me sentí como *El hombre que sabía demasiado (poco)*. No tenía ni idea, pero de todas formas había funcionado. Rees dijo:

—Ese hombre debía de tener un «huésped» que le estaba dando problemas.

Una de las últimas circunstancias extrañas de este caso: cuando el paciente se levantó después de haberlo tratado, su aliento presentaba un olor a alcohol y frutas que no tenía cuando vino. Este olor se suele asociar con los diabéticos, cuyos organismos producen demasiada acetona. Eso me sugirió que en el proceso se había producido un cambio bioquímico.

Otro ejemplo de la «tecnología» de Rees se refiere a un hombre que vivía con un dolor crónico e intratable en los talones y en las plantas de los pies. Envalentonado por mi anterior éxito, puse otro de los pequeños y extraños dispositivos sobre la parte inferior de la espalda de mi paciente y le dejé tumbado relajándose. Y, efectivamente, unos veinte minutos más tarde, me anunció que se estaba sintiendo bastante extraño, como si flotara por encima de su cuerpo. Le hice ponerse en pie y caminar por la consulta. Tanto mi paciente como yo nos alegramos inmensamente al descubrir que el dolor crónico que hasta ese momento había sentido en los pies había desaparecido por completo.

Rees asignaba «seres espirituales» al *software* después de decidir lo que cada uno tenía que conseguir. Entonces adjudicaba la energía de los seres a los pequeños puntos afianzados por las gemas. Esto se convierte en una matrix interdimensional o múltiple, diseñada artificialmente, que accede a dimensiones del hiperespacio.

Sin embargo, surgió un problema: el trabajo de Rees empezó a parecerme extraño y de alguna manera inquietante. Me volví un poco desconfiado y tuve la sensación de que no debía volver a usar esa tecnología, de manera que dejé de hacerlo. Después de eso, un día sucedió algo raro.

Estaba en Livingston, Montana, viajando con un amigo que tenía muchas facultades extrasensoriales, y era un día nublado. Había una gran nube circular que parecía estar siguiendo a nuestro coche. Mi amigo llegó a la conclusión de que aquello era una gran nave extraterrestre. Dijo que yo tenía algo en lo que ellos estaban interesados. Yo llevaba un dispositivo de Rees que estaba programado con tecnologías espirituales y energéticas. Y se lo entregué. Él me miró y dijo:

—Estupendo, Richard. Estoy hablando con el capitán de esa nave gris extraterrestre que está ahí arriba, y dice que le gusta este instrumento.

Le respondí:

—Quédatelo.

Muchos años después las inteligencias angélicas que a veces me aconsejan me indicaron que había llegado el momento de crear una nueva versión de la tecnología de Rees. Consecuentemente, recibí nuevas instrucciones detalladas sobre cómo inventar un tipo de *software* energético, que algunos pueden llamar imaginario. Este ángel (o lo que fuera) dijo:

—Quiero que los llames «módulos», y te guiaremos paso a paso en su construcción.

De acuerdo. Aquí entra en juego una vez más la confianza: o confías o no confías. Mark y yo decidimos que el mejor enfoque era confiar, y pasamos muchas horas creando lo que los ángeles me habían ordenado.

Al final lo que terminamos haciendo fue fusionar patrones de geometría sagrada con conocimiento cabalístico y patrones de física cuántica, organizados en forma de redes. Ese fue nuestro modelo inicial. Teníamos libros sobre minerales y gemas con magníficas imágenes en color y sus descripciones, y los examinamos clarividentemente hasta que se nos dijo que usáramos uno en particular.

Cuando tuvimos suficientes componentes para la construcción de un módulo particular, preguntamos dónde debíamos colocar el modelo que estábamos construyendo. Trabajando con las formas virtuales de ángeles y otros seres, hacíamos preguntas como: «¿Quién quiere jugar sobre este punto del diamante?». Estas fuerzas habían sido diseñadas a partir de la energía del vacío y colocadas estratégicamente dentro de una forma deseada para guardar las instrucciones del *software* de nuestro diseño.

En esencia desarrollamos una tecnología interdimensional que guarda un espacio del campo punto cero y crea un punto puente conceptual de lo imaginario a lo real. Por cierto, esto describe un número conjugado complejo en física cuántica en el que menos uno representa la cualidad imaginaria, y también hay un número o cualidad real. Cuando multiplicas los dos, el componente imaginario se cancela, y terminas con un vector o coordenada de espacio-tiempo reales. Así es exactamente como funciona esta tecnología energética. Se trata de una tecnología espiritual que se puede diseñar y reproducir.

Bob, uno de mis estudiantes, es enfermero en un hospital y juega libremente con Matrix Energetics y los módulos, de tal manera que ahora le llaman el Mago Matrix. Así es como crea un módulo: se asoma a una ventana dimensional y saca lo que siente, confiando en que justo lo que necesita estará ahí esperándole. Hablando con la autoridad sincera que emana del centro de su gran corazón, Bob dice simplemente: «Crea un módulo para esta enfermedad, asunto o circunstancia». Tomando la tecnología virtual recién creada en la mano derecha, la activa y luego la instala donde su conciencia perceptiva le guía. Nada podría ser más sencillo. ¿Cuál es su técnica principal? Confiar.

EJERCICIO DE CREACIÓN DE UN MÓDULO

De manera que este es el proceso de Bob:

- Crea: Asómate a la ventana de tu mente creativa.
- Espera y confía: Sentirás de verdad algo creciendo en tu mano. Si no lo notas, confía en que lo sentiste.

- INSTALA: Cuando digas instala, verás, o sabrás, dónde tiene que ir.
- ACTIVA: Ahora tiene esa inteligencia dentro, y está listo para actuar. Es así de fácil.

¡El proceso de Bob es genial! Tan simple y a la vez tan poderoso... Gracias a él puedes usar algo que funciona realmente bien. No tienes por qué emplear algo que no lo hace.

Mis guías me dijeron que hay ángeles cuánticos de la decimoséptima dimensión que hacen esto. A mí me trae sin cuidado que lo creas o no. Después de enseñar a tantos participantes en los seminarios acerca de los módulos, ¡el campo mórfico de su realidad se ha vuelto realmente grande y poderoso!

No hace falta que poseas una mentalidad médica, y si no tienes ninguna razón para hacer esto, no lo hagas. Pero es bastante divertido. El motivo de hacerlo es jugar y confiar. Si puedes aprenderlo, cuando llegue el momento en que tu vida esté en juego, ya habrás consolidado el impulso. Así puedes desarrollar los músculos de la fe en eso que esperas pero aún no has visto.

Puedes elegir construir módulos de la manera en que yo los hago (mentalmente) o simplemente puedes confiar. Esta última manera tal vez sea mejor. Para resumir una vez más, se trata de hacer lo siguiente: *crea* el modelo, *actívalo* e *instálalo*. Eso es todo. Confía en que hay información entre los espacios. Realmente no necesitas saber nada. Puedes confiar simplemente en que ya está hecho, y recibirás el mejor resultado. La confianza va a ser tu herramienta más útil. Por eso si tienes problemas con la confianza, es mejor que crees un módulo llamado CONFIANZA para que te ayude. Es muy útil.

La forma en que construyes un módulo se basa en tu propio conocimiento e intuición individuales. Puede que algunos digan: «Yo no puedo hacer esto», y luego se den cuenta de que sí pueden. Otros asegurarán: «Puedo hacerlo», y luego quizá comprendan que no. Y todavía habrá otros que afirmen: «Yo puedo, pero tal vez con un poco de esfuerzo». También puedes decirte a ti mismo: «Quiero un módulo para entender eso de lo que el doctor Bartlett me está hablando».

Este es un caso reciente de un estudiante de Matrix Energetics:

Ayer mi consuegro fue ingresado en el hospital. Tenía una inflamación en la espalda, de la que lo habían operado dos semanas antes, que le producía un dolor insoportable. Cuando llegaron al hospital, a la familia le dijeron que muy probablemente se trataba de un coágulo sanguíneo, sobre todo porque era en el lado izquierdo. La inflamación le producía dolor en los nervios por debajo de las rodillas.

En el momento en que hablé con mi hija y me enteré de esta noticia, lo estaban llevando a hacerse una resonancia magnética. Empecé Matrix Energetics aplicando Dos Puntos para lo que fuera necesario. A mí me parecía que no tenía ningún coágulo sanguíneo. Me imaginé que la inflamación era algún tipo de líquido que su cuerpo podía reabsorber sin efectos dañinos.

Además había también una clase de módulo que descargué e instalé en la zona de la inflamación. Sentí que iba a aliviar cualquier posible congestión.

Esa noche, más tarde, cuando llegó mi hija, ¡me dijo que la resonancia había mostrado solo algo de líquido que los médicos dijeron que sería reabsorbido por su cuerpo!

BD

24

EL CAPÍTULO SOBRE
LA MANIFESTACIÓN

Unos nacen magos y otros tienen que cultivar esta apti-
tud. Si posees la capacidad de manifestar algo, lo más
probable es que la utilices. Las personas que han desarrollado un gran número de recursos inconscientes pueden contar
con que el mundo las trate como esperan que las trate. En
cierto sentido, no existes tú ni tampoco el mundo. Para establecer una buena relación con la riqueza, el amor o incluso la
capacidad de sanarte y sanar a los demás, es necesario formar
referencias que sean coherentes y útiles. Si has visto ejemplos de
buenas relaciones, o quizá hasta tú mismo has tenido algunas, te será mucho más fácil saber qué ingredientes poner en
el caldero de los deseos para que funcione la magia. ¿Puedes
decir «coherencia»?

*Para ser coherente con los estados mágicos de posibilidad, debes
pensar y sentir en el lenguaje de la magia*; de lo contrario, sucede-
rán muy pocas cosas o ninguna. Me acuerdo de una película

de Clint Eastwood llamada *Firefox*. Clint era un piloto norteamericano altamente capacitado que había sido enviado a Rusia para robar un modelo experimental de avión dirigido mediante el pensamiento. Consiguió adueñarse del avión y despegar sin mucha dificultad. Al elevarse, un segundo prototipo ruso empezó a perseguirlo. Clint trató de dispararle un misil a su perseguidor, pero no logró hacerlo hasta que recordó que debía pensar en ruso. Cada clase de éxito o empresa tiene su propio lenguaje y sintaxis.

Para tener éxito debes hablar y pensar en el lenguaje del juego de la realidad virtual que estás tratando de dominar. Aquí hay una clave: el truco de decir «no puedo» no sirve de nada en las simulaciones virtuales de la vida. Muchas veces la gente asiste a los seminarios de Matrix Energetics creyendo que el simple hecho de estar ahí conmigo les va a dar la clave de los *siddhis* mágicos.

Si asistir a un seminario conjura un estado mágico en los asistentes, la trampa que conlleva esta creencia es lo que sucede una vez que regresas a casa. Si te has limitado a imitar el lenguaje y a repetir las técnicas aprendidas, tal vez eso no sea suficiente. Si eres sanador y estás buscando otra herramienta para añadirla a las técnicas que ya conoces, puede que ese nivel de experiencia sea todo lo que necesites. Sin embargo, si lo que de verdad quieres es dominar la magia, debes contactar con tu mago interno y convertirte en él.

Lo mismo que Clint, si asimilas inconscientemente el lenguaje de Matrix Energetics, ya no tendrás que volver a pensar más en él. En el nivel al que me estoy refiriendo, *no hay que aprender a hacer nada, ya que te has transformado*. El Maestro Ascendido Saint Germain dijo una vez: «Existe una fórmula alquímica, pero para cuando la descubras ya hará tiempo que te habrás transformado en ella».

Uno de los métodos para abrir el camino al mago interno es hacerte preguntas liberadoras como: «Si creyera totalmente en mí como mago, ¿en qué me habría convertido ahora?». Hay un maestro dentro de ti que siempre está escuchando lo que dices y cómo lo dices. Tus palabras, como copas holográficas de luz, forman gota a gota el cáliz de tu dominio interno o tu miseria. Tú eres quien elige, y tras haber elegido, continúas eligiendo con cada aliento.

LA ECUACIÓN RECÍPROCA DEL TENER Y EL NO TENER

Jesús dijo: «Porque al que tiene, se le dará, y tendrá más abundancia; pero al que no tiene, aun lo que tiene se le quitará».[1] ¿Por qué crees que lo dijo? Esta es mi interpretación: cuando vives con una conciencia de «no tener», constantemente estás instruyendo a tu mente inconsciente para que note aquello en lo que se ha enfocado y cree más de lo mismo. Si esto lo haces de forma habitual, tendrás más experiencias que estén en consonancia con el objeto de tu foco de atención. Esto te demuestra lo poderoso que eres incluso en un estado de aparente indefensión. Estás creando una atracción hacia lo que no quieres o no tienes.

Una de las maneras más fáciles de comenzar a manifestar una nueva vida, con todos los nuevos parámetros, es empezar a *dejar de atraer lo que no quieres o dejar de poner tu energía en ello*. Empiezas a comprender que aquí entra en juego una ecuación de conciencia. Si tienes un electrón, una partícula cargada negativamente, la fuerza equilibrada será el protón cargado positivamente. Del mismo modo, para cada fotón hay un antifotón. Cuando se da un equilibrio en las cargas, lo que obtienes es un flujo que retrocede y avanza, o polaridad cargada, que crea movimiento. Cuando fluyes, no notas la existencia del par fotón/antifotón.

Cuando te cansas de *no tener*, no estás obligado a seguir haciendo las cosas de la misma forma. Puedes pasar al estado de *tener*, que es la antítesis o la antipartícula de lo que no tienes. La ecuación tener/no tener es como la pareja fotón/antifotón que crea el *gravitón*. En el momento en que emparejas el estado tener/no tener, obtienes una carga equilibrada y dejas de notar la presencia de la dualidad. Lo que sientes es el flujo del movimiento entre cargas o fuerzas opuestas. La expresión equilibrada de estos dos extremos representa la fuerza electromotora que llamamos vida. *La vida tiene sus momentos buenos y sus momentos malos porque esto representa una rotación equilibrada o estado de flujo.*

Cuando dejas a un lado las distinciones que dan lugar a una multiplicidad de dualidades, cesas de resistir el flujo de la vida. Cuando aflojas la resistencia al flujo de luz como información o a la marea de las circunstancias, estás invocando mi versión de la ley de OM. Al hacerlo, la fuerza y la velocidad de la corriente se acrecientan. Si empiezas a manifestar una corriente mayor, puedes decir que tu *chi*, o fuerza vital, se magnetiza y se acrecienta.

Cuando tu fuerza vital se acrecienta, es mejor que empieces a observar tus pensamientos, tus sentimientos y tu impulso inconsciente con un poco más de atención. Al aumentar la energía, tienes más poder para enfocar tu intención en manifestar cambios maravillosos y mágicos en tu vida. Puedes también manifestar lo que no quieres, lo cual es una buena razón para mantener una actitud de asombro infantil y de amable neutralidad ante la vida.

Lo que manifiestas no surge nunca del terreno de tu mente consciente. Si eso fuese así, estarías continuamente viendo los resultados que provoca en tu vida cada uno de tus pensamientos. Casi nadie permanece en un estado mental enteramente positivo todo el tiempo. Por tanto, los resultados terminarían igualándose en algún momento. Si se manifestaran en igual medida los desenlaces positivos y los negativos, la ganancia sería aproximadamente de cero.

Los pensamientos sin dirección consciente siguen ejerciendo la misma fuerza, pero no tienen un objetivo definido. Como el poder de nuestros pensamientos implica una liberación o gasto de energía, su carga tiene que ir a algún sitio. Si la energía no puede ser creada ni destruida sino que simplemente cambia de estado, ¿a dónde va la energía de nuestras divagaciones y deseos erráticos? Del mismo modo que la pareja del fotón/antifotón, nuestros pensamientos se emparejan o agrupan en consciente/inconsciente. Por tanto, la energía inconsciente de nuestro pensamiento reside en el campo mórfico, o potencial cuántico, de la mente inconsciente. Como con cada deseo estamos tratando con las parejas de estados de tener/no tener, esa energía debe ir a algún sitio. De manera que si habitualmente nos enfocamos en lo que queremos, la energía de la polaridad o carga opuesta, el estado de no tener, se almacena como potencial en el campo inconsciente.

EL CONCEPTO DE UN CAMPO MÓRFICO DEFINIDO

Para recordarte lo que es un campo mórfico, te vendrá bien leer las siguientes palabras:

Sheldrake considera los campos mórficos como una base universal de datos tanto para las formas orgánicas (vivientes) como para las abstractas (mentales), un campo dentro y alrededor de una unidad mórfica, que organiza la estructura característica del campo y su patrón de actividad en todos los niveles de complejidad. El término «campo mórfico» engloba los campos morfogenéticos, conductuales, sociales, culturales y mentales. A los campos mórficos los determina y estabiliza la resonancia mórfica de similares unidades mórficas previas, que a su vez estaban enfluenciadas por otros campos del mismo tipo. Por consiguiente, contienen un tipo de memoria acumulativa y tienden a hacerse cada vez más habituales. El psiquiatra suizo Carl Jung nos dio a conocer la teoría del inconsciente colectivo, y con ella una propuesta parecida que afirmaba la existencia de una forma de transmisión de patrones de información y arquetipos que todos los seres humanos compartimos. Según Sheldrake, la teoría de los campos mórficos podría proporcionar una explicación a este concepto de Jung.[2]

CONECTÁNDOSE CON EL CAMPO MÓRFICO DE MATRIX

Al principio del libro dije que Matrix Energetics posee un campo mórfico enorme que te permite, con un mínimo esfuerzo, adentrarte en un campo unificado de conciencia. Vale la pena repetir esto aquí ya que sin duda se trata del secreto de la manifestación. Esta poderosa dinámica de grupo es la que te permite amplificar tus deseos y talentos para ponerlos al servicio del bien colectivo de todos los interesados. Este campo ya existe; el simple hecho de conectarte a él te beneficiará. Al entrar en contacto con el campo mórfico de Matrix Energetics, tus resultados pueden volverse más poderosos y fiables.

¿PUEDES DESCUBRIR LAS FALACIAS DE TU PENSAMIENTO?

Si invertimos una gran cantidad de energía en manifestar algo, una cantidad idéntica de energía pareja puede quedar almacenada como potencial destructivo o no manifestado. Si luego almacenamos inconscientemente esa energía de «no tener» y le adherimos a esos pensamientos/sentimientos una carga emocional de miedo, habremos, en efecto, creado artificialmente un *sentimiento potencial cuántico altamente cargado*. Esto es como un potencial eléctrico, que bajo las condiciones adecuadas puede saltar de la tierra a las nubes igual que un rayo.

Sin embargo, si puedes crear un potencial artificial de neutralidad estudiada con tus manifestaciones, empiezas a drenar el profundo pantano de patrones inconscientes basados en el miedo. Cuando lo haces durante un tiempo, liberas la carga negativa de tu potencial humano/divino, liberando más energía para que fluya sin impedimentos en la manifestación de aquello que realmente deseas. *Tus manifestaciones vienen impulsadas por el motor de tus creencias y tus experiencias.* Yo creía que era muy difícil cambiar el contenido de mis creencias y que tenía que esforzarme mucho para lograrlo. La idea de que el cambio profundo y duradero resulta difícil de lograr es, en sí misma, solo otra creencia.

Esta es la forma en que un practicante aplica Matrix Energetics a su proceso de manifestación:

Intentaré explicar la manera en que, para mí, funciona Matrix, aunque entiendo que cada uno tiene su forma de interactuar con ella, y la manera en que yo trabajo con Matrix puede ser bastante distinta de como funciona para otro (probablemente porque todos poseemos entornos y enfoques diferentes). De manera que tienes que jugar con ella y ver cómo funciona para ti.

Casi nunca tengo en mente un resultado específico. Si solo usas Matrix para manifestar una intención concreta, limitas su capacidad a proporcionarte únicamente lo que puedes imaginar. Esto impide o restringe la posibilidad de que aparezca en tu vida algo MEJOR de lo que eres capaz de imaginar. Pongamos el ejemplo del dinero. Cuando aplico los Dos Puntos a mis finanzas,

sitúo el patrón energético de mi economía delante de mí. Sim-
plemente me propongo que esto suceda, y con frecuencia lo veo
como un patrón.

En general los patrones se me asemejan a una espiral luminosa o
un cubo Borg muy retorcido (si eres fan de Star Trek). La forma
en sí no es importante. Confiar en que el patrón está delante de
ti, tanto si te lo puedes imaginar como si no, es lo importante.
(Trabajar con Matrix es, ante todo, cuestión de confiar, como
dice Richard: cuando más confías, más poderoso eres.)

Sabiendo que el patrón está delante de mí, lo toco (normalmente
de una manera física, con las manos) y busco un punto en el que
se siente un bloqueo, una dureza, una rigidez o alguna otra sen-
sación diferente. Entonces busco en el patrón un segundo punto
en el que esta sensación se intensifique, y así siento que ambos
puntos están conectados. A continuación, desciendo y dejo que
los dos puntos cambien a un estado más útil, un estado en el que
la sensación es más agradable que al principio.

He comprobado que este proceso va acompañado de unas finan-
zas más saludables y abundantes. No sé (ni necesito saber) cómo
sucede. Puede que sea algo que va más allá de mi comprensión.
Cuanto menos sé, más eficaz parece ser. Lo más importante es
desarrollar una actitud de confianza.

Si profundizas lo suficiente en tu propia psique, puedes
atraer cualquier cosa sobre la que pienses, y esto no es ningún secreto. El secreto está en ser capaz de pensar en aque-
llas cosas que te gustan con la suficiente constancia para que
se vuelvan magnetizadas en tu órbita personal de «devenir».
Cuando opones resistencia al flujo de *sentirte bien y confiar en*
la corriente, le das vida y apoyo a una contraonda de energía
llamada miedo y lucha. Porque cuando mantienes conscientemente un deseo o una necesidad, la conjugación de fase de

la realidad opuesta (es decir, justamente lo que no quieres) también se manifiesta.

Esta contraonda puede interferir en tus visualizaciones creativas, tus afirmaciones y tus nociones idealizadas. Estás derramando tu preciosa energía espiritual y psíquica. Cuando haces esto, lo que sucede es que tienes menos energía disponible para manifestar y mantener el foco de tu intención creativa. Una de las mejores formas de manifestar lo que quieres es dejar de querer y dejar de manifestar. De esta manera hay menos lucha, por lo que liberarás mucha más energía para dirigirla inconsciente e infaliblemente al objetivo de tus deseos secretos. ¡Estos empezarán a aparecer y *la gente pensará que tienes suerte!*

EL SECRETO DE LA MANIFESTACIÓN CONSISTE EN NO HACER

Parece que en esta cultura muchos de nosotros creemos que para lograr que suceda algo *tenemos que hacer más*. Pero cuanto más hacemos, más nos dejamos atrapar por la necesidad de hacer, tener y ser. Cuando necesitamos tener algo para saber que «estamos bien, nos equivocamos». Mi hija pequeña, que tiene autismo, siempre dice en momentos de agitación emocional o crisis (sí, todavía tengo muchos de esos momentos): «¡Ponte bien, ponte bien!». Para mí, esta dulce voz siempre enfatiza el hecho de que el universo es enteramente cuestión de amor y que evolucionamos gracias a él. EL AMOR ES LA FUERZA DECISIVA Y COHESIVA DEL UNIVERSO.

DÁNDOLES MÁS FUERZA A TUS MANIFESTACIONES

Todos tenemos una capacidad y un impulso bien desarrollados para manifestar cosas. La cuestión es: ¿qué parte de nuestra programación se encarga de manifestar? ¿Son nuestras expectativas conscientes o se trata de patrones de creencias inconscientes profundamente arraigadas? ¿Cuál de los dos crees que es? Una pregunta que puedes hacerte es: «¿Me gusta lo que estoy manifestando, y si no, cómo puedo cambiar la dirección?». Si te adentras en las aguas del inconsciente y quieres cambiar determinados aspectos de tu vida, te ayudará fijar la vela de tu intención en la dirección en la que sopla el viento.

¿EN QUÉ DIRECCIÓN SOPLA TU VIENTO PSÍQUICO?

Una forma de eficacia comprobada de determinar la dirección del viento es humedecer el dedo y ponerlo en alto, girándolo hasta que sientas en él la fuerza de una corriente de aire. Puedes hacer esto también psíquicamente: haz una pausa en tu lectura, suelta el libro y levanta el dedo índice. Gíralo lentamente haciendo un círculo completo, explorando y buscando una sensación en ti mismo o en tu estado interno. No analices mucho lo que percibes; tan solo busca la dirección que te señala el estado en el que te sientes realmente bien. Cuando descubras de dónde viene esa sensación, sal psíquicamente del banco de arena emocional de tu vida y camina en la dirección en la que el viento te lleve.

UN EJERCICIO DE MANIFESTACIÓN

Haz un experimento conmigo. Elige algo ahora mismo, mientras estás leyendo esto, qué te gustaría ver cambiar en tu vida. ¿Sabes lo que quiero decir? Bien. Coloca mentalmente delante de ti a una distancia no muy grande lo que has elegido, transfórmalo en un punto en medio del espacio. Ahora, sin plantearte qué resultado deseas obtener, elige inconscientemente un mundo de posibilidades en el que la circunstancia que deseas pueda aparecer de una forma distinta. A continuación, despréndete de la necesidad de hacer algo.

Siente la expansión que te produce el estado de posibilidad conforme colapsas la anterior realidad en una nueva. Déjate llevar y acepta el cambio que se ha producido.

Si haces esto de verdad y te metes de lleno en el ejercicio, sintiéndolo, tu vida cambiará. ¡Lo he hecho muchas veces y siempre me ha sorprendido extraordinariamente la rapidez con la que patrones de mi vida que llevaban mucho tiempo establecidos se han transformado por completo! Date cuenta de que cuando realizas este ejercicio, el cambio ya se ha producido. El espacio y el tiempo no existen en el momento del parpadeo cósmico.

Cada vez que lees un relato de este libro sobre cómo cambió la vida de alguien al aplicar estos principios, puedes aplicar los mismos principios a tu manera de ser, a todos y cada uno de los aspectos de tu vida. No te preocupes por lo que estás haciendo porque en esto no hay que hacer nada. Estás aprendiendo un nuevo conjunto de aptitudes que te enseña cómo acceder a tu propia apreciación y comprensión de los secretos de Matrix y cómo desarrollarlas.

Así es como un maestro practicante demuestra su proceso de manifestación:

MANIFESTANDO ENSALADA DE COL

Mi tercer seminario fue profundamente diferente y descabellado, de una forma que mi mente consciente no alcanza a comprender. Me quedó muy claro que podía conectar con cualquier persona, lugar o cosa sin importar dónde estuviera yo (primer punto), o dónde estuviera el objeto (segundo punto). Comprendí que no tenía que ir al segundo punto porque yo ya estaba ahí; soy ese punto.

Lo único que hice fue pasar de mi conciencia de mí como yo a mi conciencia de mí como estar ahí. Mi percepción se expande más allá del espacio y el tiempo, y entro en un estado de ser en el que existir en un universo mágicamente caprichoso se convierte en el sabor favorito de mi realidad. Lo siguiente apareció durante el almuerzo de uno de esos días «normales y corrientes» de Matrix.

Llegué al restaurante y un grupo de asistentes al seminario que ya habían pedido su comida me invitó a sentarme con ellos. Leí la carta y me decidí por una hamburguesa y ensalada de col, pero el camarero me dijo que el restaurante se había quedado sin ensalada de col. Lo siento, pero aquello simplemente no me parecía bien, de manera que levanté la mano para ver si podía encontrarla en alguna parte del restaurante. En seguida encontré un poco; la sentí. Podía verla en mi mano. Me volví al camarero, alcé la mano y dije:

—Mire. Está justo aquí, en mi mano. Todavía les queda. ¿Podría traerme por favor un pequeño bol?

El camarero gruñó y se fue a la cocina. Poco después volvió para contarme que el chef había buscado por todas partes y estaba absolutamente seguro de que no quedaba ensalada de col. En ese momento esos señores tan amables que me habían invitado gentilmente a acompañarlos empezaron a perder la paciencia ante mi insistencia en tomar ensalada de col. Les aseguré que si podía encontrarla, sentirla y verla, existía, y nadie me iba a convencer de lo contrario. Esa era pura y simplemente mi nueva versión, mejorada, de la realidad.

Al momento siguiente me oí a mí mismo diciéndole al camarero:

—Entra en la cocina y gira a la izquierda. Allí hay un armario alto junto a uno más bajo. Dentro del bajo, detrás del cubo blanco es donde encontrarás la ensalada de col.

Refunfuñó y se dirigió una vez más a la cocina. Tres minutos más tarde salió de la cocina con una gran bandeja de ensalada de col para mí y para los otros a quienes habían servido ensaladilla rusa en su lugar. Estaba desconcertado y balbucía repetidamente que la ensalada de col estaba justo donde le había dicho. Lo sabía sin saberlo (sin ni siquiera haber ido a la cocina) y confié en que aparecería.

WM, Maestro certificado
de Matrix Energetics

LIBERÁNDOSE DEL JUEGO DE LA REALIDAD

Desde cierta perspectiva, somos nosotros mismos quienes creamos nuestros problemas. Utilizando todo el poder de la intención universal, creamos la apariencia de nuestros problemas para así poder tener una vida interesante. Robert Scheinfeld, autor de *Busting Loose from the Money Game*, describe en su libro el proceso por el cual creamos los hologramas o imágenes virtuales de las experiencias de nuestra vida. Piensa que en un sentido muy real todos somos el actor, el guionista y el director de una película en la que se mezclan la acción, el drama, el romanticismo, la comedia, la ciencia ficción... y que llamamos nuestra vida.

Todo lo que observamos y sentimos es una proyección holográfica reflejada en la pantalla de cine de nuestra existencia terrena. Como directores de nuestro drama, podemos elegir en cualquier momento reescribir el guion e incluso recrear las escenas de nuestras primeras experiencias para que sean diferentes. Esta idea me recuerda una vieja canción del álbum conceptual de Jethro Tull, *Passion Play*. Hay un verso en esa canción que dice: «Te hemos grabado. Sales en la obra. ¿Qué se siente al salir en la obra? ¿Qué se siente al representar la obra? ¿Qué se siente al ser la obra?».

Al nivel de la mente en el que se crea y se mantiene el holograma universal no existen factores como la pobreza, la enfermedad o el sufrimiento. Son solo fluctuaciones y patrones de energía que no implican un contexto negativo.

De manera que si lo que has creado ya no te divierte, puedes volver a crearlo, incorporar a otros actores y reescribir tus experiencias de otra manera. Tu vida es como un episodio de un *reality* de televisión, cuidadosamente orquestado.

Scheinfeld afirma que todo lo que vives y ves a tu alrededor eres simplemente tú siguiendo el guion que te ha dado tu Ser Universal para que lo interpretes y puedas crecer y divertirte. Cuando empiezas a comprenderlo y a reclamar tu poder, esa energía vuelve a ti renovada y lista para que puedas usarla en tu próxima aventura o simulación de realidad.

Aquí hay un ejemplo de manifestación de uno de mis estudiantes, un mago maestro:

> *Somos editores, pero nuestro medio de publicación es Internet en lugar de los medios de comunicación impresos. Tenemos varias páginas web y obtenemos ingresos monetizándolas con enlaces afiliados y Google Adsense, etc. De todas formas esta es una experiencia que tuve antes de leer* Busting Loose from the Money Game. *Una experiencia que me hizo entender más profundamente cómo vivimos en la llamada vida fase-2, así que cuando leí ese libro pude expandir este estado natural a mayores grados de conciencia.*
>
> *El publicista del doctor Bartlett se puso en contacto con nuestra compañía para que publicara una reseña de su libro* Matrix Energetics: ciencia y arte de la transformación. *Tras leer la descripción de su publicista, tuve la corazonada de que el doctor Bartlett tenía una profunda sabiduría que compartir y que su método no era solo un refrito de otras técnicas o modalidades de sanación que ya estaban disponibles en alguna otra forma. Por eso le pedí personalmente un ejemplar del libro. Pasó el tiempo y luego, un día, fui al buzón y encontré un paquete del publicista. Sentí un escalofrío cuando saqué el sobre del buzón... ¿sabes?,*

como cuando te dan un golpecito en el hombro para que prestes atención. Entré en casa, rasgué el sobre y me quedé mirando la cubierta. Me tumbé en el sofá y empecé a leer, diciéndome a mí mismo: «Pues sí, esto parece distinto, emocionante, prometedor...».

Mi socio notó que estaba desviando la atención de mi actividad habitual y me preguntó qué pasaba. Todo lo que podía decirle es que tenía la sensación de haber descubierto algo que iba a aunar muchas cosas que siempre había sabido. Luego seguí leyendo.

Me tomé el resto del día y leí el libro de la primera página a la última (algo muy parecido a lo que me ocurrió con Busting Loose from the Money Game, *que el doctor Bartlett había mencionado a los participantes de uno de sus talleres, al que posteriormente asistí).*

Conforme empecé a jugar con algunas de las ideas de Matrix Energetics, noté un auténtico entusiasmo creciendo en mi ser. Habíamos estado atravesando por serias dificultades en el negocio a causa de unos nuevos algoritmos de Google que estaban afectando de forma negativa al tráfico de nuestras páginas web, y nuestros ingresos también habían caído al mínimo. El momento era perfecto. Lo que estaba leyendo volvía a darme esperanza. No estaba seguro de cómo, pero sentí que estaba recibiendo la clave: no preocuparme sino cambiar mi percepción consciente.

Más tarde, esa noche, la imagen de una rejilla espiral apareció en mi pantalla visual interna. «Hmm, ¿qué hago con esto? ¿Cómo podría ser útil?». Entonces se me ocurrió la idea de jugar con ella como el doctor Bartlett describía en su libro: incorporando una técnica cuántica de los Dos Puntos. Así que creé un espacio en esa rejilla espiral verde que representaba a nuestras páginas web y otro punto que representaba a Google. Me quedé en la oficina alzando los brazos como un alquimista loco, conectando puntos, viendo cómo pequeñas arañas saltaban de un punto a otro de la rejilla, moviéndose apresuradamente por ella. Se convirtió en una danza cautivadora, y si alguien hubiera entrado en aquel momento y me hubiera visto, habría pensado que estaba dirigiendo una orquesta invisible.

Todo este proceso duró de tres a cuatro minutos. Fue muy divertido. Qué demonios, no hay nada malo en jugar, ¿no? Bueno, aquí es donde el asunto comienza a ponerse muy interesante. Unas doce horas más tarde, me senté ante el ordenador para trabajar y eché un vistazo al tráfico de nuestras páginas. Había algo que simplemente no cuadraba. Tenía que haberse producido algún tipo de fallo. ¿Cómo podía ser? Nuestro tráfico se había disparado y nuestros ingresos estaban experimentando la subida que tanto necesitábamos. Las cifras parecían cosa de magia. (Y han seguido progresando desde ese día.)

¡Fui corriendo al despacho de mi socio y le dije que la vida no iba a volver a ser la misma! Planeamos un viaje para conocer al doctor Bartlett en uno de sus seminarios. Y hemos estado practicando Matrix Energetics desde entonces. La naturaleza de la vida en la fase-2 y el arte transformativo de Matrix Energetics parecen hechos el uno para el otro. Es como si todo estuviera conectado; todo está siempre a nuestro alcance, tan solo depende de cómo y cuando elegimos «rotar nuestra percepción consciente» para notar lo que siempre está ahí, o lo que imaginas que está ahí, para que pueda estar ahí.

Espero que alguien que lea estas palabras se haga una idea de cómo las circunstancias futuras pueden afectar al presente y al pasado y de cómo todo está conectado. Creo que trabajar con el concepto de rejillas y modelos animados por medio de la imaginación, la intención y la intuición puede ser una herramienta eficaz. Cuando jugamos, invocamos la magia porque nuestra mente no está interfiriendo, preocupándose y valorando lo que no hay.

En el momento en que empiezas a decirles a todos los aspectos de tu vida, de forma constante y sin críticas: «Te quiero, te libero de tus patrones limitantes y te reclamo como fuente pura universal», la energía que has invertido empieza a volver a ti. Esto me recuerda a las escenas finales de la película *The Hitchhiker´s Guide to the Galaxy (Guía del autoestopista galáctico)*: tras haber destruido la tierra, se vuelve a crear y a reconstruir tal y como era antes.

En la medida en que intensifiques y eleves el reóstato de tu potencial de conciencia se te abrirá el acceso a los territorios mágicos. En ellos funcionan leyes naturales distintas de las habituales que te permiten realizar proezas que para el ignorante pueden parecer de milagrosas. La verdadera naturaleza de los milagros es totalmente coherente con la ley natural. Es natural que la conciencia universal tenga un potencial y un alcance ilimitados.

En el estado potencial ilimitado del ser universal la noción de limitación es antinatural. Tom Bearden afirma que la idea de que hay leyes que gobiernan la naturaleza es totalmente estúpida. De hecho, asegura: «Puedes hacer lo que te propongas; solo que es posible que necesites una vida entera para averiguar cómo hacer algunas cosas».[3] NO HAY LÍMITES MÁS ALLÁ DE LO QUE TÚ CREAS QUE PUEDES O NO PUEDES HACER. ¿Por qué esperar toda una vida? ¡Empieza ahora!

GLOSARIO DE MATRIX

ABRAMS, ALBERT: nacido en San Francisco en 1863, creó la radiónica, un método para diagnosticar y tratar patologías corporales usando frecuencias vibratorias. Graduado en la Universidad de California, escribió varios tratados médicos y finalmente ganó reconocimiento como especialista en afecciones del sistema nervioso. En el curso de su constante búsqueda, Abrams descubrió que las enfermedades pueden medirse en términos de energía y diseñó el osciloclasta, un instrumento con diales calibrados que le permitían identificar y medir las reacciones a las enfermedades y su intensidad en las muestras sanguíneas.[1] *Ver también* CIRCUITO OSCILOCLASTA; RADIÓNICA.

ÁLGEBRA CUATERNARIA: el álgebra de los cuaterniones y sus operaciones matemáticas. El álgebra cuaternaria es de topología superior al álgebra de vector o de tensor. Las ecuaciones originales que creó James Maxwell en 1865, son veinte ecuaciones en veinte incógnitas, en álgebra cuaternaria y semicuaternaria. El mismo Maxwell estaba reescribiendo las ecuaciones de su tratado para eliminar los cuaterniones debido a la controversia suscitada por su dificultad. De hecho, las ecuaciones actuales de vectores que se enseñan en la universidad como «ecuaciones de Maxwell» son, en realidad, la versión truncada de la teoría de Maxwell que realizó Heaviside. Sustituirla por la electrodinámica de álgebra tensorial tampoco le devuelve todo su alcance a la teoría electromagnética cuaternaria, la teoría original desarrollada por Maxwell en 1865.[2] *Ver también* HEAVISIDE, OLIVER; MAXWELL, JAMES CLARK.

ANTIPARTÍCULA/ANTIONDA: el tiempo inverso (conjugación de fase) de una onda de referencia o, en otras palabras, la antionda de la onda de referencia.[3]

ARQUETIPOS: en la psicología jungiana, cualquiera de las diversas ideas o patrones innatos de la psique, expresada en sueños, arte y otros procesos subconscientes como ciertos símbolos o imágenes básicas. Los arquetipos actúan como foco central alrededor del cual se forman las experiencias y contenidos de nuestras psique. «Todo en la naturaleza se puede describir en términos de geometría. Desde la danza de los átomos hasta las revoluciones de los planetas, cada tipo de crecimiento y movimiento está gobernado por el mismo conjunto de leyes. Estas leyes son representadas a través del simbolismo de las configuraciones y las formas. Este era el terreno de los sueños, lo que no se expresa ni se dice con claridad (imágenes que, por su propio diseño, se concibieron para estimular lo inconsciente). El uso de la imaginería arquetípica proporciona un puente para unir los territorios de la mente, la imaginación y el campo de la manifestación física».[4]

BEARDEN, THOMAS: médico, ingeniero nuclear, teniente coronel (del ejército de Estados Unidos), director general de empresa, director de la Asociación de Distinguidos científicos Americanos y profesor emérito del Instituto de Estudios Avanzados de la Fundación Alpha. Bearden es un teórico conceptual activo en el estudio de la electromagnética escalar, la electrodinámica avanzada, la teoría de campo unificado, las armas energéticas y los fenómenos de la KGB, los sistemas de energía libre, la sanación electromagnética por medio de la acción del campo unificado de la electrodinámica avanzada de Sachs-Evans y el desarrollo humano. Es particularmente conocido por su trabajo en el establecimiento de la teoría de los sistemas de energía eléctrica supraunitaria, las armas electromagnéticas escalares, las armas energéticas y el uso del tiempo como energía en los sistemas de poder y en la interacción mente-cuerpo.[5]

BIOPLASMÁTICO, CAMPO: el doctor Victor Inyushin, de la Universidad de Kazakh, en Rusia, sugiere la existencia de un llamado campo de energía bioplásmica compuesto de iones, protones libres y electrones libres. Sus observaciones mostraron que las partículas bioplasmáticas se van renovando constantemente mediante procesos químicos en las células y que están en movimiento constante. En el bioplasma parece existir un equilibrio relativamente estable entre las partículas positivas y las negativas. A pesar de la estabilidad normal del bioplasma, Inyushin descubrió que una importante cantidad de esta energía se irradia al espacio. Se puede constatar la presencia en el aire de nubes de partículas bioplasmáticas que se han desprendido del organismo.[6]

BRAUN, WERNHER VON: uno de los principales pioneros en el desarrollo de los cohetes y figura prominente en la exploración espacial de 1930 a 1970.[7]

BROGLIE, LOUIS DE: físico y matemático francés que se dedicó principalmente al estudio de varias extensiones de la mecánica de ondas: la teoría del electrón de Dirac, la nueva teoría de la luz, la teoría general de las partículas giratorias (también llamadas *partículas con espín*), las aplicaciones de la mecánica de ondas a la física nuclear, etc. Publicó numerosos artículos y varios estudios sobre el tema y es autor de más de veinticinco libros dedicados a sus diferentes campos de interés. En 1929 la Academia Sueca de las Ciencias le otorgó el Premio Nobel de Física «por su descubrimiento de la naturaleza de onda de los electrones», publicado originalmente en 1924 como su tesis doctoral, *Recherches sur la théorie des quanta* (Research on Quantum Theory). En su carrera posterior, Broglie trabajó para desarrollar una explicación causal de la mecánica de ondas en oposición a la interpretación puramente probabilística de Born, Bohr y Heisenberg, que domina ahora la teoría mecánica cuántica. De Broglie realizó además importantes contribuciones al fomento de la cooperación científica internacional.[8] *Ver también* MAR DE DIRAC.

CALIBRAR: una manera de notar los patrones de energía y la información y de asignarle alguna forma de medición a la experiencia mientras se está produciendo. Medir estos factores antes y después de la aplicación de los Dos Puntos nos permite conocer los cambios que se producen y es una forma muy útil de calibrar la medición en Matrix Energetics.

CAMPO DE ENERGÍA PUNTO CERO: en la teoría del campo cuántico, la radiación electromagnética puede describirse como ondas flotando por el espacio a la velocidad de la luz. No e trata de ondas de nada sustantivo, sino de oleadas en un estado de un campo definido teóricamente. Sin embargo, estas ondas no portan energía ni impulso, y cada una tiene dirección, frecuencia y estado de polarización diferentes. Cada onda representa un «modo de propagación del campo electromagnético». El campo punto cero es el estado más bajo de energía de un campo; su estado fundamental más bajo no es igual a cero. La física cuántica predice que todo el espacio debe estar lleno de fluctuaciones electromagnéticas punto cero. Este fenómeno da al vacío cuántico una estructura compleja que puede ser probada experimentalmente a través del efecto Casimir, por ejemplo. El término «campo punto cero» se usa a veces como sinónimo del estado de vacío de un campo individual cuantizado. El campo electromagnético punto cero se considera vagamente como un mar de energía electromagnética de fondo que llena el vacío del espacio.[9] *Ver también* CASIMIR, EFECTO.

CAMPO DE TORSIÓN: la rotación cuántica del espacio vacío, los efectos coherentes a gran escala de la rotación de las partículas en el espacio virtual. Conocido también como campo espinorial, campo de eje, campo de rotación o campo microlepton. El trabajo inicial en esta área de estudio lo realizaron Albert Einstein y Élie Cartan en la década de 1920; ahora es conocido como ECT (teoría de Einstein-Cartan, en sus siglas en inglés). Estos campos se generan mediante la rotación clásica o por medio del impulso angular de densidad (en un nivel macroscópico) de cualquier objeto en rotación. La rotación de un objeto establece la polarización en dos conos espaciales, correspondientes a un campo de torsión izquierda y un campo de torsión derecha. A un nivel atómico, la rotación nuclear, lo mismo que los movimientos de todo el átomo, puede ser la fuente de campos de torsión, lo que significa que todos los objetos de la naturaleza generan su propio campo de torsión. Estos campos no se ven afectados por la distancia, se diseminan instantáneamente en el espacio, interactúan con objetos materiales intercambiando información y explican fenómenos como la telepatía y la telekinesia.[10]

CAMPO DEL CORAZÓN: «El corazón es el generador de energía electromagnética más poderoso del cuerpo humano; produce el mayor campo rítmico electromagnético de cualquiera de los órganos corporales. El campo eléctrico del corazón es alrededor de sesenta veces mayor en amplitud que la actividad eléctrica generada por el cerebro. Este campo, medido en forma de electrocardiograma (ECG), puede detectarse en la superficie del organismo. Más aun, el campo magnético producido por el corazón es más de cinco mil veces mayor en fuerza que el campo generado por el cerebro, y puede detectarse a cierta distancia del cuerpo, en todas las direcciones, usando magnetómetros basados en SQUID (dispositivos superconductores de interferencia cuántica)».[11]

Matrix Energetics enseña que a través del campo del corazón tienes acceso al campo de energía punto cero, el potencial ilimitado del universo. *Ver también* HEMISFERIO DERECHO; CAMPO DE ENERGÍA PUNTO CERO.

CAMPO ESPINORIAL: *ver* CAMPO DE TORSIÓN.

CASIMIR, EFECTO: ampliamente citado como prueba de que bajo el universo hay un mar de energía real punto cero. En 1947 el físico Hendrik Casimir tuvo la oportunidad de contrastar ideas con Niels Bohr durante un paseo. Según Casimir, Bohr «masculló algo sobre los efectos de la energía punto cero» y su relevancia. Esto llevó a Casimir a realizar un análisis de los efectos de la energía punto cero en el problema de las fuerzas entre placas paralelas perfectamente conductivas.[12] *Ver también* ENERGÍA PUNTO CERO.

CERRADO, SISTEMA: en el presente enfoque se trata de un sistema que en teoría no se comunica con su entorno y no intercambia energía ni materia con él. En realidad no existen los sistemas auténticamente cerrados en el universo, ya que todos están insertados en el vacío activo y son un sistema abierto en intercambio de energía con este vacío.[13] *Ver también* SISTEMA ABIERTO.

CIRCUITO OSCILOCLASTA: el instrumento que inventó el doctor Albert Abrams para tratar las enfermedades. La palabra significa «rompe vibraciones». Una vez que se conecta a la red eléctrica, el instrumento se conecta al cuerpo del paciente. Por medio de su reóstato se pueden producir varias frecuencias vibratorias. Si un paciente padece tuberculosis, se fija el osciloclasta para que emita en su cuerpo una frecuencia vibratoria que se corresponda con la frecuencia que la enfermedad ha creado ya en el sistema. El paciente no siente ninguna sensación porque las vibraciones son menores de lo que los sentidos humanos pueden detectar.[14]

COHERENCIA: una correlación entre las dos fases de dos o más ondas de manera que se pueden producir efectos de interferencia entre ellas, o una correlación entre las

fases de partes de una sola onda.[15] *Ver también* DECOHE-
RENCIA.

COLAPSO DE LA FUNCIÓN DE ONDA: también llamado colapso
de estado de vector o reducción de paquete de onda. El
colapso de la función de onda es uno de los dos procesos
por los que los sistemas cuánticos evolucionan en el tiempo, según las leyes de la mecánica cuántica. El concepto
fue acuñado originalmente por Werner Heisenberg en su
artículo sobre la incertidumbre, y más tarde fue postula-
do por John von Newmann como un proceso independiente dinámico de la ecuación de Schrödinger.[16]

COMPLEJO, NÚMERO CONJUGADO: extensiones de números
reales, el conjugado complejo de cualquier número real
tiene el mismo componente real acompañado por una ι
griega o una i, que transforman el plano de manera que
todos los puntos se reflejan en el eje real, esto es, los
puntos por encima y por debajo del eje real se intercam-
bian mientras que los puntos del eje real permanecen
igual (ya que el conjugado complejo de un número real
es este mismo).[17]

CONCENTRADA, INTENCIÓN: puede definirse como el acto
creativo de usar los múltiples y diversos aspectos de tu
experiencia consciente total para crear un conjunto de
nuevas experiencias, realidades o resultados en tu experiencia actual. Es conveniente enfocar tu imaginación
para crear una sensación nueva. Esto provocará un flujo
de energía sutil para influir en los resultados o circunstancias que deseas —o manifestarlas directa o indirectamente— y, por tanto, para crear o para concentrarte
con sentimiento. La razón de concentrar tu intención
es convencerte a ti mismo de que puedes «situarte» en
esa nueva realidad. Como cada aplicación de nuestra

intención es un acto de creación, la intención concentrada, en último término, nos enseña a crear de forma eficiente y eficaz. Esto, a su vez, se manifiesta en último término en algún tipo o tipos de hechos en nuestro mundo sensorial. El objeto de tu intención concentrada es como el plano para la manifestación. Sin embargo, una vez que has concebido el plano debes dejarlo en manos del universo para que la forma pueda cobrar vida. Este es el proceso alquímico de la manifestación.[18]

CONJUGACIÓN DE FASE: en la óptica no lineal, la nueva mezcla no lineal de ondas que genera una onda de salida (llamada réplica de conjugación de fase o réplica de tiempo invertido) que reconstruye con precisión el camino recorrido previamente por la onda de entrada que estimuló la acción.[19]

DECOHERENCIA: proceso no unitario que describe una alteración termodinámicamente irreversible (un cambio de estado) del entorno por el sistema, en lugar de una distorsión del sistema por su entorno. Esto le da la *apariencia* de un colapso de función de onda cuando un sistema interactúa con su entorno, lo que impide que diversos elementos de la superposición cuántica del sistema y la función de onda del entorno interfieran unos con otros.[20] *Ver también* COHERENCIA.

DESCENDER: se podría decir que en nuestra sociedad la mayoría de la gente vive centrada en su cabeza, participando de esa creencia errónea que asegura que ahí es donde reside la conciencia. En el predominante modelo científico occidental se piensa que el cerebro humano genera el proceso de la conciencia, y se considera que el cerebro y la mente son inseparables, si es que no son lo mismo. Sin embargo, hay una forma diferente de conciencia que podría denominarse conciencia centrada en el corazón, o lo que Daniel Goleman llama «inteligencia emocional». Esta forma de conciencia se basa en desprenderse de la perturbadora influencia de la charla mental y descender al estado theta (4-7 ciclos por segundo). Puedes aprender, como lo hacen los practicantes de visión remota en el ejército, a mantener conscientemente este estado y a operar desde él. Cuando lo haces, empiezas a acceder de una manera consciente al territorio del hemisferio derecho, o conciencia subconsciente. El estado de descender se caracteriza por una conciencia particular en la que lo notas todo pero no analizas ni juzgas nada.

DIRAC, MAR DE: un modelo teórico de un mar infinito de partículas energizadas negativamente en un vacío. Se dice que Erwin Schrödinger fue el primero en notar que resolver la ecuación de Dirac con el movimiento del electrón daba lugar a un componente necesario que podría interpretarse como fluctuaciones de partículas en forma de punto moviéndose a la velocidad de la luz de forma aleatoria. Llamó a este movimiento *zitterbewegung*, que en alemán significa «temblores». El positrón, la contraparte de antimateria del electrón, fue concebido originalmente como agujero en el mar de Dirac, mucho antes de su descubrimiento experimental en 1932. Dirac, Einstein y otros reconocieron que tiene relación con el éter.[21] *Ver también* ELECTRÓN; SCHRÖDINGER, ERWIN.

DIRAC, PAUL: la importancia del trabajo de Dirac radica esencialmente en su famosa ecuación de onda, que introdujo la relatividad especial en la ecuación de Schrödinger. Teniendo en cuenta el hecho de que, desde una perspectiva matemática, la teoría de la relatividad y la teoría cuántica no son solo distintas la una de la otra sino también opuestas entre sí, el trabajo de Dirac podría considerarse una fructífera reconciliación de ambas teorías.[22]

DOBLE RENDIJA, EXPERIMENTO DE LA: experimento que demuestra el concepto de mecánica cuántica de que las ondas que portan energía pueden comportarse como partículas y que las partículas pueden mostrar un aspecto de onda, solo que no al mismo tiempo. Una fuente de luz ilumina una placa fina en la que se han abierto dos rendijas paralelas, y la luz al pasar por ellas incide en una pantalla situada al fondo. La naturaleza de onda de la luz hace que las ondas de luz que pasan a través de las rendijas interfieran unas con otras, creando un patrón de bandas brillantes y oscuras sobre la pantalla. Sin embargo, la pantalla absorbe la luz en forma de partículas separadas llamadas fotones.

DOS PUNTOS: herramienta de medición que refuerza nuestra capacidad de notar dónde podemos conectarnos con la red de *Todo lo que es*. Conforme mantienes los Dos Puntos, percibe la conexión entre ambos. Siente e imagina que estás trabajando solo con fotones o con luz. No hay nadie ahí, nada sólido, tan solo tu concentración en los dos puntos. Puedes imaginar que estás unido o «enredado» a otra persona o a una parte de ti mismo en la que has elegido concentrarte. Ahora, tras haber conectado estos dos puntos y entendido que en el nivel de la física cuántica el acto de medir ocasiona en realidad un cambio en lo medido, distiéndete, como si estuvieras dejando caer una piedra en un estanque. Puedes imaginar que estás soltando la necesidad de que esto sea físico y que sientes una onda expansiva entre estos dos puntos. El arte de los Dos Puntos representa cuando lo practicas un nuevo paradigma de aquello que puedes hacer o a lo que puedes acceder a través de la modalidad sensorial del tacto. Si pones empeño en aplicarlo a diario, empezarás a vislumbrar la realidad escondida tras el velo de las circunstancias cotidianas y a entender sus complejidades. Las cosas dejarán de sucederte. En lugar de eso, comenzarás a asumir la responsabilidad del uso creativo de la energía universal.

EFECTO OBSERVADOR: los cambios que el acto de observación produce en el fenómeno que se está observando. Con frecuencia es el resultado de instrumentos que, necesariamente, alteran de alguna manera el estado de lo que miden. Este efecto se puede encontrar en muchas áreas de la física clásica y cuántica.

ELECTROMAGNÉTICA ESCALAR: término coloquial que hace referencia a la electrodinámica basada en el estudio de las ondas electromagnéticas transversales, las ondas electromagnéticas longitudinales, las ondas electromagnéticas de tiempo polarizado, la electrogravitación, las señales superluminales (más rápidas que la velocidad de la luz), la interferometría, las funciones ópticas no lineales, el tiempo como energía y la electrodinámica invaginada en el interior de todos los campos electromagnéticos, ondas y potenciales ordinarios. En los proyectos secretos de superarmamento, el término para la electrodinámica escalar es *energetics*.[23]

ELECTROMAGNÉTICA, ENERGÍA: desde el punto de vista del vacío y la mecánica cuántica, es una estructuración coherente o determinista, dinámica o estática, que existe en el fotón virtual o en el flujo de partículas cargadas. Desde una perspectiva espacio-temporal, se trata de una curvatura del espacio-tiempo o de un conjunto de dichas curvaturas.[24]

ELECTRÓN, NUBE DE: *ver* NUBE DE PROBABILIDAD.

ELECTRÓN: partícula elemental en todos los átomos que tiene (en «tiempo avanzado») una carga negativa de 1.602 x 10^{19} columbio, una rotación de ½ y una masa de 9,11 x 10^{-31} kilogramos. Si el tiempo se invierte, la carga (pero no la masa) del electrón también se invierte y se transforma en un positrón. El «electrón» puede existir asimismo como energía negativa, carga negativa o energía de masa negativa en el mismo vacío. En este estado la energía negativa es la fuente de los campos y de los potenciales de energía negativa. El agujero en el mar de Dirac creado por este positrón puede ser manipulado en «anticircuitos» para lograr directamente la antigravedad local, de una forma bastante eficaz y práctica.[25] *Ver también* MAR DE DIRAC.

ENERGÉTICA, CONEXIÓN: describe el proceso de estar en la misma longitud de onda que una persona, lugar, objeto, patrón o expresión de energía con el que estás interactuando. Hay técnicas útiles para desarrollar la conexión, entre ellas las de imitar el lenguaje corporal (por ejemplo, la postura y los gestos), mirarse a los ojos e igualar el ritmo respiratorio. La programación neurolingüística estudia algunas de estas técnicas. La conexión energética no se consigue por medio de un proceso mental sino descendiendo a una conciencia centrada en el corazón e igualándose con los sentimientos e imaginería del objeto, energía o patrón con el que estás tratando de sintonizar. Esta forma de conexión se facilita cuando notamos lo que percibimos sin juzgar ni analizar y nos dejamos guiar paso a paso por cualquier cosa que ocurra en el momento. *Ver también* DESCENDER.

ENERGÍA DE PUNTO CERO: la energía que permanece cuando se elimina toda la demás energía de un sistema. Este comportamiento se demuestra, por ejemplo, en el helio líquido. Mientras la temperatura permanece en el cero absoluto, el helio sigue siendo líquido, en lugar de congelarse y hacerse sólido, debido a la energía inamovible punto cero de sus movimientos atómicos. (Aumentar la presión a veinticinco atmósferas hace que el helio se congele.) La mecánica cuántica predice la existencia de lo que suele llamarse energías «punto cero» para interacciones fuertes, débiles y electromagnéticas, en las que el término se refiere a la energía del sistema a la temperatura $T = 0$, o al nivel más bajo de energía cuantizada del sistema cuántico mecánico. Volviendo al principio de incertidumbre de Heisenberg, uno descubre que el periodo de vida de un determinado fotón punto cero, visto como onda, se corresponde con una distancia media viajada de solo una fracción de su longitud de onda. Este «fragmento» de onda es, en cierto sentido, diferente de una onda plana ordinaria, y resulta difícil saber cómo interpretarlo.[26]

ENTROPÍA: en termodinámica, se llama así a una medida del «desorden» de un sistema que cuantifica la cantidad de energía no disponible para realizar un trabajo útil en un sistema que está experimentando un cambio, como podría ser la expansión de un gas en el vacío o la transferencia del calor de un cuerpo caliente a uno frío. Estos cambios causan un incremento de entropía en el sistema en cuestión, pero la energía no se transfiere dentro o fuera del sistema. En otras palabras, conforme aumenta la entropía, la energía disponible del sistema disminuye. *Ver también* NEGENTROPÍA.

ESPECTRO VISIBLE ELECTROMAGNÉTICO: las ondas de luz visible son las únicas ondas electromagnéticas que podemos ver, y lo hacemos como los colores del arcoíris. Cada color tiene una longitud de onda diferente: el rojo, la mayor y el violeta, la menor. Cuando vemos juntas todas las ondas, forman luz blanca. Cuando la luz blanca brilla a través de un prisma, se descompone en los colores del espectro visible de luz. El vapor del agua en la atmósfera también puede descomponer las longitudes de ondas, creando un arcoíris.[27]

ÉTER: *Ver* FÍSICA DEL ÉTER.

EXPRESIÓN CUATERNARIA: compuesta por la suma de cuatro términos, uno de los cuales es real mientras que los tres restantes contienen unidades imaginarias, donde los términos pueden escribirse como la suma de un escalar y un vector tridimensional.[28]

FEYNMAN, RICHARD: físico norteamericano que fue una figura clave en «el desarrollo de la teoría de la electrodinámica cuántica, poniendo los cimientos de todas las demás teorías del campo cuántico. Su enfoque combinó la mecánica cuántica y la teoría de la relatividad y utilizó el método de usar diagramas de interacciones de partículas para simplificar en gran medida los cálculos. Por este trabajo compartió en el año 1965 con el físico norteamericano Julian Schwinger y el físico japonés Sin-Itiro Tomonaga el Premio Nobel de Física».[29]

FÍSICA DE LAS PARTÍCULAS: la rama de física que usa aceleradores para estudiar las colisiones de partículas con alta energía que determinan las propiedades de los núcleos atómicos y otras partículas elementales.[30]

FÍSICA DEL ÉTER: el éter, del griego *aether* (αἰθήρ) fue la personificación poética en la mitología griega del aire puro de las alturas que respiraban los dioses del Olimpo. En ciencias antiguas y medievales, el éter era un concepto clásico conocido a veces como el quinto elemento en diversas teorías, como la alquimia o la filosofía natural. En la física, es una sustancia teórica y universal que durante el siglo XIX se creyó de forma generalizada que actuaba como medio para la transmisión de ondas electromagnéticas, como la luz y los rayos X, lo mismo que las ondas del sonido se transmiten por un medio elástico como el aire. Se suponía que el éter no tenía peso, era transparente, no causaba fricción y era indetectable química o físicamente, aunque permeaba literalmente toda la materia y el espacio. La teoría se enfrentó con una oposición teórica creciente en 1881 debido al experimento de Michelson-Morley, que se diseñó específicamente para detectar el movimiento de la Tierra a través del éter pero no logró probar dicho efecto.[31]

FORMA DE ONDA: una representación gráfica de la forma de una onda en un instante determinado de tiempo sobre una región determinada del espacio.[32]

GARCÍA, HÉCTOR: maestro practicante certificado de Matrix Energetics y fundador del Centro Quiropráctico Holístico García de San Diego, California, en el que usa su don intuitivo único para detectar desequilibrios físicos, mentales, emocionales, psicológicos, psíquicos y espirituales que aparecen en diferentes sistemas energéticos del cuerpo. Tanto en la dimensión celular como en el nivel cuántico, García es capaz de encontrar la raíz del problema, ayudar al organismo a desprenderse de él activamente y corregir los problemas. Quiropráctico altamente cualificado y experto especializado en diagnóstico, usa varias técnicas, entre ellas el análisis de contacto reflejo, una evaluación del equilibrio nutricional; la técnica neuroemocional, una terapia de liberación emocional; la técnica de eliminación de la alergia, un método que anula la sensibilidad a los alérgenos, y el método Yuen de medicina energética china (del que es instructor), una técnica de sanación energética que puede detectar cualquier desequilibrio o deficiencia que afecte al cuerpo y su capacidad de sanarse a sí mismo.[33]

GENERADOR ELECTROMAGNÉTICO INMÓVIL: generador de energía eléctrica parecido a un transformador, inventado por Thomas Bearden, James Kenny, James Hayes, Kenneth Moore y Stephen Patrick, que alimenta el núcleo del transformador con un imán permanente pero separa al potencial vectorial magnético ondulado del potencial vectorial magnético no ondulado de manera que el flujo del campo magnético se retiene en el núcleo mientras el potencial se recarga fuera del núcleo y junto a él.[34]

TEORÍA GENERAL DE LA RELATIVIDAD: la teoría de la gravedad de Einstein, en la que la fuerza gravitacional viene representada por una curvatura en el espacio-tiempo y en la que el espacio-tiempo es una entidad activa. Podemos ver que todas las fuerzas se deben a curvaturas del espacio-tiempo que están interactuando con la masa.[35]

Ver también MODELO ESPECIAL DE RELATIVIDAD.

GRAVITÓN: en la teoría cuántica de la gravedad, el gravitón es el quantum del campo gravitacional. Carece de masa. En la nueva teoría, podemos concebir el gravitón como un fotón longitudinal y escalar acoplado.[36]

HAMILTON, WILLIAM ROWAN: físico astrónomo y matemático irlandés que hizo importantes contribuciones a la mecánica, óptica y álgebra clásicas. Sus estudios de los sistemas mecánico y óptico le llevaron a descubrir conceptos y técnicas matemáticos de gran alcance.[37]

HEAVISIDE, OLIVER: famoso físico autodidacta y brillante electrodinamicista nacido en Inglaterra, que contribuyó a descartar los cuaterniones de Maxwell y a formar matemáticas vectoriales y formular la reducción vectorial de la teoría de Maxwell de veinte ecuaciones cuaternarias en veinte incógnitas a las actuales ecuaciones de cuatro vectores.[38]

HEISENBERG, WERNER: físico alemán cuyo famoso experimento teórico del gato y sus aplicaciones dieron lugar al descubrimiento de formas de hidrógeno alotrópicas. Heisenberg recibió el Premio Nobel de Física en 1932. Su teoría se basa solo en lo que puede observarse, es decir, en la radiación emitida por el átomo. No podemos asignarle siempre a un electrón una posición en el espacio en un determinado momento, ni seguirlo en su órbita, y tampoco asumir que las órbitas planetarias postuladas por Niels Bohr existan realmente. Las cantidades mecánicas, como la posición o la velocidad, deberían estar representadas no solo mediante números ordinarios, sino también por medio de estructuras matemáticas llamadas «matrices», y Heisenberg formuló su nueva teoría en términos de ecuaciones de matriz. Más tarde, en su famoso principio de incertidumbre, declaró que la determinación de la posición y el impulso de una partícula móvil contienen necesariamente errores del producto de lo que no puede ser menos que el constante cuántico h y que, aunque estos errores son insignificantes a escala humana, no pueden ignorarse en los estudios sobre el átomo.[39]

Hemisferio derecho: el hemisferio derecho es un procesador paralelo que funciona de manera no verbal y destaca en la información visual, espacial, perceptual e intuitiva, destacándose por su complejidad, ambigüedad y utilización de la paradoja. Mucho más rápido que el izquierdo, el hemisferio derecho procesa la información rápidamente de una manera no lineal ni consecuencial, teniendo en cuenta todo el panorama y con miles de millones de bits de información por segundo, y a continuación determinando las relaciones espaciales de cada una de las partes en relación con el todo. Esta parte del cerebro no se ocupa de que las cosas encajen en patrones de acuerdo con unas leyes preestablecidas. En Matrix Energetics el hemisferio derecho está unido conceptualmente al campo del corazón de la persona. Esta unión de hemisferio derecho y corazón, cuando se desarrolla apropiadamente, te da la capacidad de acceder a estados alterados de conciencia y marcos perceptivos de referencia únicos. *Ver también* CAMPO DEL CORAZÓN; HEMISFERIO IZQUIERDO.

Hemisferio izquierdo: en cada segundo, la conciencia nos revela una fracción minúscula de los once mil millones de bits de información que nuestros sentidos pasan a nuestro cerebro. Mientras que el hemisferio derecho funciona con el izquierdo y puede procesar miles de millones de bits de información por segundo, el hemisferio izquierdo es un procesador serial que puede, como mucho, manejar siete (dos arriba dos abajo) bits de información por segundo. De esa manera el hemisferio izquierdo, el que pone nombres y clasifica, funciona como un sensor analítico que determina qué información sensorial nos permitimos percibir conscientemente y cuál debe quedarse a las puertas del umbral de la conciencia. Esto es muy práctico para desenvolvernos por el llamado mundo real. Sin embargo, como el hemisferio izquierdo decide lo que está permitido y lo que no puede pasar a nuestra conciencia sensorial, constantemente se están borrando cantidades ingentes de información que la programación inherente del hemisferio izquierdo considera insignificante. En cuanto nombras algo, lo defines. Al definirlo, decretas cómo aparece en tu realidad. Por eso el científico noruego Tor Norretranders dice: «Confía en tus corazonadas y en tu intuición; están más cerca de la realidad que la realidad que percibes porque se basan en una información más abundante».[40]

Ver también SOLTAR; HEMISFERIO DERECHO.

HERBERT, NICK: doctor en física experimental, Herbert fue científico principal en Memorex y en otras empresas de Bay Area especializadas en métodos magnéticos, electrostáticos, ópticos y termales de procesamiento y almacenaje de información. Es autor de *Quantum Reality: Beyond the New Physics, Faster than Light* —publicado en Japón con el título *Time Machine Construction Manual*— (Manual de construcción de una máquina del tiempo), y *Elemental Mind: Human Consciousness and the New Physics*. Herbert ideó la demostración más concisa hasta la fecha del teorema de la interconexión. Ha escrito sobre la teoría cuántica y sobre la velocidad superior a la de la luz en publicaciones como el *American Journal of Physics* y *New Scientist* y es columnista de *Mondo 2000*.[41]

HOLOGRAMA: «Una de las cosas que hacen posible la holografía es el fenómeno conocido como interferencia. La interferencia es el modelo de trayectoria cruzada que se da cuando dos o más ondas, como las olas, se propagan produciendo un efecto dominó. Al colisionar entre sí, cada onda contiene información, en la forma de energía codificada, sobre la otra, entre ella cualquier otra información que contenga. Los patrones de interferencia equivalen a una constante acumulación, y las ondas tienen una capacidad de almacenaje prácticamente ilimitada. Cuando una serie compleja de patrones de interferencia interactúan, forman un híbrido de información altamente estructurada que es la fundación de lo que percibimos como nuestra noción de realidad. Si dejas caer una piedra en un estanque, producirá una serie de ondas concéntricas que se expanden hacia fuera. Si dejas caer dos piedras, obtendrás dos conjuntos de ondas que se expanden y pasan la una a través de la otra. A la compleja disposición de crestas y valles en las ondas que surgen de estas colisiones se la conoce como patrón de interferencia». Si tomáramos una instantánea de la superficie del estanque, obtendríamos un resultado similar a una imagen holográfica en el sentido de que consiste en un conjunto de patrones de interferencia producidos al combinar varios frentes de onda. El neurocirujano Karl Pribram comprendió que si el modelo holográfico del cerebro se llevaba a sus conclusiones lógicas, se abriría la puerta a la posibilidad de que la realidad objetiva (el mundo de las tazas de café, los paisajes de montaña y las lámparas de mesa) puede que ni siquiera exista, o al menos que no exista de la manera en que creemos que lo hace.[42]

INOCENTE, PERCEPCIÓN: una práctica cultivada de permitir que la percepción sea el brazo recogedor de la conciencia para que esta pueda expandirse más allá de nuestro alcance previo. La continua búsqueda de la conciencia dirige todas nuestras percepciones. Realmente vemos con la totalidad de nuestra conciencia, no con nuestros ojos, que son solo los instrumentos para recoger datos.[43]

Marco de referencia observacional: un entramado espacial, organizado y medido, situado en el «vacío» (espacio, espacio-tiempo). Normalmente se refiere a un marco espacial tridimensional. Se considera que todos los objetos y puntos del «universo» o marco espacial coexisten simultáneamente en puntos separados y medidos del marco. Esto difiere del vacío en que, en puridad, este no tiene longitudes que lo limiten ni tampoco intervalos definidos de tiempo, ya que todo esto aparece solo tras la medición o detección, y está relacionado con el observador y con las interacciones que se estén produciendo, así como con el proceso mismo de detección en sí. El «marco del laboratorio» es el marco de referencia estática del observador o de la medida. Podemos presumir que para cualquier objeto fijo o en movimiento, existe un marco de referencia separado o centrado en cualquier punto de otro marco. Al adoptar un tipo de marco, todas las clases de interacciones físicas posibles quedan restringidas a esa única clase o conjunto de interacciones que hemos adoptado. Una de las mayores limitaciones de un «marco» adoptado es que descarta la existencia de otras dimensiones superiores. Hay que tener en cuenta que en el enfoque de la nueva teoría del campo unificado, siempre se puede acceder a las demás dimensiones superiores y no es posible descartarlas en general, sino solo en algunos casos especiales. Cada curvatura del espacio-tiempo, y cada curvatura adicional interna de esa curvatura primaria, añade

una nueva dimensión. En nuestra opinión, un espacio-
tiempo puede ser «plano» en la mayoría de las curvaturas pero estar formado por curvaturas determinis-
tas internamente estructuradas o «motores». Bajo esta
perspectiva, los marcos de inercia normal, por ejemplo,
todavía pueden seguir conteniendo motores en el vacío,
que no afectarán a las reglas normales de corrección de
la translación pero pueden afectar a alguno o a todos los
mecanismos sin translación, entre ellos, en muchos casos, las mismas leyes de la naturaleza.[44]

MARCO DE REFERENCIA: el conjunto de leyes de cada persona
para notar lo que percibe; el esquema mental individual
para explicar cómo surgen las cosas. El marco es el contexto desde el que te planteas una situación, el marco de
referencia, y posee un poder extraordinario. Los marcos suelen ser filtros inconscientes para una situación.
Como no se habla de ellos ni se los reconoce, pueden
sortear nuestras facultades críticas e ir directamente al
inconsciente. Cada decisión que tomamos, la manera
misma en que vemos las cosas como parte de nuestro
proceso de toma de decisiones, es parte de nuestro marco de referencia inconsciente. Con el tiempo, hemos
construido una serie de reglas sobre cómo ver un determinado tipo de situación y tratarlo, o conceptualizar un
problema concreto: aplicamos este *software* preexistente
a estos marcos de referencia para ver cómo una situación o suceso determinado encaja en nuestro modelo
de percepción. Esto se hace en gran medida en un nivel
inconsciente. Acceder a los estados alterados de conciencia y luego buscar situaciones o patrones conocidos
a través de una nueva lente perceptiva puede modificar
viejos marcos de referencia o crear nuevos. Don Juan,

el maestro de Carlos Castaneda, se refería a esto como la diferencia entre «mirar» –percibir a través del viejo marco de referencia– y ver –observar sin las lentes generalmente distorsionadas de nuestra predisposición perceptiva o habitual marco de referencia.

MARCO INERCIAL: si dos sistemas se están moviendo uniformemente en relación en el uno con el otro, no se puede determinar nada sobre el movimiento de ninguno de ellos excepto que es relativo. Se dice que cada uno de los dos marcos está «rotado» con respecto al otro, pero no está acelerando. La velocidad de la luz en el espacio (el vacío) es constante e independiente de la velocidad de su fuente y de la velocidad de un observador. Todas las leyes de la física son iguales en todos los marcos de referencia inercial.[45]

MATRIX ENERGETICS: el arte y la ciencia de la transformación.

MAXWELL, ELECTRODINÁMICA DE (TEORÍA ELECTROMAGNÉTICA): explicada de una forma sencilla, la teoría electrodinámica de Maxwell está formada por sus ecuaciones. Su teoría fundamental consistía en una veintena de ecuaciones cuaternarias en veinte incógnitas, que aparecieron en su publicación de 1865. Tras su muerte y alguna reducción realizada por él mismo, Oliver Heaviside las modificó y las simplificó drásticamente hasta llegar a las cuatro ecuaciones que se conocen en nuestros días, como hicieron Willard Gibbs y Heinrich Hertz. Hendrik Lorentz acortó aun más las ecuaciones de Maxwell-Heaviside reconvirtiéndolas simétricamente. Esto simplificó su solución matemática pero también, sin pretenderlo, alejó arbitrariamente todos los sistemas abiertos de Maxwell del equilibrio termodinámico con su entorno activo (como el moderno vacío activo).[46]

Maxwell, James Clerk: matemático y físico teórico escocés cuyo logro más significativo fue el desarrollo de la teoría electromagnética clásica, sintetizando todas las observaciones previas, experimentos y ecuaciones de electricidad, magnetismo y óptica sin relación entre sí para formar una teoría consistente. Su conjunto de famosas ecuaciones demostró que la electricidad, el magnetismo y la luz son manifestaciones del campo electromagnético. Desde ese momento, todas las demás leyes o ecuaciones clásicas de estas disciplinas se transformaron en casos simplificados de las ecuaciones de Maxwell. Ivan Tolstoy, en su biografía de Maxwell, escribió: «La importancia de Maxwell en la historia del pensamiento científico es comparable a la de Einstein (a quien inspiró) y a la de Newton (cuya influencia limitó).»[47]

Maxwell, teoría del campo unificado de: el término se suele aplicar a cualquier sistema físico o electromagnético cuyas operaciones electrodinámicas siguen el modelo de electrodinámica de Maxwell tras la reconversión de las ecuaciones Maxwell-Heaviside que llevó a cabo Lorentz. Lamentablemente, este subconjunto es conocido hoy día con el inapropiado nombre de «ecuaciones de Maxwell». Como consecuencia de esto, muchos científicos y la mayoría de los ingenieros actuales ya no entienden la teoría de Maxwell. Al insertarla en una topología algebraica superior, la teoría permite una vasta riqueza de sistemas electromagnéticos adicionales y comportamientos, entre ellos operaciones de la teoría del campo completamente unificado. En la electrodinámica de simetría estándar *gauge* se excluyen a priori todas estas funciones y sistemas de simetría superior. Desde el punto de vista de Thomas Bearden, esto es especialmente triste ya que las reducciones arbitrarias de la teoría de Maxwell excluyen todos los sistemas electromagnéticos que se alejen del equilibrio en su intercambio con el vacío activo. Por tanto, casi todos los científicos e ingenieros creen que va en contra de las propias leyes de la naturaleza proponer un sistema de energía eléctrica que produce una salida de energía (y más trabajo en la carga) superior a la entrada de energía que efectuó el propio operador.[48] *Ver también* HEAVISIDE, OLIVER.

MCMONEAGLE, JOE: vidente remoto norteamericano, nº 001 (372), que ha prestado ayuda paranormal a la CIA, la Agencia de Inteligencia de Defensa, la Agencia de Seguridad Nacional, la Agencia contra las Drogas, el Servicio Secreto, la Oficina de Investigación Federal, el Servicio de Aduanas de Estados Unidos, el Consejo de Seguridad Nacional y el Departamento de Defensa. Fue uno de los oficiales reclutados originalmente para un programa de alto secreto del ejército conocido ahora como el Proyecto Stargate.[49]

MEDIDA DÉBIL DE QUANTUM: las medidas débiles son un tipo de medidas de quantum, en las que el sistema medido se acopla débilmente al dispositivo de medida de manera que la medición no afecte al sistema. Aunque aparentemente contradice algunos aspectos básicos de la teoría cuántica, el formalismo se encuentra dentro de los límites de la teoría y no contradice ninguna noción fundamental. La idea de medidas y valores débiles fue desarrollada en un principio por Yakir Aharonov, David Albert y Lev Vaidman, y resulta especialmente útil para conseguir información acerca de los sistemas seleccionados previa y posteriormente descritos por el formalismo del vector de dos estados.[50]

MODELO DE REALIDAD VIRTUAL: un patrón de información que puede usarse para igualar la entrada o salida general de un sistema de realidad virtual.

MODELO ESPECIAL DE RELATIVIDAD: las leyes de la física son las mismas para todos los observadores en un movimiento uniforme el uno con respecto al otro (principio de la relatividad de Galileo) y la velocidad de la luz en el vacío es la misma para todos los observadores, independientemente de su movimiento relativo o del movimiento de la fuerza de la luz.

MÓDULO: un módulo es un componente independiente de un sistema que tiene una interfaz bien definida con otros componentes del sistema. En esencia, Matrix Energetics desarrolló una tecnología interdimensional que contiene un espacio del campo punto cero y crea un punto puente conceptual del imaginario al real. Por cierto, esto describe un número complejo conjugado en la física cuántica, donde menos uno representa la cualidad imaginaria y también hay un número real, o cualidad. Cuando multiplicas los dos juntos, los componentes imaginarios se cancelan, y terminas con un vector real o coordenada en el espacio-tiempo. Así es exactamente como funciona esta tecnología energética; se trata de una tecnología espiritual que podemos crear y reproducir. Imagínate que el módulo es un programa espiritual interactivo de naturaleza creativa cuya función es realizar, tratar o corregir una determinada tarea, circunstancia o actividad. En este sentido se podría decir que un módulo lleva a cabo la función de lo que el doctor William Tiller llama un dispositivo con una intención impresa. *Ver también* UNIDAD IMAGINARIA; TILLER, WILLIAM.

MÓRFICA, RESONANCIA: término acuñado por Rupert Sheldrake en su libro de 1981 *A New Science of Life*, la resonancia en un nivel mórfico es «la influencia de estructuras previas de actividad en estructuras subsiguientemente similares de actividad organizadas por campos mórficos. Por medio de la resonancia mórfica, las influencias causales formativas pasan a través del espacio y el tiempo, y se presume que estas influencias no disminuyen con la distancia en el espacio o en el tiempo, sino que vienen únicamente del pasado. A mayor grado de similitud, mayor será la influencia de la resonancia mórfica». Por tanto, la expresión de resonancia se refiere a lo que Sheldrake cree que es «la base de la memoria en la naturaleza... la idea de misteriosas conexiones telepáticas entre organismos y de una memoria colectiva de las especies».[51]

MÓRFICA, UNIDAD: una unidad de forma u organización, como un átomo, molécula, cristal, célula, planta, animal, patrón de comportamiento instintivo, grupo social, elemento de cultura, ecosistema, planeta, sistema planetario o galaxia. Las unidades mórficas están organizadas en jerarquías incorporadas en unidades dentro de unidades: un cristal, por ejemplo, contiene moléculas, que contienen átomos, que contienen electrones y núcleos, que contienen partículas nucleares, que contienen quarks.[52]

MÓRFICO, CAMPO: Un campo dentro y alrededor de una unidad mórfica, que organiza la estructura y los patrones de actividad característicos del campo en todos sus niveles de complejidad. El término «campo mórfico» engloba los campos morfogenético, conductivo, social, cultural y mental. Los campos mórficos se configuran y estabilizan por resonancia mórfica de anteriores unidades mórficas similares, que estaban influenciadas por campos del mismo tipo. Por consiguiente, contienen un tipo de memoria acumulativa y tienden a hacerse progresivamente habituales.[53]

NEGENTROPÍA (ENTROPÍA NEGATIVA): en cierto sentido, el revés del desorden o el revés de la entropía. En un sistema negentrópico, la energía avanzaría desde un estado de desorden hacia un orden creciente. En un sistema biológico, como el cuerpo humano, esto describiría el principio de un sistema autónomo.[54] *Ver también* ENTROPÍA.

NEUMANN, JOHN VON: matemático norteamericano-húngaro que desarrolló la rama de las matemáticas conocida como teoría del juego. En 1933 se unió al Instituto de Estudios Avanzados de Princeton, Nueva Jersey, y más tarde sirvió como asesor en el proyecto de bomba atómica de Los Álamos durante la Segunda Guerra Mundial. En 1955 se convirtió en miembro de la Comisión Norteamericana de Energía Atómica. Von Neumann es conocido por sus contribuciones fundamentales a la teoría de la mecánica cuántica, en particular por el concepto de «anillos de operadores» (conocido ahora como álgebra de Neumann), y por su trabajo pionero en matemáticas aplicadas, sobre todo en estadísticas y análisis numérico. También es conocido por el diseño de ordenadores de alta velocidad.[55]

NEWTONIANA, FÍSICA (LEYES DE MOVIMIENTO DE NEWTON): de *Philosophiae Naturalis Principia Mathematica,* de sir Isaac Newton, las tres leyes físicas que forman las bases de la mecánica clásica. Newton las usaba para explicar e investigar el movimiento de objetos físicos y sistemas, entre ellos el de objetos terrestres y el planetario. *Primera* *ley*: frecuentemente llamada ley de la inercia, un cuerpo persistirá en un estado de descanso o movimiento uniforme a menos que actúe sobre él una fuerza externa desequilibrada. *Segunda ley*: observado desde un marco inerte de referencia, la fuerza es igual al volumen multiplicado por la aceleración. *Tercera ley*: a cada acción le corresponde una reacción igual y opuesta.

NO HACER: tratar de entender es en sí *hacer* algo. Obviamente, *hacer* es más fácil de explicar. Es como si lo identificáramos con objetividad; una piedra es una piedra por el hacer, «por todas las cosas que sabes hacerle». Es importante reseñar que sin hacer, no podemos llegar a conocer nada. Si nada es conocido, todo es nuevo, desconocido y experimentado por vez primera, no está condicionado. Cuando intentas «entenderlo», lo único que en realidad estás haciendo es hacer que el mundo sea conocido». Esto es hacer, e implica una actividad racional, una formulación de la experiencia específicamente racional o intelectual. Actuar sin creencia es *no hacer*. La creencia ordena la experiencia en un intento de otorgarle significado. La técnica de *no hacer* se facilita cuando sustituimos el hacer normal por un hacer diferente, una especie de truco cuya analogía podría ser la de imaginarse un mundo alternativo. En ambos casos, los dos mundos (el que todos conocemos y el de los magos) son irreales, pero útiles, aunque no sean necesariamente modelos de realidad.[56] En Matrix Energetics se enseña que todo lo haces a partir de tu modelo perceptivo de cómo se hacen las cosas. Es decir, al entrar en el estado de hacer algo, vas eliminando gradualmente tus presunciones previas sobre cómo funciona el mundo y cómo son las cosas. Cuando detienes estos juicios y te limitas a percibir un acto en el momento, entras en el reino de la gracia, que se caracteriza por el arte de no hacer. Una vieja manera de expresarlo, quizá algo manida, es «dejarlo en manos de Dios». El hacedor, la mentalidad del hemisferio izquierdo, realiza toda acción. Creemos que lo que hacemos tiene un impacto, y, sin embargo, ¡con qué facilidad las circunstancias de la vida terminan imponiéndose a nuestros planes y esquemas! La ilusión de control sobre los patrones energéticos del universo es solo eso. En el momento en que podemos reconocer humildemente, como incluso Jesús lo hizo: «Yo, por mí mismo, no puedo hacer nada», nos sentamos en el trono del territorio del corazón, tras haber renunciado a nuestras nociones de lo que es posible e imposible. Ahora las cosas se hacen a través de nosotros, no somos nosotros quienes las hacemos. En último término, el acto de no hacer es un sencillo acto de fe en el hecho de que existe un poder superior que, si le concedemos la oportunidad, puede actuar, y actúa, por medio de nosotros.

NOTAR: en Matrix Energetics, es el arte de prestar atención a lo que aparece en el momento creándose el hábito de hacerse la pregunta abierta: «¿Qué estoy notando ahora?». Empiezas a entrenar la mente inconsciente para que deje pasar más información de la esfera de la conciencia del hemisferio derecho a la esfera de la atención consciente. Si eres constante al hacerlo, te volverás más consciente de la energía y la información que sustenta este nuevo dictado de prestar atención a estímulos y patrones de tu entorno (interno y externo) que hasta ahora no tenías en cuenta. Una conclusión lógica sería notar lo que es diferente, no lo que es igual. Cuando lo haces de forma habitual, acostumbras a tu cerebro a buscar nuevos patrones y comportamientos y refuerzas los cambios positivos.

NUBE DE PROBABILIDAD: término acuñado por el físico Richard Feynman en su discusión sobre «¿qué es exactamente un electrón?». Con frecuencia a la nube de electrones se la suele llamar orbital, porque no puede precisarse realmente el espacio en el que es probable encontrar un electrón. El modelo proporciona una manera simplificada de ver un electrón como solución al paradójico experimento de pensamiento de Erwin Shrödinger que demostró la aleatoriedad de la vida o muerte de un gato encerrado en una caja sellada. En la analogía de la nube de electrones la densidad de la probabilidad, o la distribución de electrones, se describe como una pequeña nube que se mueve alrededor del núcleo atómico o molecular, con la opacidad de la nube proporcional a la densidad de la probabilidad.[57] *Ver también* FEYNMAN, RICHARD; SCHRÖDINGER, ERWIN.

ONDA DE TIEMPO INVERTIDO: una onda de conjugación de fase o de tiempo invertido es una onda que viaja hacia atrás por el tiempo. Esto es, es capaz de reconstruir con precisión la trayectoria a través del espacio tomada por otra onda que recorrió ese circuito hacia un espejo no lineal, estimulando el reflejo de la onda de tiempo revertido. Más aun, al reconstruir su circuito invisible a través del espacio, la réplica de la onda de conjugación de fase no se desvía como lo haría una onda normal. En lugar de eso, converge continuamente sobre su rastro invisible.[58]

ONDA ESCALAR: caracterizada únicamente por la magnitud. Sin embargo, con respecto a la polarización, «fotón escalar» es el término que se usa para un fotón de tiempo polarizado, donde la energía electromagnética oscila a lo largo del eje del tiempo. Los efectos se observan en forma de oscilación en la velocidad del flujo del tiempo; por tanto, es una oscilación de la «densidad de tiempo». El término «escalar» con respecto a la polarización implica solo que no hay un elemento vector en el espacio tridimensional, a pesar de que existe un vector (y una variación de su magnitud) a lo largo del eje del tiempo.[59]

ONDA PORTADORA: onda fundamental que está modulada por otra onda u ondas y «porta» esa forma de ondas moduladoras. Separar el soporte en un demodulador mostrará la forma de onda que porta.[60]

ONDAS DE POSIBILIDAD: aunque evidentemente la observación es necesaria para provocar la materialización de lo que hasta entonces solo es una posibilidad, la naturaleza fundamental de la observación en la teoría cuántica sigue siendo un tanto misteriosa. Este problema de medida deriva del hecho de que con anterioridad a la observación, se describe al quantum como una onda de probabilidad sin localización, diseminada a través del espacio, mientras que tras la observación solo uno de los posibles valores se materializa. De esta manera, la observación implica un colapso discontinuo, también llamado una «proyección», de la función de onda cuántica de un continuo de posibilidades a un solo valor materializado. Sin embargo, esta proyección es un elemento creado a propósito por el formalismo, y no una verdadera transformación gobernada por la ecuación de onda de Erwin Schrödinger. No hay explicación para cómo, cuándo o dónde se produce esta misteriosa proyección. Es más, cuando tiene lugar, las leyes de física cuántica no predicen cuál de los posibles valores se materializará en una determinada observación, violando así el determinismo clásico e introduciendo un elemento de acausalidad y espontaneidad en la teoría de un nivel fundamental.[61] *Ver también* EFECTO OBSERVADOR.

OSCILOCLASTA: *ver* CIRCUITO OSCILOCLASTA.

PARTÍCULA VIRTUAL: partícula cuántica fugaz que aparece y desaparece espontáneamente con tal rapidez que no puede observarse individualmente; existe solo de forma temporal. La partícula virtual no cumple la relación normal entre energía, impulso y masa porque se halla bajo el principio de incertidumbre de Heisenberg. La partícula virtual puede tener alguna cantidad de energía momentáneamente, siempre que el producto de su energía y el intervalo de tiempo de su existencia sean menores que la magnitud mínima del principio de incertidumbre. Sin embargo, las interacciones de un gran número de partículas virtuales con una masa de carga pueden combinarse para generar efectos reales observables. En la teoría del campo cuántico, la causa de todas las fuerzas de la naturaleza es la interacción de la entidad de la masa forzada con las partículas virtuales.[62]

POTENCIAL CUÁNTICO GENERADO ARTIFICIALMENTE: un potencial escalar está compuesto de un conjunto de onda bidireccional configurado artificialmente, o bien lo contiene parcialmente. Ver E. T. Whittaker para evidencias de que un «potencial escalar» es en realidad un conjunto armónico de parejas ocultas bidireccionales de ondas electromagnéticas longitudinales con conjugación de fase. Cada par de ondas consta de una onda y su antionda (una auténtica réplica de onda con tiempo inverso). Si el observador externo pudiera ver las ondas *detectadas* (efecto) en una pareja oculta de ondas, vería a la «onda» yendo en una dirección y a la antionda pasando precisamente a través de esta en la dirección contraria. Sin embargo, antes de la detección, la onda de conjugación de fase existe enteramente en el plano complejo y por tanto en el terreno del tiempo.[63]

POTENCIAL DE QUANTUM/INFORMACIÓN: potencial especial añadido a la ecuación de Schrödinger por David Bohm en su teoría de la variable oculta de la mecánica cuántica. El potencial cuántico es una entidad múltiple conectada; por tanto, «ocupa» puntos, circunstancias u objetos conectados entre sí pero muy separados. Es también un amplificador de energía extraordinario, ya que cualquier entrada de energía a uno de los múltiples puntos conectados aparece simultánea e instantáneamente en todos los demás con independencia de su distancia o de su localización en el universo. En la vida real el potencial cuántico tiene también un «coeficiente de conectividad múltiple», de manera que solo una fracción de la entrada de energía a un punto conectado aparecerá en los otros puntos del grupo de conexión múltiple. Cinco naciones han utilizado el potencial cuántico para construir armas, y estas armas son las que dominan la Tierra —son, de hecho, más poderosas que las nucleares—. En teoría el potencial cuántico y los motores y antimotores podrían usarse para tratar y curar una determinada enfermedad simultáneamente en todos los habitantes del planeta. Lamentablemente, se han desarrollado motores para generar enfermedades en una población en lugar de para curarla. Rusia y Brasil han tenido durante un tiempo armas de potencial cuántico, lo mismo que dos naciones aliadas de Estados Unidos. En 2001 China también desplegó el arma de potencial cuántico.[64]

PRINCIPIO DE INCERTIDUMBRE: principio de la mecánica cuántica, formulado por Werner Heisenberg, de que la medida precisa de una o dos cualidades observables y relacionadas entre sí —como la posición y el impulso, o la energía y el tiempo—, produce incertidumbres en la medida de otra, de manera que el producto de las incertidumbres de ambas cualidades es igual o mayor a $h/2\pi$, en donde h es igual a la constante de Planck. También se denomina «principio de indeterminación» (*Random House Dictionary* – Nueva York: Random House, 2009). En la física cuántica convencional, el origen de la energía punto cero es el principio de incertidumbre de Heisenberg, ya que existe una incertidumbre paralela entre medidas que tienen que ver con tiempo y energía (y otras de las llamadas variables conjugadas de la mecánica cuántica). Esta incertidumbre mínima no se debe a ningún fallo corregible en las medidas sino que más bien refleja una ambigüedad cuántica intrínseca en la misma naturaleza de la energía y la materia que surge de la naturaleza de la onda de los varios campos cuánticos. Esto conduce al concepto de energía punto cero.[65]

PSICOTRÓNICA: ciencia de las relaciones mente-cuerpo-entorno, una metodología interdisciplinar que se ocupa de las interacciones de la materia, energía y conciencia.[66] *Ver también* ABRAMS, ALBERT; RADIÓNICA.

RADIÓNICA: método de diagnóstico y tratamiento a distancia que utiliza instrumentos especialmente diseñados con los que los practicantes pueden determinar las causas subyacentes de las enfermedades dentro de los sistemas vivos, se trate de humanos, animales, plantas o del terreno en sí. Aunque la radiónica se usa principalmente para diagnosticar y tratar las afecciones humanas, también se ha empleado en agricultura para aumentar las cosechas, controlar plagas y mejorar la salud del ganado. *Ver también* PSICOTRÓNICA.

REALIDAD VIRTUAL: las realidades virtuales son tecnologías de la conciencia que permiten a quienes las usan interactuar con un conjunto energético de patrones o entornos, sea real o imaginario. Si todo es el resultado de la relación de la conciencia con los elementos fundamentales de la materia física, los fotones y las partículas virtuales, eso significa que, en cierto sentido, toda visión de la realidad es virtual, no real.

REFERENCIA DE TIEMPO DE REFERENCIA PUNTO CERO: una cosa es hacer invisible (o hacer viajar en el tiempo) a un objeto como una nave, y otra la propia referencia del tiempo que tiene la gente. Puedes crear puntos de referencia en un objeto para que «viaje», pero con las personas has de tratar individualmente sus «puntos de referencia» para asegurarte de que todo saldrá bien.[67]

REGLA: declaración que establece cómo los observadores deben rendir los elementos o aspectos de un determinado patrón de energía o experiencia. Tu regla o conjunto de reglas individual determina cómo está construida la caja de tu realidad virtual. Algunos elementos que te puede resultar útil incluir en tu conjunto de reglas son un punto de vista neutral, unos medios objetivamente verificables y una flexibilidad de perspectiva y de aplicación. Bruce Lee tenía estas tres reglas sencillas que dominaban la filosofía del arte marcial llamado Jeet Kune Do, «el camino del puño (abierto) interceptor»: absorber lo que es útil, descartar la confusión clásica (cuestionarse las maneras habituales de pensar y actuar que pueden llevarte a reaccionar de forma mecánica en lugar de fomentar la creatividad espontánea) y no aferrarse a ninguna manera de hacer las cosas (lo que en Matrix Energetics significa ser neutral y flexible, notar lo que es diferente y actuar siguiendo tu corazón, no los dictados de tu cabeza).[68]

RENORMALIZACIÓN: procedimiento en la teoría del campo cuántico por el que las partes divergentes de un cálculo, que producen resultados infinitos ilógicos, se absorben por redefinición en unas pocas cantidades medibles, produciendo así resultados finitos.[69]

ROTACIÓN EN PAREJA: impulso intrínseco angular de una partícula, como un electrón, protón, neutrón, fotón o gravitón, por ejemplo, incluso cuando permanece en descanso, como si fuera un trompo girando sobre un eje pero tuviera que rotar 720 grados antes de hacer un «círculo completo». La rotación se cuantiza, y se describe siempre como medio giro o un giro entero (-1,- 1/2, 0,1/2,1, etcétera). Una partícula cargada de rotación, como el electrón, presenta así un impulso magnético, debido a la circulación de la carga en la rotación. En el núcleo de un átomo, la rotación del núcleo es la resultante de las rotaciones de los nucleones (partículas compuestas por núcleos). El giro de las partículas parecería más como una circulación que se mueve de la «implosión» a la «explosión». En otras palabras, la partícula también circula en el dominio del tiempo (plano complejo). Podría parecer que la rotación de una partícula es la característica básica que integra el flujo (desintegrado) de energía del vacío en una carga observable. En apariencia todos los campos, materia, efectos y demás aspectos observables dependen de este mecanismo

básico para agrupar entidades virtuales y formar fenómenos que se pueden observar.[70]

SAINT GERMAIN: el Maestro Ascendido Saint Germain enseña que la alquimia superior es la transformación de la
conciencia humana en la divinidad del Ser Superior, que
está siempre dispuesto a asistir a todas las almas en sus
empresas. Asimismo afirma que las naciones desarro-
llarán la tecnología de la Era de Acuario cuando aban-
donen el uso destructivo de la ciencia y la religión para
aceptar el desafío que subyace en la raíz de ambas, que
consiste en que el ser humano se adentre en su corazón
y en el núcleo del átomo y saque de ellos los ilimitados
recursos espirituales y físicos para establecer la edad do-
rada.[71]

SCHRÖDINGER, ERWIN: físico alemán superdotado, con una
vasta formación. Tras estudiar química, se dedicó durante años a especializarse en la pintura italiana. Tras
esto comenzó a estudiar botánica y escribió una serie de
estudios sobre la filogenia de las plantas. Su gran descubrimiento, la ecuación de onda de Schrödinger, se llevó
a cabo al final de esta época, durante la primera mitad
de 1926. Fue fruto de la insatisfacción con la condición
cuántica de la teoría de órbita de Niels Bohr y su creencia de que el espectro atómico debería realmente ser
determinado por algún tipo de problema de valores propios. Por este trabajo compartió con Paul Dirac el Premio Nobel de Física en 1933.[72] *Ver también* DIRAC, PAUL.

SEGUNDA ATENCIÓN: a la primera atención se la podría llamar
«la mente que sabe», mientras que la segunda sería «la
mente que no sabe o no conoce». La segunda atención
puede cultivarse disminuyendo la búsqueda de significado. Esto se puede conseguir relajando la tendencia a

proyectar o presumir un significado en lo percibido, en lugar de percibir directamente el fenómeno. Esto puede ocurrir también al dejar a un lado las etiquetas a través de un acuerdo para experimentar el mundo sin nombrar lo que estás experimentando.[73]

SHELDRAKE, RUPERT: uno de los biólogos evolucionistas más innovadores, Sheldrake es mejor conocido por su teoría de los campos mórficos y la resonancia mórfica, que conduce a la visión de un universo viviente, en continuo desarrollo con su propia memoria inherente: «Durante el curso de quince años de investigación en el desarrollo de las plantas, llegué a la conclusión de que para entenderlo no es suficiente con su morfogénesis, genes y productos genéticos. La morfogénesis depende también de los campos de organización. El mismo argumento se puede aplicar al desarrollo de los animales. Desde la década de 1920, muchos biólogos evolucionistas han propuesto que la organización biológica depende de los campos, que reciben varios nombres: campos biológicos, campos de desarrollo, campos posicionales o campos morfogenéticos».[74]

SISTEMA ABIERTO: sistema que se comunica con su entorno e intercambia energía o materia con él. Con la posible excepción de unos pocos sistemas teóricos o hipotéticos, todos los sistemas del universo son, de hecho, abiertos. Un sistema abierto puede estar en equilibrio con su entorno activo de tal manera que no puede aceptar, almacenar y utilizar ningún exceso de energía del entorno.[75]

SOLTAR: al hemisferio izquierdo (la mente analítica) se lo conoce como la mente «mono». La manera de atrapar a un mono en la selva es colocar una caja con una fruta dentro y con un agujero que sea solo lo bastante grande para que entre la mano vacía del primate. Cuando este agarra la fruta que hay en la caja, no puede sacarla sin soltarla primero. Sin embargo, la mayoría de los monos nunca suelta la fruta, y esto los convierte en presas fáciles para los cazadores que colocan estas trampas. Esta es una analogía del comportamiento de los individuos con un hemisferio izquierdo predominante. Cuando eliges unas reglas y cómo deberían aparecer, puedes pasarte toda tu vida agarrado a la fruta de tus ideas y no soltarla nunca para vivir así una sensación de realidad mayor y más expansiva. En Matrix Energetics se enseña a los estudiantes a sacar la conciencia de la cabeza, de una mentalidad en la que predominan la preocupación y los juicios, y llevarla al terreno del corazón. Este último enlaza de forma natural con el dominio del hemisferio derecho y su inteligencia emocional. Es en este dominio de conciencia, el terreno de los sueños, como si dijéramos, donde surgen y se realizan las más grandes ideas y conceptos creativos. Esto es lo que «soltar» significa en Matrix Energetics. Al soltar la necesidad de entender tus experiencias, particularmente cuando se salen de lo que estás acostumbrado a percibir, puedes empezar a confiar en el estado orientado a los sentimientos de tu conciencia basada en el corazón.

SUPERCOHERENTE: más que un grado normal de coherencia entre las fases, o dos o más ondas, de manera que los efectos de la interfaz pueden producirse entre ellos, o una correlación entre las fases o partes de una sola onda.[76]

SUPERPOSICIÓN: sencilla adición y sustracción lineal de dos o más valores, estados, etcétera. Uno de los principios clave en las teorías de campo y en el concepto de potenciales. Sin embargo, cuando la situación es lo suficientemente no lineal, se da una interacción de ondas y potenciales en lugar de una simple superposición.[77]

TEORÍA DE LOS UNIVERSOS MÚLTIPLES: la idea fundamental de la teoría de los universos múltiples la propuso el físico Hugh Everett en 1957: existen miríadas de mundos en el universo además de aquellos de los que somos conscientes. En particular, cada vez que se realiza un experimento cuántico con diversos resultados con probabilidad no igual a cero, se obtienen todos los resultados, cada uno en un universo diferente, incluso si solo somos conscientes del universo en el que se da el resultado que hemos visto. En Matrix Energetics, los experimentos cuánticos se producen en todas partes y muy a menudo, no solo en laboratorios de física; incluso el parpadeo irregular de un viejo tubo fluorescente es un experimento cuántico.[78] *Ver también* UNIVERSO PARALELO.

TEORÍA DEL CAMPO CUÁNTICO: teoría mecánica cuántica en la que a un campo físico se lo considera una colección de partículas y fuerzas. Las propiedades observables de un sistema de interacción se expresan como cualidades finitas en lugar de vectores.[79]

TEORÍA UNIFICADA: teoría unificada de las cuatro fuerzas de la física (la electromagnética, la gravitacional, la fuerte y la débil) que no es solo un modelo intelectual sino también algo que se puede proyectar en un laboratorio y en el sistema físico actual usando electrodinámica de simetría superior como un subconjunto especial de la teoría del campo unificado de Mendel Sach.[80]

TIEMPO NEGATIVO: en mecánica cuántica, cada fotón virtual está continuamente transformándose en una pareja electrón/positrón, y viceversa. Paul Dirac sugirió que un positrón es un electrón que viaja hacia atrás en el tiempo. Además, la producción de parejas crea partículas impregnadas en tiempo, un electrón y un positrón. Por tanto, la producción de parejas origina en realidad dos electrones: uno acoplado a (impregnado en) una porción positiva de tiempo y otro acoplado a (impregnado en) una porción negativa de tiempo. Así, en el vacío, dos corrientes distintas de tiempo, una positiva y otra negativa, se crean cada vez que se produce una pareja y desaparecen con la destrucción de estas parejas. Además, la integración de minúsculas porciones virtuales de tiempo (de fotones virtuales) para formar macroscópicamente un «pasaje de tiempo» se asocia directamente con la carga (la absorción y emisión de partículas virtuales) de una partícula observable. Esto es lo que significa que un objeto «existe» (persiste). Sus continuas interacciones de fotones virtuales quedan integradas en su parte de masa (sin tiempo) en saltos comparativamente mayores a través del tiempo. La absorción del fotón conecta una porción positiva de tiempo a la masa de la partícula, convirtiéndola en tiempo masa. La emisión subsiguiente de un fotón observable, «lágrimas de la pequeña cola del tiempo», por así decirlo, deja tras sí una entidad de masa totalmente espacial, sin mayor conexión con el «flujo del tiempo».[81]

TIEMPO REVERTIDO: en las ondas electromagnéticas, el proceso de formar una onda de conjugación de fase. Para una partícula o una masa, el proceso de bombearla con ondas electromagnéticas de tiempo polarizado para que la curvatura interna espacio-tiempo de la masa se amplíe y tenga una conjugación de fase, formando un antimotor amplificado y preciso que luego revertirá lentamente el tiempo de la masa hasta llegar a su condición y estado previos. Hacemos hincapié en que revertir el tiempo de un solo objeto o grupo de objetos determinado no equivale al concepto de «viajar al pasado» tan popularizado por la ciencia ficción. Para hacer un viaje al pasado, habría que revertir el tiempo del universo entero y todo lo contenido en él, con excepción del viajero. ¡Esto hoy día no parece posible de ninguna manera! Por otro lado, revertir el tiempo de un solo elemento, como una partícula o una onda (o incluso de un grupo de elementos, como un grupo de partículas u ondas), no es solo factible sino fácilmente alcanzable. Por ejemplo, un agujero en un mar de Dirac es un electrón con energía negativa, ya que está cargado de energía negativa y, en consecuencia, antes de la observación es masa negativa. Tras la observación se ve como energía positiva, un electrón de masa positiva de carga contraria al electrón convencional y que reacciona con campos en dirección opuesta de la del electrón convencional de carga negativa. En resumen, tras la observación (interacción con masa) se transforma en un positrón.[82] *Ver también* MAR DE DIRAC; ELECTRÓN, CONJUGACIÓN DE FASE.

TILLER, WILLIAM: científico y autor que aparece en la película *¿Y tú qué sabes?* Becario de la Academia Norteamericana para el Avance de la Ciencia, profesor emérito del Departamento de Ciencias de los Materiales de la Universidad de Standford, pasó treinta y cuatro años en el mundo académico tras nueve años como físico asesor de los laboratorios de investigación Westinghouse. En su haber se encuentran más de doscientos cincuenta artículos científicos convencionales, tres libros y varias patentes. En paralelo, y de forma vocacional, ha estado realizando, durante más de treinta años, un profundo estudio experimental y teórico del campo de la psicoenergética, que muy probablemente llegará a ser parte integral de la física del «mañana». En esta área ha publicado más de un centenar de artículos científicos y cuatro libros fundamentales.[83]

TRATAMIENTO PARALELO: la capacidad del cerebro de tratar simultánea y continuamente los estímulos recibidos para una acción rápida y decisiva.

TRATAMIENTO SERIAL: procesamiento que ocurre de forma secuencial. Las operaciones se llevan a cabo en un orden explícito, y, por lo general, los resultados de una acción se conocen antes de plantearse la siguiente.[84]

TRAYECTORIA DE ACCIÓN MÍNIMA: las trayectorias de acción mínima son las rutas que recorremos en nuestra vida diaria. También son literalmente las trayectorias de la información neural en nuestros cerebros y sistemas nerviosos. Creamos esos circuitos al hacernos conscientes del mundo que nos rodea. Se convierten en hábitos necesarios para nuestra supervivencia. Al nivel cuántico, la acción de la trayectoria puede cambiar dependiendo del observador de esa trayectoria. Cada observación crea una conexión de acción mínima con la observación previa. Al elegir observar la realidad en una determinada trayectoria, lo que entonces pasó inadvertido se convierte en una trayectoria de mayor acción, incluso si hubiera sido una trayectoria de acción mínima de haberla observado. En otras palabras, al elegir observar una trayectoria particular con preferencia a otras, se crea una acción mínima. La conciencia crea, de todas las trayectorias, la que requiere la acción mínima.[85]

UNIDAD IMAGINARIA (NÚMERO): en matemáticas, física e ingeniería, la unidad imaginaria es la raíz cuadrada de una negativa. Denominada por la letra i, la unidad permite que el sistema de números reales se extienda formando un sistema de números complejos.

UNIVERSO PARALELO: los universos paralelos son universos autónomos y enteros, infinitos en número y cada uno exactamente igual al siguiente con la excepción de un cambio. Al viajar por este número infinito de universos, puedes encontrar cualquier cambio que estés buscando. Todos ellos están relacionados con el nuestro; en realidad son ramificaciones del nuestro, y nuestro universo es una rama de otros. En estos universos paralelos, nuestras guerras tienen desenlaces diferentes de los que conocemos. Las especies que se extinguieron en nuestro universo han evolucionado y se han adaptado en otros, en los que fueron los humanos los que se extinguieron. Un grupo determinado de universos paralelos es lo llamamos un multiverso.[86] *Ver también* TEORÍA DE LOS UNIVERSOS MÚLTIPLES.

VACÍO: espacio desprovisto de materia observable. En la teoría moderna, el espacio «vacío» está de hecho vibrando con fluctuaciones rapidísimas de energía electromagnética que permanecen en el estado virtual. También está lleno de un flujo violento y fluctuante de partículas virtuales que aparecen y desaparecen con tanta velocidad que la partícula individual no persiste el tiempo suficiente para poder detectarla. Así, el vacío es extraordinariamente energético, pero la energía presenta una forma muy especial (fugaces fluctuaciones violentas y flujos de partículas virtuales). No obstante, como contiene una enorme cantidad de energía, el vacío medio puede considerarse un potencial.[87]

VECTOR: en matemáticas, una cantidad con magnitud y dirección. Por ejemplo, una cantidad ordinaria, o escalar, podría ser la distancia de seis kilómetros; una cantidad de vector podría ser seis kilómetros norte. Los vectores por lo general se representan con segmentos de líneas directas; la longitud de la línea del segmento es una medida de la cantidad del vector, y su dirección es la misma que la del vector.[88]

VIAJE EN EL TIEMPO: el tiempo es ilusorio, porque pasado y futuro están conectados al presente como posibilidades. Nuestra realidad (esto es, el universo) es un holograma, y en cualquier instante, la conciencia es la totalidad de la señalización coherente que existe en la matrix viviente (y en ella, los frentes de onda reflejados por estructuras portadoras de información específica que se mantienen con nuestras elecciones en cada momento y dan forma a nuestra visión). Cada uno de nosotros desempeña un papel importante en el contexto global, la matrix. Todo está conectado a todo lo demás holográficamente. En Matrix Energetics enseñamos que los fotones pueden viajar hacia atrás y hacia delante en el tiempo. Dicen que una onda de fotones que viajan hacia delante en el tiempo representa la «onda avanzada», y que la que viaja hacia atrás en el tiempo es la «onda retardada». El punto de intersección de las ondas de conjugación de fase crea el momento presente. ¿Por qué crees que tenemos una parte del cerebro llamada lóbulo temporal? Fred Alan Wolf, autor, estudioso independiente e investigador del mundo de la física y la conciencia sostiene la teoría de que podría tener algo que ver con el viaje en el tiempo.

Afirmó que *existe* una máquina del tiempo, y es nuestro cerebro. En Matrix Energetics un cuerpo humano está compuesto en último término por corrientes de fotones que se mantienen unidos mediante la conciencia. Si los fotones pueden retroceder y avanzar en el tiempo y eso es, en último término, de lo que estamos hechos, esto sugiere que también nosotros podemos hacerlo. La técnica del viaje en el tiempo se basa en este concepto fundamental.

WHEELER, JOHN ARCHIBALD: eminente físico teórico norteamericano que acuñó los términos «agujero negro» y «agujero de gusano» y desarrolló la idea del *principio antrópico participativo* recogida en su ensayo *It from bit*. Sus innumerables contribuciones científicas figuran en muchos de los avances de las investigaciones del siglo XX. Wheeler fue conocido por su empuje a la hora de enfrentarse a cuestiones importantes, generales, de la física, temas, que como a él le gustaba decir, se fundían con las cuestiones filosóficas sobre el origen de la materia, la información y el universo. Fue un joven contemporáneo de Albert Einstein y Niels Bohr y uno de los impulsores de la creación de la bomba atómica y la de hidrógeno, y en sus últimos años se convirtió en el padre de la relatividad general moderna.[89]

NOTAS

INTRODUCCIÓN

1. Rupert Sheldrake, www.sheldrake.org/Resources/glossary.*
2. Richard Bartlett, *Matrix Energetics: The Science and Art of Transformation* (Hillsboro, OR: Atria Books/Beyond Words Publishing, 2007).

CAPÍTULO 4

1. The Internet Movie Database, http://www.imdb.com/character/ ch0001072/quotes.*
2. The Quotation Page, pubhished by Michael Moncur, http://www .quotationspage.com/quotes/Wernher_von_Braun/.*

CAPÍTULO 6

Definición original de los doctores Mark Dunn y Richard Bartlett.

CAPÍTULO 7

1. «El juego al que jugamos técnicamente se denomina «renormalización». Pero con independencia de lo inteligente que sea esa palabra, es lo que podríamos llamar un «proceso chiflado». Tener que recurrir a tal abracadabra nos ha impedido demostrar que la teoría de la electrodinámica cuántica es matemáticamente coherente. Resulta sorprendente que la teoría aún no haya demostrado ser coherente de un modo u otro. Sospecho que la normalización matemática no es legítima». Richard P. Feynman, *QED: The Strange Theory of Light and Matter* (New York: Penguin, 1990), 128.

---

*. Acceso a todas las fuentes de URL en la primavera de 2009.

2. Tony Rothman, *Everything's Relative: And Other Fables from Science and Technology* (Hoboken, NJ: John Wiley & Sons, 2003), 78-84.
3. P. Halmos, «The Legend of John von Neumann», *American Mathematical Monthly* (abril de 1973), 382-394.
4. «Postulados de Einstein: (1) todas las leyes de la física son igualmente válidas en todos los marcos de referencia inercial; (2) la velocidad de la luz es la misma par todo observador inercial, y (3) los efectos locales observables de un campo gravitacional no se pueden distinguir de aquellos que provienen de la aceleración del marco de referencia. Lo primero se denomina principio especial de relatividad; lo segundo ley de la propagación de la luz, y lo tercero, principio de equivalencia». Thomas E. Bearden, *Energy from the Vacuum: Concepts and Principles* (Santa Barbara, CA: Cheniere, 2002), 647.
5. David Smith, *Quantum Sorcery* (Tokyo, Japón: Konton Publishing, 2006), 37.
6. The Internet Movie Database, http://www.imdb.com/title/tt0087 332/quotes.*
7. Indigenous Weather Modification (TWM) es un sitio dedicado a la enseñanza de tecnología indigena sobre modificación del tiempo, http://twm.co.nz/forbquco.html.*
8. Ver la entrevista a Nick Herbert sobre tantra cuántico, realizada por Joseph Matheny, http://74.125.155.132/search?q=cache:s59QayXJ2oAJ:www.incunabula.org/inc3.html+ong%27s+hat+joseph+matheny+atoms+are+things&cd= 1 &hl=en&ct=clnk&gl=us.*
9. Edward Whitmont, *The Alchemy of Healing: Psyche and Soma* (Berkeley, CA: North Atlantic Books, 1996), 29, citado en Michael Talbot, *Beyond the Quantum* (Nueva York: Bantam Books, 1988), 155.
10. Dennis Overbye, «John A Wheeler; Physicist Who Coined the Term "Black Hole", Is Dead at 96», *New York Times* (14 de abril de 2008), http://www.nytimes.com/2008/04/ 14/science/ 14wheeler.html?_r= 1 &pagewanted=2.*

CAPÍTULO 9
1. The Internet Movie Database, http://www.imdb.com/character/ch0007463/quotes.
2. Citas, dichos y pomea en Litera.co.uk., shttp://www.litera.co .uk/author/jim_morrison/.*

CAPÍTULO 10
1. Paramahansa Yogananda, *Autobiography of a Yogi* (Los Angeles: Self-Realization Fellowship, 1946), 320-332.

CAPÍTULO 11

1. Richard Bartlett, «The Music of Your Mind», entrevista radiofónica realizada por María Frees, Portland, Oregon, 3 de mayo de 2007.

CAPÍTULO 14

1. Héctor García, conferenciante invitado, seminario de Matrix Energetics, mayo de 2008.

CAPÍTULO 16

1. David Hatcher, *Antigravity and the World Grid* (Kempton, IL: Adventures Unlimited, 2006), 112.

2. Morris K. Jessup and Carlos Allende, *The Allende Letters and the VARO Edition ofThe Case For the UFOs* (New Brunswick, Nueva Jersey: Global Communications/ConspiracyJournal, 2007), 28. Ver también Charles Berlitz, entrevistado por el doctor J. Manson Valentine, http://www.scribd.com/ doc/13355366/The-Phiadelphia-Experiment-Charles-Berlitz.*

3. Alexandra Bruce, *The Philadelphia Experiment Murder: Parallel Universes and the Physics of Insanity* (Nueva York: Sky Books, 2001), 158.

4. *Ibid.*, 157.

5. *Ibid.*, 159.

6. *Ibid.*, 160-161.

7. Michio Kaku, *Physics of the Impossible* (NuevaYork: Doubleday Random House, 2008), 48.

8. Laboratorio Tachi-Kawakami de la Escuela de Ciencias de la Información y Tecnología, University de Tokyo, http://tachilab.org.*

9. Sarah Yang, Media Relations, «Invisibility Shields One Step Closer with New Metamaterials that Bend Light Backwards», *UC Berkeley News,* 11 de agosto de 2008, http://berkeley.edu/news/media/releases/2008/08/ ll_light.shtml.*

10. Kaku, *Physics of the Impossible,* 38.

11. Yang, «Invisibility Shields One Step Closer with New Metamaterials that Bend Light Backwards».*

12. Kaku, *Physics ofthe Impossible,* 38.

13. Jay Alfred, *Between the Moon and Earth* (Victoria, BC: Trafford Publishing, 2006), 31.

14. *Plasma Universe* presentado por el laboratorio nacional de Los Álamos, asociado con la Sociedad IEEE de Ciencias Nuclear y de Plasma, http:// plasmascience.net/tpu/ubiquitous.html.*

15. Magnet Import, http://www.magnetimport.no/subtle.html.*

16. Jay Alfred, «Bioplasma Bodies: The Ovoid or the Body's Magnetosphere», *Ezineartics*, 2007. http://ezinearticles.com/?Bioplasma-Bodies—The-Ovoid-or-the-Bodys-Magnetosphere&id=770297.*

17. Steve Richards, *Invisibility: Mastering the Art of Vanishing* (Londres: Aquarian Press, 1982), 16-17.

18. Ibid., 41.

19. Mark L. Prophet y Elizabeth Clare Prophet, *Saint Germain on Alchemy: Formulas for Self-Transformation* (Livingston, MT: Summit University Press, 1988), 200.

CAPÍTULO 18

1. Conde de Saint Germain y Mark Prophet, *Studies in Alchemy: The Science of Self-Transformation* (Gardiner, MT: Summit University Press, 1997), http://www.summituniversitypress.com/books/sgalchemy.html.*

2. «Allí donde no hay visión, la gente muere; pero feliz es el que mantiene la ley», Proverbios 29:18 (versión americana King James).

3. Mateo 7, 7 (versión americana King James).

CAPÍTULO 20

1. Mark L. Prophet, *Science oj the Spoken Word,* 8ª ed. (Gardiner, MT: Summit University Press, 1998). La primera atención expresa una función de visión psíquica e intelecto; la segunda atención indica una función del cuerpo energético.

2. «Asimismo, decretarás una cosa, y se te hará firme; y la luz brillará en tu camino», Job 22, 28 (versión americana estándar).

CAPÍTULO 23

1. Mervin Rees descubrió la línea temporal esfenoidal y los puntos reflejos de los músculos, órganos y glándulas durante la Segunda Guerra Mundial. En 1955 comenzó su práctica en Sedan, Kansas, y en 1956 empezó a utilizar la técnica sacro-occipital. En 1974 fue nombrado director de la Sociedad Internacional de Investigación Sacro-Occipital y en 1980 introdujo su original método, la técnica ortopédica de los tejidos blandos, que finalmente condujo a la técnica de los armónicos. Ver Maeda Shigeru, «Chiropractic in Japan», 1996, http://www.asahi-net.or.jp/~xf6s-med/eover view.html. Ver también Asociación Cultural de Quiroprácticos, «The First European AK Meetings, 1976-1978,» *The International Journal of Applied Kinesiology and Kinesiologic Medicine,* Issue 20 (otoño de 2005), http://www.kinmed. com*

CAPÍTULO 24

1. Mateo 13, 12 (versión americana estándar).

2. Sheldrake, www.sheldrake.org/Resources/glossary.*

3. Thomas E. Bearden, *Radionics: Action at a Distance,* DVD (1990; Atlanta, GA: Cheniere Media, 2006), http://www.cheniere.org/sales/ buyra.htm.*

GLOSARIO DE MATRIX

1. The Light Party, «Radionics» (1996), www.lightparty.com/Health/Radionics.html.*
2. Bearden, *Energy from the Vacuum*,711.
3. Thomas E. Bearden (1997), http://www.cheniere.org/techpapers/Annotated%20Glossary.htm.*
4. *Merriam-Webster's Collegiate Dictionary*, 11ª ed., s.v. «archetypes»; Mike Adams, ed., «Survey Results Reveal the Most Trusted Health News Websites and Personalities», *NaturalNews.com* (9 de abril de 2008), http:// www.naturalnews.com/.*
5. Bearden, http://www.cheniere.org/books/excalibur/glossary/014edited.htm.*
6. Instituto de Bioelectromagnética y Nueva biología, http://www.bion.si.*
7. Centro Espacial Marshall, biografía del doctor Wernher von Braun, http://history.msfc.nasa.gov/vonbraun/bio.html.*
8. Nobelprize.org, «Biography», http://nobelprize.org/obel_prizes/physics/laureates/1929/broglie-bio.html.*
9. Instituto Calphysics, «Zero-Point Energy and Zero Point Field», http://www.calphysics.org/zpe.html.*
10. Patent Storm, U.S. Patent 6548752: método y sistema para generar un campo de torsión, 15 de abril de 2003, http://www.patentstorm.us/patents/6548752/description.html; Uvitor, «history», http://www .shipov.com/history.html.*
11. Instituto HeartMath, «Science of the Heart: Exploring the Role of the Heart in Human Performance», (2009), 4, http://www.heart-math.org/research/science-of-the-heart-head-heart-interactions.html.*
12. Instituto Calphysics, «Zero-Point Energy and Zero Point Field», http://www.calphysics.org/zpe.html.*
13. Bearden, *Energy from the Vacuum*, 626.
14. Frank Swain, SciencePunk.com (5 de octubre de 2006), http://www.sciencepunk.com/2006/10/albert-abrams-2/.*
15. *Dictionary of Science and Technology*, 1ª ed., Christopher G. Morris, ed, s.v. «coherence».
16. Claus Kiefer, «On the Interpretation of Quantum Theory: From Copenhagen to the Present Day» (octubre de 2002), http://arxiv.org/abs/ quant-ph/0210152.*
17. David E. Joyce, «Dave's Short Course on Complex Numbers: Reciprocáis, Conjugates, and División» (1999), http://www.clarku.edu/-djoyce/complex/div.html.*

18. William A. Tiller, *Science and Human Transformation: Subtle Energies, Intentionality, and Consciousness* (Walnut Creek, CA: Pavior Publishing, 1997), 89.

19. Bearden, *Energy from the Vacuum,* 703.

20. Erich Jóos, *Decoherence* (2008), http://www.decoherence.de/.*

21. Instituto Calphysics, «Zero-Point Energy and Zero Point Field», http://www.calphysics.org/zpe.html; comentado en «Dirac's Hidden Geometry», blog *Not Even Wrong* (25 de septiembre de 2005), http://www.math.columbia.edu/~woit/wordpress/ ?p=262#comment-5066.*

22. Nobelprize.org, «Biography», http://nobelprize.org/nobel_prizes/physics/laureates/1933/dirac-bio.html.*

23. Bearden, *Energy from the Vacuum,* 714.

24. Bearden, *Energy from the Vacuum,* 660.

25. Bearden, *Energy from the Vacuum,* 65.

26. Instituto Calphysics, «Zero-Point Energy and Zero Point Field», http://www.calphysics.org/zpe.html.*

27. *National Aeronautics and Space Administration*, 27 de marzo de 2007, «Visible Light Waves», http://science.hq.nasa.gov/kids/imagers/ms/visible.html.*

28. Bearden, *Energy from the Vacuum*.

29. Richard Feynman, *The American Heritage Dictionary of the English Language,* 4ª ed. s.v. «Feynman, Richard».

30. Bearden, http://www.cheniere.org/techpapers/Annotated %20 Glossary.htm.*

31. *The American Heritage Dictionary of the English Language,* 4ª ed. s.v. «aether physics»; *Encyclopedia Britannica Online,* s.v. «aether phyics».*

32. *Dictionary of Science and Technology,* s.v. «waveforms».

33. Centro Quiropráctico Holístico Garcia (2009), http://www.garciaholisticchiro.com/about_dr.php.*

34. Bearden, *Energy from the Vacuum,* 694.

35. Bearden, *Energy from the Vacuum*, 678.

36. William Reville, prof., «Ireland's Greatest Mathematician», University College, Cork, Irlanda (2004), http://understandingscience.ucc.ie/pages/sci_williamrowanhamilton.htm.*

37. Bearden, *Energy from the Vacuum,* 680.

38. Nobelprize.org, «Biography» http://nobelprize.org/nobel_prizes/physics/laureates/1932/heisenberg-bio.html.*

39. El matemático danés Tor Norretranders, citado en James Oschman, *Energy Medicine in Therapeutics and Human Performance* (Boston: Butterworth-Heinemann, 2003); «Ponderings and Learnings», http://www.craniosacralpath.com/blog.*

40. Escuela Universitaria de Teología de Boston: Centro Anna Howard, «Biography», http://sthweb.bu.edu/shaw/anna-howard-shawcenter/biography?view=mediawiki&article=Nick_Herbert_%28physicist%29.*
41. Hologram: Michael Talbot, *The Holographic Universe* (Nueva York: HarperCollins, 1991), 14.
42. Glenda Green, «More Than Meets the Eye», www.glendagreen.com.*
43. Bearden, http://www.cheniere.org/techpapers/Annotated%20Glossary.htm.*
44. Bearden, *Energy from the Vacuum,* 719.
45. Bearden, *Energy from the Vacuum,* 693.
46. Fundación James Clerk Maxwell, http://www.clerkmaxwellfoundation.org/html/who_was_maxwell_.html.*
47. Bearden, http://www.cheniere.org/techpapers/Annotated%20Glossary.htm.*
48. Joe McMoneagle, «Business Bio», http://blog.mceagle.com/about/joe-bio-biz.*
49. Yakir Aharonov, David Z. Albert y Lev Vaidman, «How the Result of a Measurement of a Component of the Spin of a Spin-1/2 Particle Can Turn Out to Be 100», *Physical Review Letters,* 1988.
50. Sheldrake, www.sheldrake.org/Resources/glossary.*
51. Ibid.
52. Ibid.
53. Bearden, *Energy from the Vacuum,* 663.
54. MSN Encyclopedia Article Center, http://encarta.msn.com/encyclopedia_761579159/John_Von_Neumann.html.*
55. Carlos Castaneda, *Journey to Ixtlan* (Nueva York: Washington Square Press, 1972), 189.
56. Richard P. Feynman, Robert B. Leighton y Matthew Sands, *The Feynman Lectures on Physics,* vol. 1, 2ª ed. (Londres: Addison Wesley, 2005), 11.
57. Bearden, *AIDS Biological Warfare,* 105.
58. Bearden, *Energy from the Vacuum,* 714.
59. Thomas E. Bearden, *Energy from the Vacuum: Concepts and Principies* (Santa Barbara, CA: Cheniere, 2002), 622.
60. Thomas J. McFarlane, *Quantum Physics, Depth Psychology, and Beyond,* The Center of Integral Science (21 de junio de 2000), http://www.integralscience.org/psyche-physis.html.*
61. Bearden, http://www.cheniere.org/techpapers/Annotated%20Glossary.htm.*
62. Bearden, *Energy from the Vacuum,* 710.

63. E. T. Whittaker, «On the Partial Differential Equations of Mathema-tical Physics», *Mathematische Annalen*, 57 (1903), 333-355; Bearden, http://www.cheniere.org/techpapers/Annotated%20Glossary.htm.*

64. *Random House Dictionary,* 4ª ed., s.v. «uncertainty principie»; Calphy-sics Institute, «Zero-Point Energy and Zero Point Field», http://www.calphysics.org/zpe.html; Stanford Encyclopedia of Philosophy, «The Uncertainty Principle», (3 de julio de 2006), http://plato.stanford.edu/entries/qt-uncertainty/.*

65. Asociación Psicotrónica de Estados Unidos, «What Is Psychotro-nics?», http://www.psychotronics.org/aboutus.htm.*

66. The Philadelphia Experiment, http://www.phils.com.au/philadel-phia.htm.*

67. Fundación Bruce Lee, http://www.bruceleefoundation.com/index lOOO.html.*

68. *Encyclopaedia Britannica Online,* s.v. «renormalization».

69. Bearden, *Energy from the Vacuum*,719.

70. The Summit Lighthouse, Universidad Summit, «Ascended Mas-ters», http://www.tsl.org/Masters/SaintGermain.asp.*

71. Nobelprize.org, «Biography» http://nobelprize.org/nobel_prizes/physics/laureates/1933/schrodinger-bio.html.*

72. Antero Alli, ParaTheatrical Research, http://www.paratheatrical.com.*

73. Sheldrake, www.sheldrake.org/papers/Morphic/morphic_intro.html; www.sheldrake.org/homepage.html; www.sheldrake.org/About/bio-graphy/pwfund.html.*

74. Bearden, *Energy from the Vacuum,* 699.

75. *Dictionary of Science and Technology,* s.v. «super-coherent».

76. Bearden, *Energy from the Vacuum,* 722.

77. *Stanford Encyclopedia of Philosophy*, «Many-Worlds Interpreta-tion of Quantum Mechanics» (24 de marzo de 2002), http://plato.stanford.edu/entries/qm-manyworlds/.*

78. *Dictionary of Science and Technology,* s.v. «quantum field theory».

79. Bearden, *Energy from the Vacuum,* 677.

80. Bearden, *Energy from the Vacuum,* 728.

81. Thomas E. Bearden, *AIDS Biological Warfare* (Greenville, TX: Tesla Book Company, 1988), 152.

82. Bearden, *Energy from the Vacuum,* 726.

83. William A Tiller Foundation, «bio», http://www.tillerfbundation.com/biography.php.*

84. Laboratorio de Inteligencia Artificial, Universidad de Michigan, http://ai.eecs .umich.edu/cogarchO/common/prop/serial.html.*

85. Fred Alan Wolf, *The Eagle's Quest: A Physicist Finds the Scientific Truth at the Heart of the Shamanic World* (Nueva York: Touchstone, 1997), 145-146.
86. Josh Clark, «Do Parallel Universes Really Exist?», *How Stuff Works,* http://science.howstufiworks.com/parallel-universe.htm.*
87. Bearden, *Energy from the Vacuum*, 729.
88. *MSN Encyclopedia Article Center*, http://encarta.msn.com/encyclopedia_761572843/Vector_(mathematics).html.*
89. Kitta MacPherson, «Leading Physicist John Wheeler Dies at Age 96», *News atPrinceton University* (14 de abril de 2008), http://www.princeton.edu/main/news/archive/S20/82/08G77/.*

BIBLIOGRAFÍA

Alfred, Jay. *Between the Moon and Earth*. Victoria, BC: Trafford Publishing, 2006.

_____*Brains and Realities*. Victoria, BC: Trafford Publishing, 2006.

_____*Our Invisible Bodies: Scientific Evidence for Subtle Bodies*. Victoria, BC: Trafford Publishing, 2006.

Aspden, Harold. *Modern Aether Science*. Southampton, Reino Unido: Sabberton Pub-lications, 1972.

Bartlett, Richard. *Matrix Energetics*, Editorial Sirio, (*Matrix Energetics: The Science and Art of Transformation*. Hillsboro, OR: Atria Books/Beyond Words, 2007).

Bearden, Thomas E. *AIDS Biological Warfare*. Greenville, TX: Tesla Book Company, 1988.

_____*Excalibur Briefing: Explaining Paranormal Phenomena*. Santa Bárbara, CA: Cheniere, 2002.

_____*Energy from the Vacuum: Concepts and Principies*. Santa Barbára, CA: Cheniere, 2002.

_____*Oblivion: America at the Brink*. Santa Bárbara, CA: Cheniere, 2005.

_____*Fer de Lance*. Santa Bárbara, CA: Cheniere, 2003.

_____*Gravitobiology: A New Biophysics*. Santa Bárbara, CA: Cheniere, 2003.

Bedini, John y Thomas Bearden. *Free Energy Generation-Circuits and Schematics: 20 Bedini-Bearden Years*. Santa Bárbara, CA: Cheniere, 2006.

Bentov, Itzhak. *Stalking the Wild Pendulum: On the Mechanics of Consciousness.* Rochester, VT: DestinyBooks, 1988.

_____*A Brief Tour of Higher Consciousness: A Cosmic Book on the Mechanics of Creation.* Rochester, VT: DestinyBooks, 2006.

Cathie, Bruce L. *The Harmonic Conquest of Space.* Kempton, IL: Adventures Unlimited, 1998.

_____*The Energy Grid.* Kempton, IL: Adventures Unlimited, 1997.

Cheney, Margaret. *Tesla: Man Out of Time.* Nueva York: Barnes & Noble Books, 1993.

Childress, David Hatcher. *Anti-Gravity and the Unified Field.* Kempton, IL: Adventures Unlimited, 2001.

_____*The Time Travel Handbook: A Manual of Practical Teleportation and Time Travel.* Kempton, IL: Adventures Unlimited, 1999.

Chopra, Deepak. *The Third Jesus: The Christ We Cannot Ignore.* Nueva York: Harmony, 2008.

Coats, Callum. *Living Energies: An Exposition of Concepts Related to the Theories of Viktor Schauberger.* Dublin, Irlanda: Gateway Books, 2001.

Cook, Nick. *The Hunt for Zero Point: One Man's Journey to Discover the Biggest Secret Since the Invention oj the Atom Bomb.* Londres: Century, 2001.

Dalal, A. S. *Powers Within.* Pondicherry, India: Sri Aurobindo Ashram Publications Department, 1999.

Deary, Terry. *Vanished!* Boston: Kingfisher, 2004.

Dennett, Preston. *Human Levitation: A True History and How-to Manual.* Grand Rapids, MI: Schirfer Publishing, 2006.

Dolley, Chris. *Shifi.* Riverdale, NY: Baen Books, 2007.

Dowling, Levi. *The Aquarian Gospel of Jesus the Christ.* Nueva York: Cosimo Classics, 2007.

Dunn, Christopher. *The Giza Power Plant: Technologies of Ancient Egypt.* Rochester, VT: Bear & Company, 1998.

Durr, Hans-Peter, Fritz-Albert Popp y Wolfram Schommers. *Whatls Life? Scientific Approaches and Philosophical Positions.* Hackensack, NJ: World Scientific, 2002.

Edwards, Harry. *Harry Edwards: Thirty Years a Spiritual Healer.* Surrey, Reino Unido: Jenkins, 1968.

Farrell, Joseph P. *The Cosmic War: Interplanetaty Warfare, Modern Physics, and Ancient Texts.* Kempton, IL: Adventures Unlimited, 2007.

_____*The Giza Death Star Deployed: The Physics and Engineering of the Great Pyramid.* Kempton, IL: Adventures Unlimited, 2003.

_____*The Giza Death Star Destroyed: The Ancient War for Future Science.* Kempton, IL: Adventures Unlimited, 2005.

_____*Reich of the Black Sun: Nazi Secret Weapons & the Cold War Allied Legend.* Kempton, IL: Adventures Unlimited, 2005.

_____ Secrets of the Unified Field: The Philadelphia Experiment, the Nazi Bell, and the Discarded Theory. Kempton, IL: Adventures Unlimited, 2008.

_____ The SS Brotherhood of the Bell: The Nazis' Incredible Secret Technology. Kempton, IL: Adventures Unlimited, 2006.

Friedman, Norman. The Hidden Domain: Home of the Quantum Wave Function, Nature's Creative Source. Eugene, OR: Woodbridge Group, 1997.

Garrison, Cal. Slim Spurling's Universe: The Light-Life Technology: Ancient Science Rediscovered to Restore the Health of the Environment and Mankind. Frederick, CO: IX-EL Publishing, 2004.

Green, Glenda. The Keys of Jeshua. Sedona, AZ: Spiritis Publishing, 2004.

Harbison, W. A. Projekt UFO: The Case for Man-made Flying Saucers. Charleston, SC: BookSurge, 2007.

Harpur, Patrick. Daimonic Reality: A Field Guide to the Otherworld. Ravensdale, WA: Pine Winds, 2003.

Ho, Mae-Wan. The Rainbow and the Worm: The Physics of Organisms. Hackensack, NJ: World Scientific, 1998.

Hoagland, Richard C. y Mike Bara. Dark Mission: The Secret History of NASA. Los Ángeles: Feral House, 2007.

James, John. The Great Field: Soul at Play in a Conscious Universe. Fulton, CA: Energy Psychology Press, 2008.

King, Moray B. The Energy Machine of T. Henry Moray: Zero-Point Energy & Pulsed Plasma Physics. Kempton, IL: Adventures Unlimited, 2005.

Knight, Christopher y Alan Butler. Who Built the Moon? Londres: Watkins Publishing, 2005.

Kraft, Dean. A Touch of Hope: A Hands-On Healer Shares the Miraculous Power of Touch. Nueva York: Berkley Trade, 1998.

Kron, Gabriel. Tensors for Circuits. Nueva York: Dover Publications, 1959.

Laszlo, Ervin. Science and the Akashic Field: An Integral Theory of Everything. Rochester, VT: Inner Traditions, 2004.

_____ Science and the Reenchantment of the Cosmos: The Rise of the Integral Vision of Reality. Rochester, VT: Inner Traditions, 2006.

LaViolette, Paul A. Genesis of the Cosmos: The Ancient Science of Continuous Creation. Rochester, VT: Bear & Company, 2004.

_____ Secrets of Antigravity Propulsión: Tesla, UFOs, and Classified Aerospace Technology. Rochester, VT: Bear & Company, 2008.

_____ Subquantum Kinetics: A Systems Approach to Physics and Cosmology. Alexandria, VA: Starlane Publications, 2003.

Lilly, John C. The Scientist: A Metaphysical Autobiography. Oakland, CA: Ronin Publishing, 1996.

Lloyd, Seth. Programming the Universe: A Quantum Computer Scientist Takes on the Cosmos. Londres: Vintage Books, 2007.

Lyne, William R. Pentagon Aliens. Lamy, NM: Creatopia Productions, 1999.

Maxwell, James Clerk. *An Elementary Treatise on Electricity*. Mineola, NY: Dover Publications, 2005.

Monroe, Robert A. *Journeys Out of the Body*. Garden City, NY: Anchor, 1977.

Moore, William y Charles Berlitz. *The Philadelphia Experiment: Project Invisibility*. Nueva York: Fawcett, 1995.

Murakami, Aaron C. *The Quantum Key*. Seattle: White Dragon, 2007.

Oschman, James L. *Energy Medicine: The Scientific Basis*. Nueva York: Churchill Livingstone, 2000.

Pickover, Clifford A. *Sex, Drugs, Einstein, and Elves: Sushi, Psychedelics, Parallel Universes, and the Quest for Transcendence*. Petaluma, CA: Smart Publications, 2005.

Popp, Fritz Albert y L. V. Belousov. *Integrative Biophysics: Biophotonics*. Nueva York: Springer, 2003.

Prophet, Mark L. y Elizabeth Clare Prophet. *Saint Germain on Alchemy: Formulas for Self-Transformation*. Livingston, MT: Summit University, 1993.

Randles, Jenny. *Time Travel: Fact, Fiction & Possibility*. Nueva York: Blandford Press, 1994.

Regardie, Israel. *The Golden Dawn: The Original Account of the Teachings, Rites & Ceremonies of the Hermetic Order*. St. Paul, MN: Llewellyn Publications, 1986.

Richards, Steve. *Invisibility: Mastering the Art of Vanishing*. Wellingborough, Reino Unido: Aquarian Press, 1982.

Rothman, Tony. *Everythings Relative: And Other Fables from Science and Technology*. Hoboken, NJ: John Wiley & Sons, 2003.

Rothman, Tony y George Sudarshan. *Doubt and Certainty*. Reading, MA: HelixBooks, 1998.

Russell, Edward W. *Report on Radionics: The Science Which Can Cure Where Orthodox Medicine Fails*. Essex, Reino Unido: C. W. Daniel, 1973.

Russell, Ronald y Charles T. Tart. *The Journey of Robert Monroe: From Out-of-Body Explorer to Consciousness Pioneer*. Charlottesville, VA: Hampton Roads Publishing, 2007.

Samanta-Laughton, Manjir. *Punk Science: Inside the Mind of God*. Ropley, Hants, Reino Unido: O Books, 2006.

Sheldrake, Rupert. *The Presence of the Past: Morphic Resonance and the Habits of Nature*. Rochester, VT: Park Street, 1988.

Scheinfeld, Robert. *Busting Loose from the Money Gante*. Hoboken, NJ: Wiley, 2006.

Strauss, Michael. *Requiem for Relativity: The Collapse of Special Relativity*. Pembroke Pines, FL: RelativityCollapse.com, 2004.

Sussman, Janet I. *Timeshift: The Experience of Dimensional Change*. Fairfield, IA: Time Portal Publications, 1996.

Swanson, Claude. *The Synchronized Universe: New Science of the Paranormal.* Tucson, AZ: Poseidia Press, 2003.

Talbot, Michael. *Mysticism and the New Physics.* Nueva York: Penguin, 1993.

Tansley, David V. *Radionics Interface with the Ether Fields.* Boston: C. W. Daniel, 1975.

Tiller, William A. *Science and Human Transformation: Subtle Energies, Intentionality, and Consciousness.* Walnut Creek, CA: Pavior Publishing, 1997.

Tiller, William A., Walter Dibble y Gregory J. Fandel. *Some Science Adventures with Real Magic.* Walnut Creek, CA: Pavior Publishing, 2005.

Tiller, William A., Walter Dibble y Michael Kohane. *Conscious Acts of Creation: The Emergence of a New Physics.* Walnut Creek, CA: Pavior Publishing, 2001.

Valone, Thomas F. *Electrogravitics II: Validating Reports on a New Propulsion Methodology.* Washington, DC: Integrity Research Institute, 2000.

_____*Harnessing the Wheelwork of Nature: Tesla's Science of Energy.* Kempton, IL: Adventures Unlimited, 2002.

_____*Practical Conversión of Zero-Point Energy: Feasibility Study of the Extraction of Zero-Point Energy from the Quantum Vacuum for the Performance of Useful Work.* 3ª ed. Beltsville, MD: Integrity Research Institute, 2003.

_____*Zero Point Energy: The Fuel of the Future.* Beltsville, MD: Integrity Research Institute, 2007.

Valone, Thomas F. y Elizabeth A. Rausher. *Electrogravitics Systems: Reports on a New Propulsion Methodology.* Washington, DC: Integrity Research Institute, 2001.

Violette, John R. *Extra-Dimensional Universe: Where the Paranormal Becomes Normal.* Charlottesville, VA: Hampton Roads, 2005.

Wang, Robert. *The Qabalistic Tarot: A Textbook of Mystical Philosophy.* Columbia, MD: Marcus Aurelius Press, 2004.

Wesson, Paul S. *Five-Dimensional Physics: Classical and Quantum Consequences of Kaluza-Klein Cosmology.* Hackensack, NJ: World Scientific, 2006.

Yogananda, Paramahansa. *The Second Coming of Christ: The Resurrection of the Christ Within You.* Los Ángeles: Self-Realization Fellowship, 2004.

_____*Self-Realization.* Los Ángeles: Self-Realization Fellowship, 2004.

_____*The Yoga of Jesus: Understanding the Hidden Teachings of the Gospels.* Los Ángeles: Self-Realization Fellowship, 2007.

ÍNDICE